数控车工工艺编程与操作

主　编　荀占超　赵艳珍　田　峰
副主编　杨　军　荀　骁　苏西井
参　编　张　楠　宋振源　梁利军

机械工业出版社

本书在编写过程中，以"注重实践、强化应用"为指导思想，突出职业能力培养，使教学内容与企业要求相一致，教学过程与生产过程相一致，教材内容与国家职业标准相一致。全书共分四个教学项目：数控车削加工工艺、广数 GSK980TD 系统编程与操作、FANUC 0i-Mate-TD 系统编程与操作、CAXA 数控车 2013 自动编程。本书通过相关知识和技能实训，将理论与实践相融合，能够充分发挥学生的创造潜能，提高学生解决实际问题的综合能力。

本书可作为普通本科院校、职业院校、技工学校数控、机械、机电专业的教材，同时可作为高校金工实训教材，还可作为企业培训中、高级技术工人的参考书。

图书在版编目（CIP）数据

数控车工工艺编程与操作 / 荀占超，赵艳珍，田峰主编. —北京：机械工业出版社，2017.8（2024.8 重印）
ISBN 978-7-111-57178-0

Ⅰ．①数… Ⅱ．①荀… ②赵… ③田… Ⅲ．①数控机床－车床－程序设计 ②数控机床－车床－操作 Ⅳ．①TG519.1

中国版本图书馆 CIP 数据核字（2017）第 188428 号

机械工业出版社（北京市百万庄大街 22 号　邮政编码 100037）

策划编辑：王晓洁　　　责任编辑：王晓洁
责任校对：刘雅娜　　　封面设计：马精明
责任印制：李　昂
北京中科印刷有限公司印刷
2024 年 8 月第 1 版 • 第 2 次印刷
184mm×260mm • 16.5 印张 • 399 千字
标准书号：ISBN 978-7-111-57178-0
定价：55.00 元

电话服务　　　　　　　　网络服务
客服电话：010-88361066　　机 工 官 网：www.cmpbook.com
　　　　　010-88379833　　机 工 官 博：weibo.com/cmp1952
　　　　　010-68326294　　金 书 网：www.golden-book.com
封底无防伪标均为盗版　机工教育服务网：www.cmpedu.com

前　言

随着社会经济和科学技术的发展，社会劳动力市场对技术技能人才的需求越来越大。为了适应新发展形势，促进我国制造业的转型升级，本书在编写过程中，以"注重实践，强化应用"为指导思想，突出职业能力培养，使教学内容与企业要求相一致，教学过程与生产过程相一致，教材内容与国家职业标准相一致。全书共分四个教学项目，通过相关知识和技能实训，将理论与实践相融合，能够充分发挥学生的创造潜能，提高学生解决实际问题的综合能力。

本书主要有以下两个特点：

（1）通俗易懂，能够准确把握现有职业院校、技工学校、普通本科院校学生的知识水平和接受能力，知识结构科学合理，并采用大量的实物图片，内容由浅入深、循序渐进，学生易于接受。

（2）实用性强，切实体现"淡化学科，精简理论"的特色。摒弃了烦琐的理论推导和计算，突出新技术、新设备、新工艺、新系统的操作与编程方法，以实际操作能力为核心。

本书适用于普通本科院校、职业院校、技工学校数控、机械、机电专业的教学，同时适用于高校金工实训的选修课，还可作为企业培训中、高级技术工人的参考书。

本书由衡水学院荀占超、赵艳珍，衡水科技工程学校田峰任主编，全书由荀占超负责统稿，安平县综合职业技术学校杨军、衡水学院工程技术学院荀骁、衡水市职业技术教育中心苏西井为副主编，内蒙古工业大学张楠、衡水学院宋振源和梁利军参加编写。具体编写分工为：荀占超编写项目二；赵艳珍编写项目一和附录；荀骁编写概述；田峰编写项目三；杨军、苏西井、张楠、宋振源、梁利军编写项目四。

本书在编写过程中得到了河北省国际教育交流协会、机械工业职业技能鉴定河北省实训基地、有关教育部门、学校领导、高级工程师王秀春、CAXA北京数码大方科技股份有限公司孙瑞等的大力支持，并对全书编写提出了宝贵意见和建议，在此一并表示衷心的感谢！

尽管我们在本书编写过程中做出了许多努力，但是由于编写水平有限，书中仍可能存在一些疏漏和不妥之处，恳请各教学单位和读者在使用本书时多提宝贵意见，以便修订时改进。

编　者

目　　录

概　述

数控车床是金属切削中使用最广泛的机床之一。数控车床具有技术含量高、自动化程度高、精度高的特点，在现代机械制造业中的作用非常重要；同时因为它是高投入设备，处于关键的生产岗位，所以提高数控车床的使用效率尤为重要。通过本课程的学习，可使数控车床工艺、编程和操作人员，熟练掌握数控车床的编程技术与操作技能，提高数控车床的使用效率和水平。

一般的数控车床除具备普通车床的基本加工功能（如车削内外圆柱面、端面、沟槽、内外圆锥、内外螺纹、圆弧、曲面等回转体零件）外，还能加工椭圆、抛物线曲面等，比普通车床的仿形加工精度高，并且使用方便、成本低廉、质量稳定，适用于多品种、中小批量产品的加工，对复杂、高精度零件更能显示其优越性。

一、数控车床的组成

数控车床由数控装置（CNC）、进给伺服（或步进）电动机驱动单元、伺服（或步进）电动机、主轴驱动系统、辅助控制装置、可编程序控制器（PLC）、检测反馈系统、自动换刀装置、自适应控制和车床机械部件等部分组成，如图 0-1 所示。

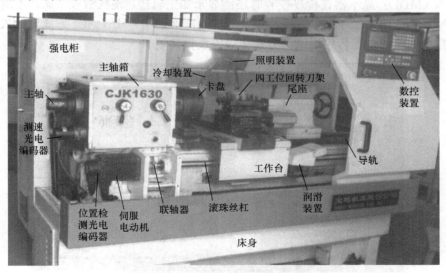

图 0-1　数控车床的组成

数控车床主要的三大部分为：车床主体、数控装置和伺服系统，如图 0-2 所示。

　　a) 车床主体　　　　　　　　　b) 数控装置　　　　　　　　c) 伺服系统

图 0-2　数控车床的三大组成部分

　　数控车床的工作原理：根据加工工艺要求编写加工程序并输入数控装置，数控装置按加工程序向伺服电动机驱动单元发出运动控制指令，伺服电动机通过机械传动机构完成机床的进给运动，程序中的主轴起停、刀具选择、冷却、润滑等逻辑控制指令由数控装置传送给机床电气控制系统，由机床电气控制系统完成按钮、开关、指示灯、继电器、接触器等输入/输出元器件的控制，来完成零件的加工。运动控制和逻辑控制是数控车床的主要控制任务。数控装置同时具备运动控制和逻辑控制功能，可完成数控车的二轴运动控制。数控装置控制功能的软件分为 NC（系统软件）和 PLC 两个模块，数控模块完成显示、通信、编辑、译码、插补、加减速等控制，PLC 模块完成梯形图解释、执行和输入/输出处理。

1. 数控装置（CNC）

　　键盘和显示器（LCD）是数控设备必备的基本输入/输出装置，如图 0-3 所示。操作人员可通过键盘和显示器输入简单的加工程序，编辑修改、调试程序和进行加工操作，即进行手工数据输入（MDI）；显示器在程序校验时还能显示加工轨迹。现代数控车床，不用任何程序载体，即可将零件加工程序通过数控装置上的键盘，用手工方式（MDI 方式）输入，或者将由计算机自动编出的加工程序用通信方式传输给数控装置。

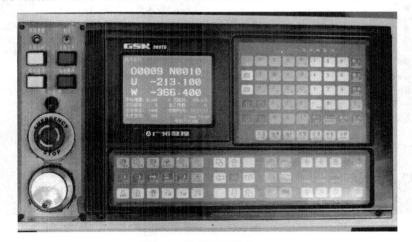

图 0-3　键盘和显示器

数控装置是数控车床的控制核心，目前绝大部分数控机床采用微型计算机控制。数控装置由软件和硬件组成，如果没有软件，计算机数控装置就无法工作；没有硬件，软件也无法运行。数控装置主要由运算器、控制器（运算器和控制器构成 CPU）、存储器、输入接口、输出接口等组成。

数控装置的作用是将输入装置输入的数据，通过内部的逻辑电路或控制软件进行编译、运算和处理，并输出各种信息和指令，用以控制数控车床的各部分进行规定的动作。

2．伺服驱动系统

伺服驱动系统由伺服放大器（或称驱动器、伺服单元）和执行机构等组成。伺服驱动系统的作用是实现主运动和进给运动，把来自数控装置的位置控制指令和速度指令转变成车床工作部件的运动，使工作台按照规定轨迹移动或精确定位，加工出符合图样要求的零件。因为伺服驱动系统是数控装置和车床主体之间的联系环节，所以它必须把数控装置送来的微弱指令信号放大成驱动伺服电动机的大功率信号，来驱动工作台的运动，如图 0-4 所示。

 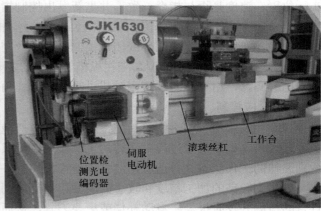

图 0-4　伺服驱动系统

3．主轴驱动系统

数控车床的主轴驱动系统和进给伺服驱动系统差别很大，主轴的运动是旋转运动，进给运动是直线运动。现代数控车床对主轴驱动提出了更高的要求，要求主轴具有较高的转速和较宽的无级调速范围；主传动电动机既能输出大功率；又要求主轴结构简单。同时数控车床的主轴驱动系统能在主轴的正反方向都可以实现转动和加减速。

4．辅助控制装置

辅助控制装置包括刀库的转位换刀，液压泵、冷却泵、排屑装置等控制接口电路，其中电路含有的换向阀电磁铁、接触器等强电电器元器件。由于数控车床由可编程序控制器进行控制，所以辅助装置的控制电路变得十分简单。

5．可编程序控制器（PLC）

现在一般都将可编程序控制器称为可编程序逻辑控制器(PLC)或可编程序机床控制器（PMC）。在数控车床上，PLC、PMC 具有完全相同的含义。它的作用是对数控车床进行辅助控制，把计算机送来的辅助控制指令，经可编程控制器处理和辅助接口电路转换成强电信号，用来控制数控车床的顺序动作、定时计数、主轴电动机的起停、主轴转速调整、冷却泵起停以及转位换刀等动作。PLC 本身可以接受实时控制信息，与数控装置共同完成对数控车床的控制。PLC 具有响应快、性能可靠、使用方便、编程和调试容易等特点，并可直接驱动部分机床电器，因此，被广泛用来作为数控车床的辅助控制装置。

数控车床上使用的 PLC 分成两种：一种是数控装置生产厂家为实现数控车床的顺序动作控制，而将 PLC 与数控装置一体化设计，称为内置式 PLC。另一种是相对独立的 PLC，称为外置式 PLC。

6. 检测反馈系统

检测反馈系统可以包括在伺服系统中，它由检测元件和相应的电路组成，主要作用是检测速度和位移，并将信息反馈到控制系统，构成闭环控制。无测量反馈装置的系统称为开环系统。常用的测量元器件有光电编码器、旋转变压器、感应同步器、光栅、磁尺、激光检测。检测反馈系统包括位置反馈与速度反馈等，它们的作用是通过测量装置将车床移动的实际位置、速度参数检测出来，转换成电信号，并反馈到数控装置中，使数控系统能随时判断车床的实际位置、速度是否与指令一致，并重新发出控制指令，修正所产生的误差，直到符合要求为止。测量装置安装在数控车床的工作台或丝杠上，相当于普通车床的刻度盘和人的眼睛。

目前数控车床多采用半闭环或闭环控制系统。数控车床常用的直线位移检测装置是长光栅、光电编码器，主要用于检测车床在纵横方向上的实际位移量。角位移检测装置有圆光栅、内装光电编码器，用于检测车床主轴或进给传动丝杠角位移。

7. 自适应控制

现代数控系统中，引进了自适应控制技术。自适应控制技术是要求在随机变化的加工过程中，通过自动调节加工过程中测得的工作状态，按照给定的参数指标自动校正工作参数，以达到最佳的工作状态。自适应控制技术能根据切削条件的变化，自动调整并保持最佳切削状态，以达到较高的加工精度和较小的表面粗糙度，同时对刀具磨损、振动、速度、切削力进行自动检测并及时报警、自动补偿或更换刀具，从而提高刀具的使用寿命和生产效率。

数控车床工作台的位移量和速度等过程参数可在编写程序时用指令确定，但是存在一些因素在编写程序时无法预测，如加工材料力学特性变化引起的切削力变化、加工现场温度变化等，这些随机变化的因素会影响数控车床的加工精度和生产效率。自适应控制技术的目的，就是试图把加工过程中的温度、转矩、振动、摩擦、切削力等因素的变化，与最佳参数比较，若有误差则及时补偿。达到提高加工精度或生产率的目的。目前自适应控制技术仅用于高效率和加工精度较高的数控车床，一般数控车床较少采用。

8. 数控车床主体

数控车床主体由床身、主轴箱、导轨、刀架、尾座、主传动系统、进给传动系统及辅助装置（如：液压、气动、润滑、冷却、排屑装置）等部件组成。

数控车床是高精度的自动化加工机床，与普通车床相比，具有更好的结构强度、刚度、抗振性，要求相对运动面的摩擦因数小、进给传动部分之间的间隙要小。设计要求比普通车床严格，要求制造精密，要求刚性强、热变形少、设计精度高。

（1）主轴箱　对于一般数控车床和自动换刀数控车床，由于主轴采用了无级变速和手动档+变频方式实现了分段无级变速，减少了机械变速装置，因此主轴箱的结构比普通车床简单。但主轴箱和主轴的材料要求较高，因此制造与装配精度比普通车床要求相应也会高一些。

（2）导轨　导轨主要用来支撑与引导运动部件，使之沿一定的轨道运动。在导轨副中，运动的一方叫作动导轨，不运动的一方叫作支承导轨。导轨按运动轨迹分为直线运动导轨和圆周运动导轨。导轨是保证进给运动准确性的重要部件，在很大程度上影响车床的刚度、精度、低速进给时的平稳性，是影响零件加工质量的重要部件之一。

（3）刀架　数控车床的刀架按照换刀形式的不同，分为排刀式刀架、回转式刀架、转塔式刀架、带刀库的自动换刀刀架。数控车床上使用的回转刀架是最简单的一种自动换刀装置，根据不同的加工对象，它可以设计成四刀位、六刀位、八刀位等多刀位的刀架。一般的数控车床上配置四刀位自动回转刀架，这类刀架具有动作灵活、重复定位精度高、夹紧力强等优点。在全功能数控车床、车削中心上大多配置多刀位转塔刀架、动力刀具。另外数控车床还有单刀架和双刀架之分。

排刀式刀架一般用于小规格的数控车床，因此更适合加工旋转直径较小的工件，较为常见的是以加工棒料为主的车床。排刀式刀架结构简单，可夹持各种不同用途的刀具的刀夹，沿着车床的 X 坐标轴方向排列在横向滑板上（或称为快换台板）。

回转式刀架一般常见在直径超过 $\phi100mm$ 的数控车床上，这种数控车床大都采用电动机驱动的回转式四方刀架自动换刀装置。回转式四方刀架回转轴垂直于机床主轴，其功能与普通车床四方刀架一样，有四个刀位，可装夹四把不同功能的刀具。方刀架回转 90°，刀具可交换一个刀位。并且刀架只能顺时针方向转动换刀，正转选刀，反转锁紧，方刀架的回转和刀位号的选择是由加工程序指令控制。

（4）机械传动装置　数控车床的机械传动装置比普通车床简化很多，除部分主轴箱内的齿轮传动机构外，仅保留了纵、横进给的螺旋传动机构。机械传动装置可将伺服驱动电动机输出的旋转运动转换成工作台在纵、横方向上的直线运动。数控车床的进给传动链中，一般都采用滚珠丝杠螺母副，将旋转运动转换为直线运动，如图 0-5 所示。

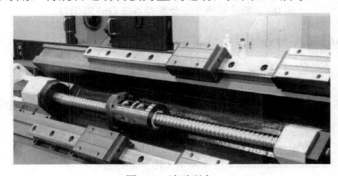

图 0-5　滚珠丝杠

滚珠丝杠螺母副的特点：

1）丝杠、螺母上都有半圆弧形的螺旋槽，将它们装在一起便形成了滚珠的螺旋滚道，在丝杠、螺母之间装有滚珠作为传动元件。

2）传动效率高，摩擦损失小。功率消耗只相当于常规丝杠螺母副的 1/4～1/3。

3）定位精度高，刚度好。适当预紧，可消除丝杠、螺母之间螺纹间隙，消除反向时空程死区。

4）运动平稳，无爬行现象，传动精度高。

5）磨损小，使用寿命长。

6）制造工艺复杂，不能自锁。对于垂直丝杠（如数控立车、数控铣、加工中心），由于自重的作用，下降时若传动切断后，数控车床不能立即停止运动，故需添加制动装置。

7）有可逆性，可以从旋转运动转换为直线运动，也可以从直线运动转换为旋转运动。

二、数控车床的基础知识

数字控制（Numerical Control）技术，简称为数控（NC）技术，是指用数字指令来控制机械的运动和加工过程的一种方法。采用数控技术的控制系统称为数控系统。采用存储程序的专用计算机来实现部分或全部基本数控功能的数控系统，称为计算机数控（CNC）系统。装备了数控系统的机床称为数控机床。图 0-6 是一台数控车床。

图 0-6　数控车床（广州数控系统 GSK980TD）

数控车床 CKA6136 型号各代号的含义：

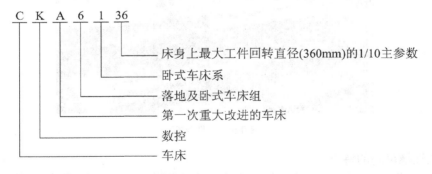

如图 0-6 所示为广州数控系统 GSK980TD。各代号含义如下：

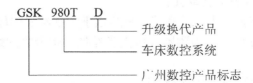

GSK980TD 是新一代普及型数控车床，是 GSK980TA 的升级产品，具有以下技术特点：

1）采用了 32 位高性能 CPU 和超大规模可编程器件 FPGA，运用实时多任务控制技术，实现μm 级精度运动控制和 PLC 逻辑控制。

2）X、Z 两轴联动、μm 级插补精度，最高速度为 16m/min。

3）内置式 PLC，可实现各种自动刀架、主轴自动换档控制，梯形图可编辑、上传、下载，I/O 口可扩展。

4）可车削米制、寸制单线、多线直螺纹、锥螺纹、端面螺纹、变螺距螺纹。

5）支持数控系统与计算机、数控系统与数控系统间双向通信，数控软件、PLC 程序可通信升级。

1．数控车床的特点

数控车床是运用了计算机技术、微电子技术、自动控制技术、可编程序控制器（PLC）、自动检测技术、精密机械制造技术、网络通信技术、液压气动技术、软件等高新技术，是具有高精度、高自动化、高效率的典型机电一体化产品。

（1）数控车床的优点　数控车床体现在工序集中、高速、高效、高精度以及使用方便、可靠性高等方面上。简单工件可手工编程，复杂工件可使用 CAD/CAM 软件自动编程，具有计算机与数控机床的通信功能（DNC）。

1）对加工对象改型的适应性强。需要频繁改型的零件，在数控车床上只需重新编制、输入程序就能实现对零件的加工。适合单件、多品种、小批量零件加工，为新产品的试制提供了极大的方便。

2）加工精度高。数控车床的自动加工方式避免了生产者的人为操作误差，不受操作者的情绪影响，同一批加工零件的尺寸一致性好，产品合格率高，加工质量稳定。

3）加工生产效率高。数控车床通常不需要专用的夹具，省去了夹具的设计和制造时间，减少了辅助时间，增加了机动时间，提高了车床的利用率。数控车床能实现自动化加工，可一人操作多台数控车床，与普通车床相比可提高生产效率 2～3 倍。

4）减轻操作者的劳动强度。在数控车床加工零件时，因是提前编制好的程序自动加工完成的，操作者不需要进行繁重的重复性手工操作，大大减轻了劳动强度。

5）可加工几何形状复杂的零件。数控车床可以加工普通机床难以加工的复杂型面零件。

6）适合加工贵重的、不允许报废的关键零件，成品率高。如：军工、航空航天的零部件，材料较贵重如报废会造成浪费，产生过高的成本。

7）必须严格控制公差的零件。

8）便于经济核算。数控车床加工零件时，能准确地记录零件的加工时间和零件的加工件数，便于生产成本的核算，有利于生产管理的现代化。

（2）数控车床的不足之处

1）要求操作工人具有较高的技能水平。调试和维修较复杂，要求调试和维修人员经过专门的技术培训。

2）价格较贵，投资大。

3）外轮廓不规则的零部件，如：铸造件、锻造件，难以装夹与找正的工件。

4）必须用专用工具来调整加工的部位，占机调整时间较长的零件，经济效益较差。

5）在一次装夹中完成很繁杂零件的加工，与普通车床相比生产效率不明显。

6）获取编程数据较难、易与检验依据发生矛盾，编程难度大的工件。

2．主要技术指标

（1）主要规格尺寸　数控车床主要规格尺寸有床身上最大车削直径、刀架最大回转直径、最大车削长度等。如：数控车床 CJK1630 的最大车削直径为 $\phi300mm$，刀架最大回转直径为 $\phi180mm$，最大车削长度为 550mm。数控车床 CKA6136 的最大车削直径为 $\phi360mm$，刀架最大回转直径为 $\phi185mm$，最大车削长度 600mm。数控车床由于受软件和硬件的限制，最大车削长度与普通车床最大工件长度不同，最大车削直径与普通车床最大回转直径也不同。

（2）主轴系统　数控车床主轴采用交流电动机驱动，具有较宽调速范围和较高回转精度，主轴本身刚度与抗振性比较好。手动档或手动档加变频都达到 2000r/min 以上，现在数控车床变频主轴普遍达到 5000~10000r/min，甚至更高的转速，对提高加工质量和各种小孔加工极为有利；主轴可以通过操作面板上的转速倍率开关直接改变转速，每档间隔10%，其调速范围 50%~120%，八级实时调节。由于数控系统种类较多，各制造厂家设定每档间隔各不相同，在加工端面时主轴具有恒定切削速度。

（3）进给系统　进给速度是影响加工质量、生产效率和刀具寿命的主要因素，最大进给速度为不加工时移动的最快速度，一般最快速度 16~30m/min，可选配。可通过操作面板上快速倍率开关调整，每档间隔为 25%，其调整范围进给速度 F0、25%、50%、100%四级实时调节，F0 是由参数设定的速度，各轴通用。可通过操作面板上进给倍率开关调整，切削进给速度最高为 8000~15000mm/min，或 500 mm/r，可选配，每档间隔有 5%、10%，其调整范围 F0～150%十六级实时调节。F0 是由参数设定的速度，各轴通用。因系统不同，不同的机床制造厂家设定每档间隔各不相同，如：发那科 FANUC 0i－Mate－TD，西门子 SIEMENS802DT，沈阳机床厂生产的操作面板倍率修调每档间隔不一样。

（4）脉冲当量　脉冲当量是数控车床的重要精度指标之一，是设计机床的原始数据之一，如最小设定单位为 0.001mm，是指数控系统每发出一个脉冲，机床运动机构就产生一个相应的位移量，脉冲所对应的位移量称为脉冲当量。数控车床的加工精度和表面质量取决于脉冲当量数的大小。普通数控车床的脉冲当量一般为 0.001mm。精密或超精密数控车床的脉冲当量一般为 0.0001mm。脉冲当量越小，数控车床的加工精度和表面质量越高。

（5）分辨率　分辨率是指控制系统可以控制机床运动的最小位移量，如：最小移动单位为 0.001mm，它是数控车床的一个重要技术指标，一般在 0.0001～0.01mm，视具体车床而定。受车床传动机构的影响，分辨率往往低于脉冲当量，为此脉冲当量不等于分辨率。

（6）定位精度和重复定位精度　GB/T16462.4—2007 国家标准，数控车床和车削中心检验条件对线性和回转轴线的定位精度及重复定位精度检验进行如下规定：见表 0-1 线性轴的位置度，见表 0-2 行程至 360° 回转轴线的位置度。

定位精度是指数控车床工作台或其他运动部位，在一定长度内允许的误差，实际运动位置与指令位置的一致程度，其不一致的差量即为定位误差。引起定位误差的因素包括伺服系统误差、检测系统误差、进给系统误差，以及运动部件导轨的几何误差等。定位误差直接影响加工零件的尺寸精度。为了保证数控车床的加工精度，一般要求定位精度为 0.001～0.01mm，精密车床要求达到 0.0001mm。在理想的情况下定位精度等于分辨率，由于受进给传动误差、加减速惯性、热变形、刚度、振动、摩擦等因素的影响，定位精度往往低于分辨率。

表 0-1　线性轴的位置度　　　　　　　　　（单位：mm）

轴线行程至 2000				
检测项目	测量行程			
	≤500	>500 ≤800	>800 ≤1250	>1250 ≤2000
	公差			
双向定位精度 A	0.022	0.025	0.032	0.042
单向重复定位精度 R↑R↓	0.006	0.008	0.010	0.013
反向差值 B	0.010	0.010	0.012	0.012
单向系统定位偏差 E↑E↓	0.010	0.012	0.015	0.018
轴线行程超过 2000				
检测项目	公差			
反向差值 B	0.012+（测量长度每增加 1000，公差增加 0.003）			
单向系统定位偏差 E↑E↓	0.018+（测量长度每增加 1000，公差增加 0.004）			

表 0-2　行程至 360°回转轴线的位置度公差　　　　　（单位：″）

检测项目	公差
双向定位精度 A	03
单行重复定位精度 R↑R↓	25
反向差值 B	25
单向系统定位偏差 E↑E↓	32

　　重复定位精度是指在相同操作方法和条件下，完成规定操作次数过程中得到结果的一致程度。重复定位精度一般是呈正态分布的偶然性误差，会影响批量加工零件的一致性，是一项非常重要的性能指标。普通数控车床的全程定位精度为±0.01mm/全程，全程重复定位精度为±0.006mm/全程。精密数控车床全程定位精度为±0.005mm/全程，全程重复定位精度为±0.002mm/全程。定位精度和重复定位精度一般由机床制造厂家制订，且出厂检验标准一般都高于国家标准。

　　开环系统的进给精度主要取决于传动件的精度、伺服系统的分辨率等。闭环和半闭环系统中由于检测元件的反馈系统的作用，使进给运动的定位精度和重复定位精度都大幅提高。

三、数控车床的分类

　　数控车床的分类方法较多，但基本与普通车床的分类方法相类似。

1. 按车床主轴位置分类

　　（1）立式数控车床　这类车床主轴垂直于水平面，并有一个直径较大的工作台装夹工件，主要用于加工直径尺寸大、轴向尺寸相对较小的零件。

　　（2）卧式数控车床　卧式数控车床可分为水平导轨卧式数控车床和倾斜导轨卧式数控车床，倾斜导轨结构使车床具有更大的刚性，易于排屑。

　　数控车床还有单刀架和双刀架之分，单主轴和双主轴之分，总之数控车床可以分很多种类，不再一一介绍。

2．按功能水平分类

（1）一般数控车床

（2）全功能数控车床

（3）数控车削中心

3．按控制方式分类

数控车床按照对被控量有无检测反馈装置可分为开环控制和闭环控制两种。在闭环控制系统中，根据测量装置安装的位置不同又分为全闭环控制和半闭环控制。

（1）开环控制数控车床　开环控制系统的数控车床没有位置检测反馈装置。如图 0-7 所示，数控装置将工件加工程序处理后，输出数字指令信号给伺服驱动系统，驱动进给机构运动，不检测实际运动位置，没有位置反馈信号。开环控制的伺服系统主要使用步进电动机作为执行元件，数控装置发出

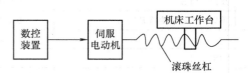

图 0-7　开环控制系统

指令（进给）脉冲，经驱动电路放大后，驱动步进电动机转动，一个进给脉冲使步进电动机转动一个角度，由传动进给机构带动工作台移动一定距离。工作台的位移量与步进电动机转动角位移成正比，即与进给脉冲的数目成正比。改变进给脉冲的数目和频率，就可以控制工作台的位移量和速度。

受步进电动机的步距精度及传动机构的传动精度影响，开环系统的速度和精度较低。其特点是结构简单，维护方便，成本较低，加工精度不高。

（2）半闭环控制数控车床　半闭环控制数控车床是将位置检测元器件安装在伺服电动机的端部，间接测量执行元件的实际位置或位移。半闭环控制系统如图 0-8 所示，它不是直接检测工作台的位移量，而是采用转角位移检测元件，如光电编码器，测出伺服电动机或丝杠的转角，推算出工作台的实际位移量，反馈到数控装置中进行位置比较，用比较的差值进行控制。由于反馈内没有包含工作台，故称半闭环控制。

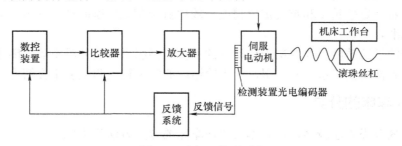

图 0-8　半闭环控制系统

半闭环控制精度比开环控制系统精度高，比闭环控制系统精度差，但稳定性好，成本较低，调试维修也较容易，兼顾了开环控制和闭环控制两者的特点，因此应用比较普遍。

（3）闭环控制数控车床　检测装置安装在工作台上的检测元件，如图 0-9 所示，将直接测出的工作台实际位移量反馈到数控装置，与所要求的位置指令进行比较，用比较的差值进行控制，直到差值为零。可见，闭环控制系统可以消除机械传动部件的各种误差和工件加工过程中产生的干扰的影响，从而使加工精度大大提高。速度检测元件的作用是将伺服电动机

的实际转速变换成电信号送到速度控制电路中，进行反馈校正，保证电动机转速恒定不变。常用速度检测元器件是测速发电机。

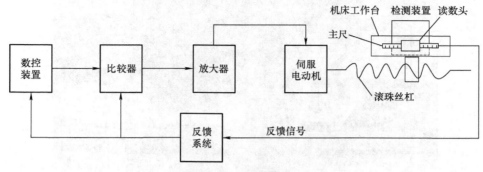

图 0-9　闭环控制系统

闭环控制的特点是加工精度高，移动速度快。这类数控车床采用直流伺服电动机或交流伺服电动机作为驱动元器件，电动机的控制电路比较复杂，检测元件价格昂贵。因而调试和维修比较复杂，成本高。

4．按可控制联动的坐标系分类

数控车床按照控制联动的坐标分类可分为两坐标联动、三坐标联动、两轴半坐标联动、多坐标联动。现代数控车床又采用了多主轴、多面体切削，同时对零件的不同部位进行加工，数控系统的控制轴数不断增加，同时联动的轴数已达 7 根，多坐标数控车床的结构复杂，精度要求高，编程复杂。

四、数控车床坐标系

为了便于编程时描述数控车床的运动，简化数控车床的编程方法，目前数控车床的坐标和运动的方向均已标准化。

1．确定坐标系运动方向及命名原则

根据 GB/T 19660—2005 标准规定的命名原则。

（1）假定刀具相对于静止工件而运动的原则　这一原则使编程人员能在不知道是刀具移近工件还是工件移近刀具的情况下，就可根据零件图样，确定车床的加工过程。

（2）标准坐标（机床坐标）系的规定　标准坐标系是右手直角笛卡尔坐标系，在数控车床上，车床的动作是由数控装置来控制的，为了确定车床上的形成运动和辅助运动，必须先确定车床上运动的方向的距离，这就需要一个坐标系才能实现，这个坐标系称为车床坐标系。

（3）运动方向的确定　刀具远离工件的运动方向为坐标的正方向，接近工件的运动方向为负方向。X 轴坐标运动是水平的，它平行于工件装夹面，是刀具或工件定位平面内运动的主要坐标。在有回转工件的数控卧式车床上，X 轴运动方向是径向的。Z 轴坐标的运动由传递切削力的主轴所决定，与主轴轴线平行的标准坐标轴为 Z 坐标轴，Z 坐标是水平的。数控车床坐标系，如图 0-10 所示。

图 0-10　数控车床坐标系

使用 X 轴、Z 轴组成的直角坐标系的数控车床，X 轴与主轴轴线垂直，Z 轴与主轴轴线方向平行。

刀座与车床主轴的相对位置划分，数控车床有前刀座坐标系和后刀座坐标系。前、后刀座坐标系的 X 轴方向正好相反，而 Z 轴方向是相同的。

（4）旋转运动方向的确定　标准的车床坐标系及坐标轴的判定方法，如图 0-11 所示。图中规定了 X、Y、Z 三个直角坐标轴的方向，该坐标系的各个坐标系与车床的主要导轨平行。

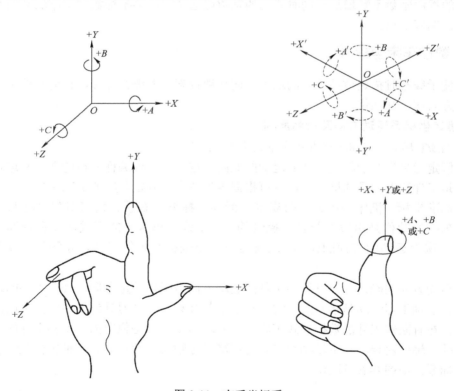

图 0-11　右手坐标系

机床主轴旋转运动的正方向是按照右旋螺纹进入工件的方向。根据右手螺旋法则，可以很方便地确定出 A、B、C 三个旋转坐标方向。

2. 机床坐标系与机床原点

机床坐标系是数控系统进行坐标计算的基准坐标系，是机床固有的坐标系。机床坐标系的原点称为机械参考点或机械零点，机械零点由安装在机床的回零开关决定。通常情况下回零开关安装在 X 轴和 Z 轴正方向的最大行程处（或称正向的极限位置），以机床原点为坐标零点的坐标系称为机床坐标系，如图 0-12 所示 O 点。

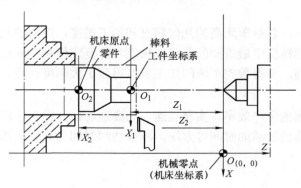

图 0-12　机床坐标系的关系

机床原点是生产厂家在制造机床时设置的固定坐标系原点，也称机床零点，它是在机床装配、调试时就已经确定下来的。机床原点一般位于卡盘端面与主轴中心线的交点处。但大部分机床制造厂家把机床原点设在自定心卡盘端面与主轴中心线的交点处如图 0-12 所示 O_2，以防编程出现错误车坏卡爪，当车刀接近卡爪端面 $1 \sim 2mm$ 时，数控系统会提示 Z 轴超程报警。

有些机床的机床原点位于机床移动部件沿其坐标系正向的极限位置，这一点通常也称为机械参考点，即这些机床的机床原点与机械参考点重合。

3. 机床坐标系与工件坐标系

机床坐标系是机床上固有的坐标系，并设有固定的坐标原点，又称机械零点，如图 0-12 所示 O 点。即 $X=0$、$Z=0$ 的点，从机床设计的角度来看，该点位置可任选，但从使用某一具体机床来说，这点却是机床固定的点。与机床原点不同但又很容易混淆的是另一概念是车床零点（或称机械零点），它是机床坐标系中一个固定不变的极限点。在加工前及加工结束后，可用控制面板上的"回零"键，使刀具退到该点。对车床而言，机械零点是指车刀退离主轴端面和中心线最远的某一固定点。该点在机床制造厂家产品出厂时就已经调好，一般情况下，不允许随意变动。

数控车床的机床坐标系如图 0-12 所示，图中 Z 轴与机床导轨平行（取卡盘中心线），X 轴与 Z 轴垂直，机床原点 O_2 取在自定心卡盘端面与中心线的交点之处。而机械零点 O 则是机床上一个固定的参考点，当刀架回到机床原点，刀架上的对刀参考点便与机床原点重合。O_1 为工件坐标系（也是编程原点或称编程的起点）原点，工件坐标系是通过试切对刀，将刀具偏置数值，输入刀具补偿建立起来的工件坐标系。如：刀具移向工件端面显示器显示，Z 轴坐标=100.02mm，100.02mm 是 Z 轴坐标零点到工件端面 Z_1 之间的距离，刀具移向工件外圆，显示器显示 $X = 80.015$mm，加上测量工件的直径（如：$\phi50.01$mm），$X = 130.025$mm，130.025mm 是 X 轴坐标原点到工件中心 X_1 之间的距离。

五、数控车床发展方向

随着科学技术的发展，世界先进制造技术的不断出现，对数控加工技术的要求越来越高。如超高速切削、精密加工等技术的应用，对数控车床的结构、主轴驱动、数控系统、伺服系统等提出了更高的性能要求，使数控车床在技术上呈现以下七个发展方向。

1．高精度化

数控车床的高精度，包括车床高的几何精度和加工精度，而高的几何精度是提高加工精度的基础。数控车床的精度中最重要的是定位精度和重复定位精度的提高，加上车床的结构特性和热稳定性的提高，使得数控车床的加工精度得到了大幅度提高。

2．高速化

为了提高数控车床的生产效率，实现高速、超高速切削，提高主轴的转速，主要方法可采用减少切削时间和非切削辅助时间等方法。减少切削时间是从提高切削速度，即提高主轴转速来实现。

3．高自动化

从数控系统发展到以微处理器为主的数控装置，数控车床的功能得到不断的扩大，因此数控车床的自动化程度也不断提高。除了自动换刀和自动交换工件外，先后出现了如刀具寿命管理、自动更换备用刀具、刀具尺寸自动补偿和测量、工件尺寸自动测量及补偿、切削参数的自动调整等功能，使单机自动化达到了很高的程度。刀具磨损和破损的监控功能也在不断完善。

4．高可靠性

数控车床工作的可靠性主要取决于数控系统和伺服系统的可靠性。目前主要采用以下措施以提高其可靠性。

（1）提高数控系统的硬件质量　选用高集成度的电路芯片，建立并实现对元件的严格筛选，稳定产品制造，完善性能测试。

（2）模块化、标准化和通用化　目前，现代数控系统功能越来越强大，使得系统的硬件、软件结构实现了模块化、标准化和通用化，便于组织生产、提高质量及产品的维修。

5．多功能化

（1）数控车床采用一机多能　一机多能就是把不同车床的功能集中于一台车床上体现。

（2）良好的人机对话功能　在一台车床上可同时进行零件加工和程序编辑，即具有前台加工，后台输入、编辑程序的功能，缩短了新程序的编辑输入、修改占机时间。

（3）更强的通信功能　数控车床由单机发展到柔性加工单元 FMC、柔性制造系统 FMS、计算机集成制造系统 CIMS，需要数控系统具有更强的双向通信功能。

车削中心是增加了其他附加坐标轴来满足车床的功能，有单主轴的和双主轴控制的数控车床，如图 0-13 所示是单主轴车削中心。

如图 0-14 所示是双主轴车削中心，如图 0-15 所示是两主轴正在交换工件，如图 0-16 所示是自动换刀刀库。

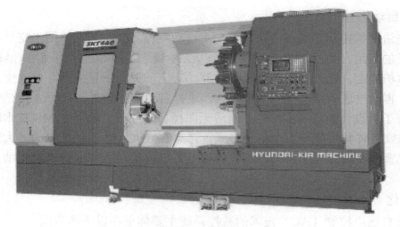

图 0-13　单主轴车削中心

图 0-14　双主轴车削中心

图 0-15　两主轴正在交换工件

图 0-16　自动换刀刀库

　　车削中心是以全功能型数控车床为主体，配置了刀库、换刀装置、分度装置、铣削动力头等，实现了多工序复合加工的车床。在一次装夹工件后，可完成回转体类多道工序的加工，如车、铣、钻、镗、铰、攻螺纹、铣齿、铣键槽等，功能齐全。

6. 编程自动化

当前最先进的数控加工编程方法是 CAM 自动编程，CAD/CAM 图形交互自动编程软件也得到了广泛的应用，如：CAXA 数控车、CAXA 制造工程师，就是利用 CAD 完成零件几何图形的计算机绘制，经过刀具轨迹数据计算、车床前置和后置处理，自动生成 NC 零件加工程序代码，再通过通信接口传入数控车床，进行自动控制加工，从而达到 CAD/CAM 集成一体化，实现了从设计到产品零件生产制造无图样自动加工。随着 CIMS 技术的发展，出现了 CAD/CAPP/CAM 集成的全自动编程方式，它与 CAD/CAM 系统编程的最大区别是编程所需的加工工艺参数不必由人工参与，而是直接从系统内的 CAPP（计算机辅助工艺设计）数据库获得。

7. 智能化

高智能化自适应控制（AC）技术的数控系统主要体现在以下两方面：

1）刀具自动检测更换，对工件超差、刀具磨损、破损，及时报警、自动补偿或更换刀具。

2）出现故障时自动诊断、自动恢复，适应长时间无人操作环境的要求。

项目一　数控车削加工工艺

必须在掌握了普通车床基本加工技能的基础上，才能进入数控车床的加工。在实际加工中，只需将在普通车床上的零件加工过程和操作步骤，用代码编译成数控系统识别的程序，就可以完成零件的加工。

数控车削加工工艺，就是使用数控车床加工零件的一种工艺方法和手段。与在普通车床上加工零件所涉及的工艺问题大致相同，处理方法也无多大差别。数控车床加工工艺是伴随着数控车床的产生和发展而逐步完善起来的一门新技术。

第一部分　学习内容

一、数控车削加工工艺基础知识

理想的加工程序不仅能保证加工出符合零件图样的合格工件，还能使数控车床的功能得到合理的应用和充分的发挥。数控车床是一种高效率的自动化设备，要充分发挥数控车床的这一特点，编程员必须熟悉使用说明书，对车床的性能、结构、特点有充分的了解。在编程之前对工件进行工艺分析，根据具体条件，选择经济、合理的工艺方案。

工艺规程是指导加工的技术性文件。一般包括以下内容：零件加工的工艺路线，各工序的具体加工内容，切削用量及所采用的设备和工艺装备等。工艺规程制订得是否合理，直接影响到产品质量和经济效益。一个零件可以用几种不同的加工方法制造出来，但在一定的条件下，只有一种方法是最为合理的。在制订工艺规程时，根据零件的生产批量、设备条件，尽量采用新设备、新工艺、新技术。

（一）工艺路线

拟订工件加工的工艺路线，就是把加工所需要的各种工序按照先后顺序排列出来。这需要了解一个零件通过几个加工阶段、采用什么方法进行加工，热处理应安排在什么工序位置上，采用工序集中还是工序分散等。

1. 工序的划分原则

工序划分一般采用两种不同原则：工序集中原则和工序分散原则。

（1）工序集中原则　工序集中原则是指每道工序包括尽可能多的加工内容。就是整个工艺过程中安排的工序数量最少，甚至一道工序就能使工件达到规定的技术要求。

根据工艺要求，应先考虑工序集中，后考虑工序分散。在数控车床上工序集中符合"三减少，一降一提"原则，即：可减少加工所用刀具，减少换刀次数，减少加工时间，降低生产成本，提高经济效益。对重型工件、大型工件在加工过程中，因装卸困难，常采用工序集中原则，在一次装夹中完成全部粗加工和精加工。

在大量生产中，常采用工序集中原则。在成批生产的机械加工中，一般是工序集中和工序分散混合使用，在数控车床加工时，如使用多轴、多刀的车削中心，更倾向于工序集中原则。

工序集中可以减少工件的装夹定位次数，当加工的工件要求相互位置精度较高时，如：内外圆的同轴度、端面与孔、端面与台阶的垂直度，在一次装夹中，用工序集中原则容易达到技术要求。工件在一次装夹或两次装夹中就能加工完工件，可减少使用定位夹具的数量。

工序集中减少了工序数目，缩短了工艺路线，减少了操作人员数量，简化了生产计划和组织管理工作。但对操作人员的编程能力和操作技能水平要求较高。

（2）工序分散原则　工序分散原则是指每道工序加工的表面内容数量少，安排的工序较多。甚至一道工序只有一个或两个工步。工序分散使工艺路线长，所用设备多，操作人员多。对于刚度差、精度高的工件，应按工序分散原则划分。工序分散对操作人员的编程能力、操作技能水平和熟练程度要求低一些，工序分散编程量小、简单，便于掌握。

2．工序的划分方法

根据数控车削加工的特点，工序划分主要考虑生产要素、所用设备及零件结构和技术要求等几个影响因素。在数控车床上加工零件，一般应按工序集中的原则划分工序，一次装夹应尽可能完成大部分甚至全部表面的加工。根据零件结构形状的不同，通常选择外圆、端面或内孔装夹，并尽量保证设计基准、工艺基准和编程原点的统一（统称为三统一）。数控加工工序的划分一般可按下列方法进行：

（1）按零件加工表面划分工序　将位置精度要求较高的表面安排在一次装夹下完成，以免多次装夹所产生的安装误差影响位置精度。

（2）按粗、精加工划分工序　对毛坯余量较大和加工精度要求较高的零件，应将粗车和精车分开，这样可以提高加工效率和工件表面加工质量。可将粗车安排在精度较低、功率较大的数控车床上，将精车安排在精度较高的数控车床上。

（3）以装夹次数划分工序　以一次装夹完成的加工工步内容为一道工序，此种方法适用于涉及工种较多的工件。

3．加工顺序安排原则

加工顺序安排一般应按照六项基本原则进行：

（1）先面后孔的原则　一般先加工端面，再加工孔和其他尺寸。这样安排加工顺序，一方面用加工过的端面定位，稳定可靠；另一方面，在加工过的端面上钻孔较容易定位，并能提高钻孔的位置精度，特别是钻孔时钻头容易找正，孔的轴线不易歪斜。

（2）先粗后精的原则　先对各表面进行粗加工，然后再进行半精加工和精加工，逐步提高加工表面精度和减小表面粗糙度。粗车在短时间内将工件表面上的大部分加工余量切除，这样一方面提高了金属切除率，另一方面满足了精车的余量均匀性要求。若粗车后所留余量的均匀性满足不了精加工的要求，则要安排半精车，以此为精车做准备。精车要保证加工精度，按图样尺寸加工出零件轮廓。

（3）先近后远的原则 在一般情况下，离对刀点近的部位先加工，离对刀点远的部位后加工，这样可以缩短刀具移动距离，减少空行程时间。对于车削而言，先近后远还有利于保持毛坯或半成品的刚度，改善其切削条件。

（4）先主后次的原则 应先加工零件的技术要求高的表面（如装配基准面），从而及早发现毛坯中可能出现的缺陷。技术要求低的表面，则可放在之后进行。

（5）先内后外的原则 对既有内表面又有外表面需要加工的零件，安排加工顺序时，应先加工内表面，后加工外表面。

（6）基准先行的原则 应优先加工用作精基准的表面。这是因为定位基准的表面越精确，装夹误差就越小。例如，轴类零件加工时，通常先平端面、钻中心孔，再以中心孔为精基准加工外表面。

4．定位基准选择原则

在工件的机械加工工艺过程中，合理选择定位基准对保证零件的尺寸精度和位置精度起着决定性作用。基准可以设置在零件上，也可以设置在夹具与零件定位基准有一定尺寸关联的某一位置上。选择基准时要考虑到找正容易，编程方便，对刀误差小，加工时检验方便、可靠等几个因素。

定位基准分为粗基准和精基准两种。毛坯在开始加工时，都是以未加工的表面定位，这种基准面称为粗基准；用已加工过的表面作为定位基准面称为精基准。

（1）粗基准选择原则 选择粗基准时，必须达到以下两个基本要求：一是要保证所有加工表面都有足够的加工余量；二是要保证零件加工表面和不加工表面之间具有一定的位置精度。

1）应选择不加工表面作为粗基准。

2）所有加工表面都要加工的零件，应根据加工余量最小的表面找正。这样不会因为位置偏移而造成余量太少的部分加工不出来，成为废品。

3）应选择比较牢固可靠的表面作为粗基准，否则会使工件夹坏或松动。

4）应选择平整光滑的表面作为粗基准，铸件装夹时应错开浇冒口。

5）粗基准不能重复使用。由于粗基准未经加工，表面比较粗糙且精度低，二次装夹时，其在车床上（或夹具中）的实际位置与第一次装夹时位置易发生变化，从而产生定位误差，导致相应加工表面出现较大的位置误差。因此，粗基准一般不能重复使用。

（2）精基准选择原则 所选择的精基准应能保证工件定位准确、稳固，装夹方便可靠，同时定位基准应有足够大的接触面，以承受较大的切削力。尽量减少装夹次数，尽可能做到一次定位后就能加工出全部的待加工表面。

1）尽可能采用设计基准或装配基准作为定位基准。一般的套、齿轮毛坯和带轮，精加工时，多数利用心轴以内孔作为定位基准来加工外圆及其他表面，这样定位基准与装配基准重合，装配时较容易达到精度要求。

2）尽可能使定位基准和测量基准重合。

3）尽可能使基准统一。除第一道工序外，其余加工表面尽量采用同一精基准。因为基准统一后，可以减少定位误差，提高加工精度，方便装夹。如一般轴类零件的中心孔，在车、铣、磨等工序中，始终用中心孔作为精基准，可以提高零件的加工精度。又如齿轮加工时，先把内孔加工好，然后始终以孔作为精基准。

注意事项：当原则3）与原则2）矛盾而不能保证加工精度时，就必须放弃原则3）。

4）选择精度较高、形状简单、装夹可靠和尺寸较大的表面作为精基准。这样可以减少定位误差和使定位稳固。

5）自为基准。对于研磨、铰孔等精加工或光整加工工序要求加工余量小而均匀，选择加工表面本身作为定位基准，称为自为基准原则。采用自为基准原则时，只能提高加工表面本身的尺寸精度、形状精度，不能提高加工表面的位置精度，加工表面的位置精度应由前道工序保证。

（3）辅助基准的选择　辅助基准是为了便于装夹或易于实现基准统一而人为制造的一种定位基准。如轴类零件加工所用的两个中心孔，它不是零件的工作表面，只是出于工艺方面的需要才做出的。又如某些零件，为安装方便，毛坯上专门铸出工艺凸台，这是典型的辅助基准，加工完成后应将其从零件上切除。

（二）加工余量和切削用量

1．加工余量的选择

加工余量是指加工过程中，所切去的金属层厚度。余量有工序余量和加工总余量之分，工序余量是指相邻两工序尺寸之差；加工总余量是指毛坯尺寸与零件图样的设计尺寸之差，它等于各工序余量之和。加工总余量的计算方法是由最后一道工序开始向前推算。

加工余量的大小对零件的加工质量和制造的经济性有较大的影响。余量过大会浪费原材料及机械加工工时，增加机床、刀具及能源等的消耗；余量过小则不能消除上道工序留下的各种误差、表面缺陷和本道工序的装夹误差，容易造成废品。因此，应合理地确定加工余量。加工余量的选择可通过经验估算、查表修正、分析计算等方法来确定。

一般半精车余量留 2～6mm，背吃刀量 1～3mm。

精车余量留 0.4～1mm，背吃刀量 0.2～0.5mm。

当零件半精车、精车有表面粗糙度要求时：

半精车（Ra2.5～10μm）余量留 0.6～4mm，背吃刀量 0.3～2mm。

精车（Ra1.5～2.5μm）余量留 0.1～1.6mm，背吃刀量 0.05～0.8mm。

由于硬质合金车刀刃口不很锋利，刀尖圆弧半径较大，精车余量的背吃刀量不宜太小，否则加工表面粗糙度值较大，表面粗糙不光滑。

2．确定加工余量的基本原则

1）总加工余量（毛坯余量）和工序余量要分别确定。总加工余量的大小与所选择的毛坯制造精度有关。粗加工工序的加工余量，应等于总加工余量减去其他各工序的余量之和。

2）零件越大，切削力、内应力引起的变形越大。因此，工序加工余量应取大一些。

3）余量要充分，防止因余量不足而造成废品。余量中应包含因热处理引起的变形量。

4）采用最小加工余量原则。在保证加工精度和加工质量的前提下，余量越小越好，以缩短加工时间、减少材料消耗、降低加工费用。

3．确定加工余量的方法

（1）经验估算法　此方法是根据工艺人员的实践经验估计加工余量，为避免因余量不足而产生废品，所估余量一般偏大，仅用于单件小批量生产。

（2）查表修正法 将工厂生产实践和实验研究积累的有关加工余量的资料制成表格，并汇编成手册。这种方法目前应用最广泛。确定加工余量时，可先从手册中查得所需数据，然后再结合工厂的实际情况进行适当修正。查表时应注意查表中的余量值为基本余量值。加工余量有单边余量和双边余量之分。对称表面的加工余量是双边余量，非对称表面的余量是单边余量。如：平面的加工余量指单边余量，内、外圆回转体零件面的加工余量则是指双边余量。

（3）分析计算法 分析计算法是根据加工余量计算公式和一定的试验材料，对影响加工余量的各项因素进行综合分析和计算来确定加工余量的一种方法。用这种方法确定的加工余量经济合理，但必须有比较全面和可靠的试验资料。目前，用贵重材料或军工生产、少数大量生产的工厂中多采用此种方法。

$$z_{\Sigma} = \sum_{i=1}^{n} z_i$$

式中，z_{Σ} 是总加工余量（mm）；z_i 是工序余量（mm）；n 是工序数量。

数控车床多为双边余量，如：X 轴都是以直径编程，精车背吃刀量留 0.5mm，编程时直径应留 1mm。

4．切削用量的确定

切削用量是衡量切削运动大小的参数。合理选择切削用量，是在刀具的切削几何角度选择好以后，合理确定背吃刀量（a_p）、进给量（f）、切削速度（v_c）进行加工。应满足下列基本要求：

1）保证安全，不致发生人身事故，不会造成车床、刀具的损坏。

2）保证工件已加工表面的表面粗糙度和尺寸精度。

3）在满足以上两项要求的前提下，充分发挥车床的潜力和刀具的切削性能，尽可能选较大的切削用量，减少切削时间，提高效率，降低成本。

4）不允许超过车床的功率，工件不能产生过大的变形和振动。

（1）背吃刀量（a_p）的选择 背吃刀量（切削深度）的选择应根据加工总余量确定，主要受机床刚度、刀具和工件结构等因素制约。在系统刚度允许条件下，应尽可能选择较大的背吃刀量，以减少走刀次数，提高加工效率。精加工时，通常选择较小的背吃刀量，以保证加工精度及表面粗糙度。但不能选得过小，过小的背吃刀量反而会使表面粗糙度增大。

根据数控车床型号，粗加工时，根据毛坯余量的大小，可取 2～5mm，精加工时，背吃刀量可取 0.2～0.5mm。

背吃刀量对于切断刀和切槽刀是刀尖的宽度。对于钻头是直径的一半。

（2）进给量（f）的选择 进给量（f）主要受刀杆、刀片、工件、车床的强度、刚度和转矩，以及工件精度、表面粗糙度的限制。背吃刀量确定后，粗车时选择较大的进给量，一般为 0.3～0.5mm/r。精车时选择较小的进给量，一般为 0.1～0.3mm/r，但过小的进给量反而会使表面粗糙度增大。粗加工进给量选 0.3mm/r 以上，精加工进给量选 0.3mm/r 以下。可参考表 1-1 硬质合金车刀粗车外圆及端面时的进给量参考表。

表 1-1　硬质合金车刀粗车外圆及端面时的进给量参考表

工件材料	车刀刀柄尺寸/mm（厚 h×宽 b）	工件直径/mm	背吃刀量 a_p/mm		
			3	5	8
			进给量 f（mm/r）		
碳素结构钢和合金结构钢	16×16	20	0.3～0.4	—	—
		40	0.4～0.5	0.3～0.4	—
		60	0.5～0.7	0.4～0.6	0.3～0.5
		100	0.6～0.9	0.5～0.7	0.5～0.6
		400	0.8～1.12	0.7～1.0	0.6～0.8
	20×20 25×25	20	0.3～0.4	—	—
		40	0.4～0.5	0.3～0.4	—
		60	0.6～0.7	0.5～0.7	0.4～0.6
		100	0.8～1.0	0.7～0.9	0.5～0.7
		600	1.2～1.4	1.0～1.2	0.8～1.0
铸铁	16×16	40	0.4～0.5	—	—
		60	0.6～0.8	0.5～0.8	0.4～0.6
		100	0.8～1.2	0.7～1.0	0.6～0.8
		400	1.0～1.4	1.0～1.2	0.8～1.0
	20×20 25×25	40	0.4～0.5	—	—
		60	0.6～0.9	0.5～0.8	0.4～0.7
		100	0.9～1.3	0.8～1.2	0.7～1.0
		600	1.2～1.8	1.2～1.6	1.0～1.2

注：1. 加工断续表面及有冲击的加工时，表内的进给量应乘系数 $\kappa = 0.75～0.85$。

2. 加工耐热钢及合金时，不采用大于 1.0mm/r 的进给量。

3. 在无外皮加工时，表内进给量应乘系数 1.1。

半精车、精车时，背吃刀量（a_p）较小，进给量（f）主要受表面粗糙度的限制。表 1-2 是按表面粗糙度制订的，在使用硬质合金车刀半精车、精车外圆及端面时的进给量参考表。

表 1-2　硬质合金车刀半精车、精车外圆及端面时的进给量参考表

表面粗糙度 Ra/μm	加工材料	副偏角 κ'_r/(°)	切削速度范围 v_c/（m/min）	刀尖圆弧半径 r_e/mm		
				0.5	1.0	2.0
				进给量 f（mm/r）		
10	钢、铸铁	5	不限制	—	0.05～0.7	0.7～0.88
		10～15		—	0.45～0.6	0.6～0.7
5	钢	5	<50	0.2～0.3	0.25～0.35	0.3～0.45
			50～100	0.28～0.35	0.35～0.4	0.4～0.55
			>100	0.35～0.4	0.4～0.5	0.5～0.6
		10～15	<50	0.18～0.25	0.25～0.3	0.3～0.4
			50～100	0.25～0.3	0.3～0.35	0.35～0.5
			>100	0.3～0.35	0.35～0.4	0.5～0.55
	铸铁	5	不限制	—	0.3～0.5	0.45～0.65
		10～15		—	0.25～0.4	0.4～0.6

（续）

表面粗糙度 $Ra/\mu m$	加工材料	副偏角 $\kappa'_r/(°)$	切削速度范围 $v_c/$ （m/min）	刀尖圆弧半径 r_ε/mm		
				0.5	1.0	2.0
				进给量 $f/$（mm/r）		
2.5	钢	≥5	30～50	—	0.11～0.15	0.14～0.22
			50～80	—	0.14～0.22	0.17～0.25
			80～100	—	0.16～0.25	0.23～0.35
			100～130	—	0.2～0.3	0.25～0.39
			>130	—	0.25～0.3	0.35～0.4
	铸铁	≥5	不限制	—	0.25～0.3	0.25～0.3
1.25	钢	≥5	100～110	0.12～0.15	0.14～0.17	
			110～130	0.13～0.18	0.17～0.23	
			>130	0.17～0.26	0.21～0.27	

车端面时的切削用量：背吃刀量（a_p）粗车时，2～5mm，精车时，0.2～1mm。进给量（f）粗车时，0.3～0.7mm/r，精车时，0.1～0.3mm/r。

进给速度的大小直接影响表面粗糙值和车削效率。受到车床、刀具、工件系统刚度和进给驱动控制系统的限制，在保证表面质量的前提下，应选择较大的进给量。

当背吃刀量和进给量选择好以后，切削速度也应选择较为合理的数值。根据所加工工件材料、刀具材料、表面粗糙度、背吃刀量、进给量、切削液确定进给速度，可根据进给量和主轴转速按下列公式计算

$$v_f = nf$$

式中，v_f 是进给速度（mm/min）；n 是主轴转速（r/min）；f 是进给量（mm/r）。

例1　加工一零件，背吃刀量确定后，进给量选择 0.2mm/r，主轴转速为 500r/min，求进给速度？

解　$v_f = nf$ =0.2mm/r×500r/min=100mm/min

（3）切削速度（v_c）　切削速度是随着工件直径的减小而减小，在计算切削速度时按端面的最大直径计算。

切削速度选择的一般原则如下：

① 工件材料：切削强度和硬度较高的工件时，切削速度应选低一些，切削脆性材料如铸铁工件时，切削速度也应选低一些，切削中碳钢如 45 钢和低碳钢时，切削速度应选高一些。

② 车刀材料：使用硬质合金数控专用车刀比焊接硬质合车刀和机夹可转位车刀时的切削速度要高一些。

③ 表面粗糙度：表面粗糙度值要求较低的工件，切削速度应选大一些。表面粗糙度值要求高的工件，切削速度应选小一些。查表 1-1、表 1-2 硬质合金车刀半精车、精车外圆及端面时的进给量参考。

④ 背吃刀量和进给量：背吃刀量和进给量增大时，可适当降低切削速度，背吃刀量和进给量减小时，切削速度可适当选高一些。

⑤ 切削液：加注切削液，切削速度可适当提高。

表 1-3 切削用量是以工件材料制订的参考数值。

表 1-3　不同工件材料切削用量参考表

工件材料	热处理状态	a_p=0.3～2mm	a_p=2～6 mm
		f=0.08～0.3mm/r	f=0.3～0.6mm/r
		v_c/(m/min)	
低碳钢、易切钢	热轧	140～180	100～180
中碳钢	热轧	130～160	90～110
	调质	100～130	70～90
合金结构钢	热轧	100～130	70～90
	调质	80～110	50～70
工具钢	退火	90～120	60～80
不锈钢	—	70～80	60～70
灰铸铁	<190HBW	80～110	60～80
	190～225HBW	90～120	50～70
高锰钢（Mn13%）	—	—	10～20
铜及铜合金	—	200～250	120～180
铝及铝合金	—	300～600	200～400
铸铝合金（Si7%～13%）	—	100～180	80～150

刀片的材料选择也很重要，硬质合金刀片材料的切削速度参考数值见表 1-4。

表 1-4　硬质合金刀片材料的切削速度参考表

工件材料	刀具材料	a_p=0.13～0.38mm	a_p=0.38～2.4mm	a_p=2.4～4.7mm
		f=0.05～0.13mm/r	f=0.13～0.38mm/r	f=0.38～0.76mm/r
		v_c/(m/min)		
易切钢	硬质合金	230～460	185～230	135～185
低碳钢低碳钢合金钢		215～365	165～215	120～165
中碳钢中碳钢合金钢		130～165	100～130	75～100
不锈钢		115～150	90～115	75～90
钨钢		100～120	75～100	60～75
灰铸铁		135～185	105～135	75～105
可锻铸铁		105～135	75～105	60～75
易切铝		300～380	245～305	145～200
铝合金		215～300	135～215	90～135
黄铜及青铜		215～245	185～215	150～185
塑料		200～300	120～200	75～120

（4）主轴转速 n 的确定　主轴转速应根据已经选定的背吃刀量、进给量及刀具寿命来确定，也可根据生产实践经验，在车床使用说明书允许的速度范围确定，一般根据下列公式计算

$$n = \frac{1000v_c}{\pi d}$$

式中，n 是主轴转速（r/min）；v_c 是切削速度（m/min）；d 是工件直径（mm）。

例2 加工毛坯直径 200mm 低碳钢，切削速度为 120m/min，所需主轴转速是多少？

解 $n = \frac{1000v_c}{\pi d} = \frac{1000 \times 120}{3.14 \times 200} \text{r/min} = 191 \text{r/min}$

加工螺纹时的主轴转速不能过高，根据螺距大小应采用不同的主轴转速，一般按下式计算主轴转速

$$n \leqslant \frac{1200}{P} - k$$

式中，n 是主轴转速（r/min）；P 是螺纹螺距（mm）；k 是安全系数，一般取 80。

例3 在数控车床上加工 M30×2 的螺栓，求主轴转速。

解 $n \leqslant \frac{1200}{P} - k \leqslant \frac{1200}{2} \text{r/min} - 80 \text{r/min} \leqslant 520 \text{r/min}$

例4 在数控车床上加工 Tr42×6 的梯形螺纹，求主轴转速。

解 $n \leqslant \frac{1200}{P} - k \leqslant \frac{1200}{6} \text{r/min} - 80 \text{r/min} \leqslant 120 \text{r/min}$

（三）数控车床加工精度和表面质量

产品的工作性能、装配精度和使用寿命与零件的加工精度和表面质量直接相关，所谓加工精度是指零件加工后的几何参数（尺寸、几何形状和相互位置等）与理想零件几何参数相符合的程度。零件的质量主要包括加工精度、表面质量两个方面。

1．加工精度

（1）尺寸公差 限制加工表面与其基准间尺寸误差不超过一定的范围。

（2）几何公差 包括形状、方向、位置和跳动公差。其中以形状公差和位置公差为主。形状公差，限制加工表面的宏观几何形状误差，如：圆度、圆柱度、平面度、直线度；位置公差，限制加工表面与其基准间的相互位置误差，如：平行度、垂直度、同轴度、位置度等。

2．表面质量

表面质量包括两个方面内容，表面层的几何形状偏差和表面层的物理、力学性能。

（1）表面层的几何形状偏差

1）表面粗糙度：零件表面的微观几何形状误差。

2）表面波纹度：零件表面周期性的几何形状误差。

（2）表面层的物理、力学性能

1）冷作硬化：表面层在加工中塑性变形引起的表面层硬度提高现象。

2）残余应力：表面层在加工中产生强烈的塑性变形和金相组织的可能变化，产生的内应力。按应力性质分为拉应力的压应力。金相组织变化，表面层在加工中切削热引起的变化。

3．表面质量对零件使用性能的影响

（1）对零件耐磨性的影响 零件的耐磨性不仅和材料及热处理有关，而且还与零件接触表面的表面粗糙度有关。当两个零件相互接触时，实质上只是两个零件接触表面上的一些凸

峰相互接触。因此，实际接触面积比理论接触面积要小得多，从而使单位面积上的压力很大。当其超过材料的屈服点时，就会使凸峰部分产生塑性变形甚至被折断，并因接触面的滑移而迅速磨损。随着接触面积的增大，单位面积上的压力减小，磨损减慢。零件表面粗糙度值越大，磨损越快，但这并不说明零件表面粗糙度值越小越好。如果零件表面粗糙度值小于合理值，则由于摩擦面之间润滑油被挤出而形成干摩擦，从而促使磨损加快。实验表明，最佳表面粗糙度值为 $Ra0.3\sim1.2\mu m$。另外，零件表面有冷作硬化层或经淬硬，也可提高零件的耐磨性。

（2）对零件疲劳强度的影响　零件表面层的残余应力性质对疲劳强度的影响较大。当残余应力为拉应力时，在拉应力作用下会使表面的裂纹扩大，从而降低零件的疲劳强度，减少产品使用寿命。相反，残余压应力可以延缓疲劳裂纹的扩展，提高零件疲劳强度。同时，表面冷作硬化层的存在以及加工纹路方向与载荷方向一致，都可以提高零件的疲劳强度。

（3）对零件配合性质的影响　在间隙配合中，如果配合表面粗糙，磨损后会使配合间隙增大，改变原配合性质。在过盈配合中，如果配合表面粗糙，则装配后表面的凸峰被挤平，从而使有效过盈量减小，降低配合可靠性。所以，对有配合要求的表面，也应标注对应的表面粗糙度。

4．影响表面粗糙度的工艺因素和改善措施

工件在加工过程中，由于车床本身工作特性、刀具几何形状和切削运动之间相互变化的加工过程，会使工件表面比较粗糙。影响表面粗糙度的工艺因素主要有工件材料、切削用量、刀具几何参数、切削液等。

（1）工件材料　一般韧性较大的弹塑性材料，加工后表面粗糙度值较大，而韧性小的弹塑性材料加工后易得到较小的表面粗糙度值。对于同种材料，其晶粒组织越大，加工时表面粗糙度越大。因此，为了减小加工表面的表面粗糙度，常在切削加工前对材料进行调质或正火处理，以获得均匀细密的晶粒组织和较大的硬度。

（2）切削用量　进给量越大，残留面积越多，零件表面越粗糙。因此，减小进给量可有效地减小表面粗糙度。另外，切削速度对弹塑性材料的表面粗糙度影响也较大。在中速切削时，由于容易产生积屑瘤，且塑性变形较大会使表面粗糙度增大。通常采用低速或高速切削弹塑性材料，可减小表面粗糙度。

（3）刀具几何参数　主偏角、副偏角及刀尖圆弧半径对零件表面粗糙度有直接影响。减小主偏角和副偏角或增大刀尖圆弧半径均可减小表面粗糙度。

（4）切削液　切削液的冷却和润滑作用能减少切削过程中的表面摩擦，降低切削区的温度，使切削层金属表面的塑性变形程度下降，抑制积屑瘤的产生，因此减小表面粗糙度。

综上所述，精车余量不宜太小，否则加工表面粗糙度值较大，表面粗糙而不光滑。尺寸精度要求较高，表面粗糙度值较小的工件，应选较小的进给量，也就是进给速度慢一些，表面粗糙度值较大的工件，应选较大的进给量。

表面粗糙度值要求小的工件，切削速度应选高一些。表面粗糙度值要求大的工件，切削速度应选低一些。由于数控机床的结构具有高刚度和高抗震性，所配数控刀具优质高效，因而在同等情况下，加工时所采用的切削用量通常比普通机床大，加工效率也较高。

总之，数控加工工艺设计得是否合理、先进、准确、周密，不仅影响编程的工作量，而且关系到零件的加工质量、加工效率和设备的安全运行。

二、数控车削刀具

在数控车削加工中，产品质量和劳动生产率在相当大程度上受到刀具的制约，大多数车刀与普通车床采用的刀具基本相同。由于数控车床采用的是工序相对集中原则，对一些工艺难度较大、轮廓形状较复杂的零件，刀具切削的几何参数应满足加工要求。数控加工用刀具可分为常规刀具和模块化刀具。使用模块化刀具的优点如下：

1）缩短安装、换刀、对刀中断工作的时间，提高生产效率。

2）可以充分发挥刀具的性能，提高刀具的利用率。

3）刀具的标准化利于生产中实现刀具的互换性。

1. 刀具特点与要求

为了达到高速、高效、多能、经济的目的，数控加工刀具与普通金属切削刀具相比具有如下特点：

1）刀片、刀柄实现了通用化、标准化、系列化。

2）刀片、刀具的寿命指标和经济指标合理。

3）刀片、刀具几何参数和切削参数规范化、典型化。

4）刀片、刀具材料、性能及切削参数与被加工材料之间相匹配。

5）刀具具有较高的精度，包括刀具的形状、刀片及刀柄对车床主轴的中心线相对位置精度、刀片及刀柄的转位及拆装的重复位置精度。

6）刀柄的强度、刚度要高，耐磨性要好。

7）刀片、刀柄切入的方向、位置有要求。

8）刀片、刀柄的定位基准、自动换刀系统要优化。

刀具要求：

（1）高强度　为适应在粗加工或对高硬度材料的零件加工时，能有较大背吃刀量和快进给，要求刀具必须具有足够的强度、硬度，韧性，耐热性，热传导性能良好。

（2）精度要高　为适应数控加工的高精度和自动换刀要求，刀具及其刀夹都必须具有较高的精度。

（3）切削速度和进给速度高　为了提高生产效率，适应一些特殊加工的需要，刀具应能满足较高的切削速度、进给速度要求。

（4）可靠性要好　要保证数控加工中不因刀具发生意外的损坏、潜在的缺陷而影响加工的顺利进行，要求刀具和组合的附件必须具有良好的可靠性和较强的适应性。

（5）使用寿命要长　刀具在切削过程当中不断磨损，会造成加工零件的尺寸发生变化，伴随刀具的磨损，会因切削刃、刀尖变钝，使切削阻力增大，影响被加工零件的表面粗糙度，同时还会加剧其磨损，形成恶性循环。

数控加工中的刀具，不论在粗加工、精加工还是特殊加工中，都应比普通车床加工所用刀具的使用寿命要长。尽量减少更换刃磨刀具和对刀的次数，从而保证零件的加工质量，提高生产效率。

（6）断屑及排屑性能要好　断屑及排屑的性能好坏，对保证数控车床顺利、安全地运行具有非常重要的意义。如果车刀断屑的性能不好，车出的切屑就会缠绕在刀头、工件、刀架上，既可能造成车刀或是刀尖的损坏，又可能划伤已加工好的表面，甚至会发生伤人事故。

数控车削加工所用的硬质合金刀片常采用三维断屑槽，以增大断屑范围，改善断屑性能。如果车刀的排屑性能不好，切屑会在前刀面、断屑槽内堆积，加大切削刃、刀尖与零件间的摩擦，降低零件的表面粗糙度质量，影响车刀的切削性能。因此，应常对车刀采取减小前刀面、断屑槽的摩擦因数等措施，如：采用涂层技术改善切削效果。

2．常用刀具材料

常规车削刀具分为方形刀柄或圆柱形刀柄。刀具材料大体上可分为五大类：高速钢、硬质合金、陶瓷、立方氮化硼、聚晶金刚石。

刀具材料的发展呈现出以下特点：

1）硬质合金刀具逐渐替代高速钢刀具。

2）涂层刀具的应用越来越普遍，其制造方法分两种：一类为物理涂层 PVD，一类为化学涂层 CVD，其中 PVD 涂层刀具增幅最大。

3）PCD、PCBN 和金刚石涂层刀具增长迅速。

对于金属切削的刀具材料，一般有硬度、强度、热硬性、导热性等指标要求，其中硬度和强度是一对极其重要的指标。理想的刀具材料当然是硬度、强度兼备。

（1）高速钢 自发明高速钢以来，经过许多改进至今仍被使用，目前国内应用比较普遍的高速钢材料是 W18Cr4V，但在数控车削加工上已逐渐被淘汰。

（2）硬质合金 硬质合金是将钨钴类（WC）、钨钛钴类（WC—TiC）、钨钛钽（铌）钴类（WC—TiC—TaC）等硬质碳化物以 Co 为结合剂，在高压下压制成形后，再高温烧结而成的物质。硬质合金按被加工材料主要分为六类：P、M、K、N、S、H。目前，硬质合金得到了广泛的应用。

（3）陶瓷 陶瓷硬质相的主要成分为 TiCN。这种硬质相与硬质合金的硬质相 WC 比较，高温强度和抗氧化性能更优越，并难与被切削材料发生反应。

（4）立方氮化硼 PCBN PCBN 刀具，超高压、高温技术人工合成的新型刀具材料，其结构与金刚石相似，它的硬度略逊于金刚石，但热稳定性远高于金刚石，并且与铁族元素亲和力小，不易产生积屑瘤。具有高硬性和极好的热稳定性，切削温度可达 1300℃。主要适用于硬度为 50～60HRC 的淬硬钢（例如：碳素工具钢、轴承钢、模具钢和高速钢等）灰铸铁、球墨铸铁、冷硬铸铁、以及 Ni 基、Co 基、Cr 基、Fe 基高温合金的机械加工。当加工灰铸铁、切削速度超过 800m/min 时，刀具寿命随着切削速度的增加而更长。立方氮化硼的切削用量见表 1-5。

表 1-5　立方氮化硼的切削用量

工件材料		背吃刀量 a_p/mm	进给量 f/(mm/r)	切削速度 v_c/（m/min）
灰铸铁	粗加工	0.5～3.0	0.1～0.8	500～1000
	精加工	0.1～0.5	0.2～0.8	300～800
冷硬铸铁	粗加工	0.1～2.0	0～0.2	
	精加工	0.2～2.0	0.05～0.1	
硬化钢	粗加工	0.5～1.5	0.1～0.25	
	精加工	0.4～1.5		50～160
烧结钢	粗加工	0.1～0.3	0.08～0.2	
	精加工	0.1～0.3		100～300

（5）聚晶金刚石 PCD　用人造金刚石颗粒通过添加 Co、硬质合金、NiCr、Si—SiC 以及陶瓷结合剂在高温（1200℃以上）、高压下烧结成形 PCD 刀具。该刀具具有高硬度，低摩擦系数，极好的耐磨性，极好的热导性。它适合于有色金属（如：Cu、Al、Mg、Ti 高硅铝合金等）和非金属材料（如：玻璃纤维、陶瓷、增强塑料等）的机械加工。能得到高精度、高光亮的加工表面，金刚石在大气温度超过 600° 时将被碳化而失去本来面目，故金刚石刀具不宜用于会产生高温的切削中。

聚晶金刚石材料广泛用于汽车、摩托车发动机的活塞、轮毂、轴瓦、连杆、光学仪器、电动机行业。是加工耐磨非金属材料如：硬纸板、木材、陶瓷、玻璃、玻璃纤维、石墨、尼龙、增强塑料的理想刀具。聚晶金刚石切削用量见表 1-6。

表 1-6　聚晶金刚石切削用量

工件材料	背吃刀量 a_p/mm	进给量 f/(mm/r)	切削速度 v_c/（m/min）
铝及合金 铜及合金	0～0.1	0.005～0.5	300～1000
硬质合金	0～0.2	0.1～0.2	10～30
玻璃纤维	0～0.5	0.05～0.5	100～600
陶瓷	0～0.2	0.1～0.2	10～30

上述五大类刀具材料，从材料的硬度、耐磨性分析，金刚石最高，高速钢最低。而材料的韧性却是高速钢最高，金刚石最低。在数控车削中，采用最广泛的是硬质合金，从经济性、适应性、多样性、工艺性等各方面参考，效果都优于陶瓷、立方氮化硼、聚晶金刚石。

3．数控车削刀具的类型及应用

数控车床用的刀柄有两种，一种是方形刀柄，另一种是圆柱形刀柄。刀片硬度高、耐磨性好、耐高温、切削速度高，表面采用涂层技术处理，使用寿命长，比使用焊接的刀具方便，前后、正反两面都可使用。当切削刃、刀头磨钝后，只需调换另一个新切削刃继续切削，减少了换刀、重新对刀的时间，大大提高了生产效率。

涂层的作用是使刀具和所切削的材料分隔开来，起到减小磨损、粘结和隔热的作用。这样可以提高硬度、耐磨性，以达到延长刀具的使用寿命的作用。

在车削中心上，开发了许多动力刀具刀柄，如能装夹钻头、铣刀、螺纹铣刀、丝锥等的刀柄，用于在工件端面或外圆上进行各种加工。

数控车削刀具的几何参数主要指车刀的几何角度，选择时与普通车削时基本相同，但考虑到数控车削加工的特点，进给路线及加工干涉等进行全面考虑来选择。刀具切削部分的几何参数对零件的表面质量及切削性能影响很大，应根据零件的形状、刀具的安装位置以及加工方法，正确选择刀具的几何形状和有关参数。数控车床加工优选机夹可转位车刀和数控专用刀具。如图 1-1 所示是数控专用刀具。

硬质合金可转位刀片的国家标准参考了 ISO 国际标准，产品型号的表示方法、品种规格、尺寸系列、制造公差及测量方法等都和国际标准中基本相同。标准规定车刀或刀夹的代号由代表一定意义的字母或数字符合按一定的规则排列所组成，共有 10 位符号，任何一种车刀或刀夹都应使用前 9 位符号，最后一位符号在必要时才使用。在 10 位符号之后，制造厂可以最多再加 3 个字母或 3 位数字表达刀杆的参数特征，但应用破折号与标准符号隔开，并不得使用第 10 位规定的字母。

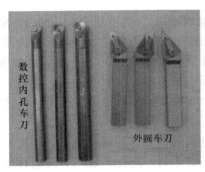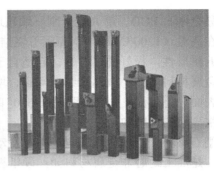

图 1-1　数控专用刀具

（1）机夹可转位刀片　硬质合金可转位车刀，是近年来国内外大力发展和广泛应用的先进刀具之一。刀片不需要焊接，用机械夹紧方式装夹在刀杆上（图 1-1）。它的优点是螺钉夹紧定位可靠，夹紧牢固、刚性好。当刀片上的一个切削刃磨钝以后，松开夹紧装置，将刀片转过一个角度，用新的切削刃继续切削，缩短了对刀和刃磨车刀的时间，提高了刀杆利用率。缺点是换装费时，不能自动夹紧。

根据加工内容的不同，需要选用不同形状和不同角度的硬质合金可转位车刀刀片，如：正方形、正三边形、凸三边形、正五边形等刀片，可组成外圆车刀、端面车刀、车槽刀、切断刀、内孔车刀、螺纹车刀等。

为了降低生产成本，数控车床也常常采用普通的机夹刀具和焊接刀具，以提高经济效益。

1）可转位刀片型号表示含义：

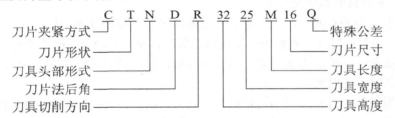

2）刀片夹紧方式见表 1-7。

表 1-7　刀片夹紧方式

字母符号	夹紧方式	
C		顶面夹紧（无孔刀片）
M		顶面和孔夹紧（有孔刀片）
P		孔夹紧（有孔刀片）
S		螺钉通孔夹紧（有孔刀片）

3）刀片形状见表 1-8。

表 1-8　刀片形状

字母符号	刀片形状		刀片形式
H	六边形		等边和等角
O	八边形		
P	五边形		
S	四边形		
T	三边形		
C	菱形 80°	80°	等边但不等角
D	菱形 55°	55°	
E	菱形 75°	75°	
M	菱形 86°	86°	
V	菱形 35°	35°	
W	六边形 80°	80°	
L	矩形		不等边但等角
A	85°刀尖角平行四边形	85°	不等边和不等角
B	82°刀尖角平行四边形	82°	

（续）

字母符号	刀片形状		刀片形式
K	55°刀尖角平行四边形	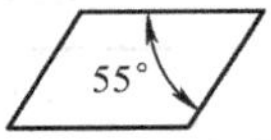 55°	不等边和不等角
R	圆形刀片	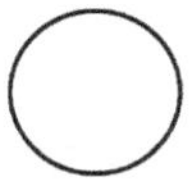	圆形

注：刀尖角均指较小的角度

4）刀具头部形式见表1-9。

表1-9　刀具头部形式

符号	形式		符号	形式	
A	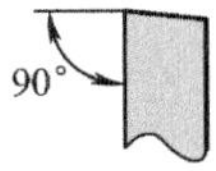 90°	90°直头侧切	K	 75°	75°偏头端切
B	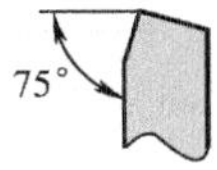 75°	75°直头侧切	L	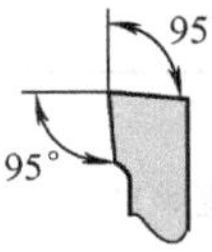 95° 95°	95°偏头侧切和端切
C	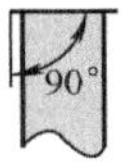 90°	90°直头端切	M	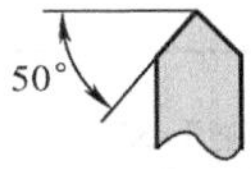 50°	50°直头侧切
D	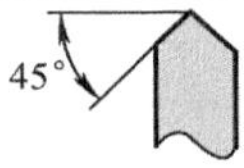 45°	45°直头侧切	N	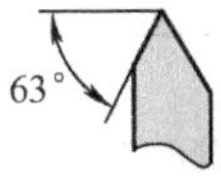 63°	63°直头侧切
E	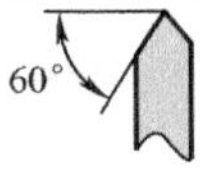 60°	60°直头侧切	P	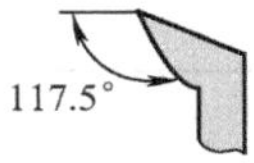 117.5°	117.5°偏头侧切
F	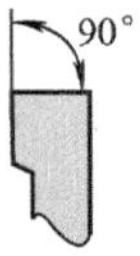 90°	90°偏头端切	R	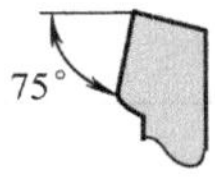 75°	75°偏头侧切
G	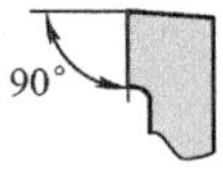 90°	90°偏头侧切	S	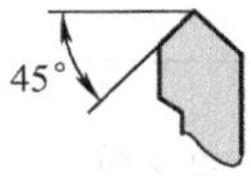 45°	45°偏头端切
H	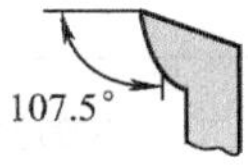 107.5°	107.5°偏头侧切	T	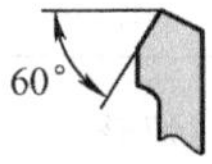 60°	60°偏头侧切
J	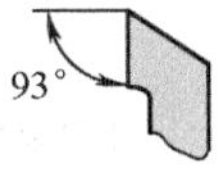 93°	93°直头侧切	U	 93°	93°偏头端切

（续）

符号	形式		符号	形式	
V	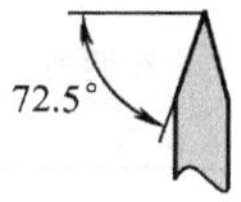 72.5°	72.5°直头侧切	Y	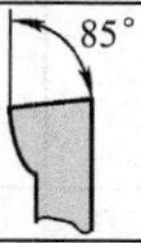 85°	85°偏头端切
W	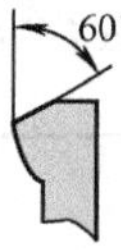 60°	60°偏头端切			

5）刀片法后角见表1-10。

表1-10　刀片法后角

字母符号	形式	刀片法后角	字母符号	形式	刀片法后角
A	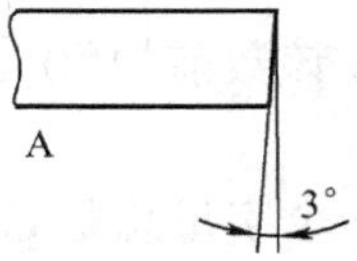 A 3°	3°	F	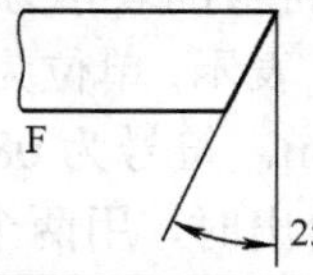 F 25°	25°
B	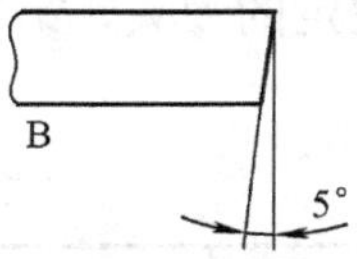 B 5°	5°	G	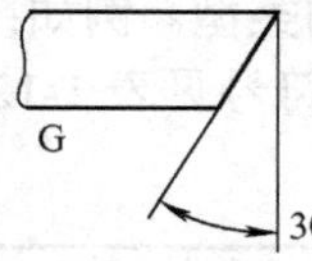 G 30°	30°
C	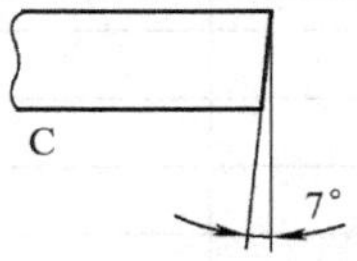 C 7°	7°	N	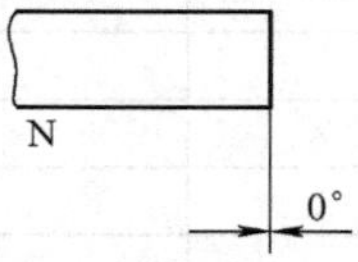 N 0°	0°
D	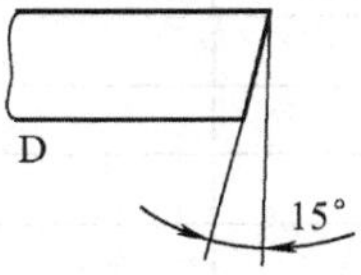 D 15°	15°	P	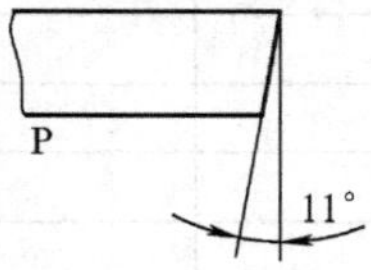 P 11°	11°
E	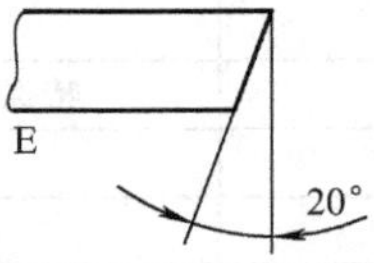 E 20°	20°			

注：对于不等边刀片，符号用于表示较长边的法后角

6）刀具切削方向见表1-11。

表1-11　刀具切削方向

字母符号	形式	切削方向
R	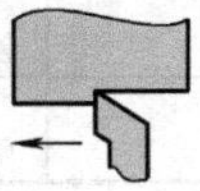	右切削

（续）

字母符号	形式	切削方向
L		左切削
N		左右均可

7）刀具高度符号的表示方法如下：

对于刀尖高 h_1 等于刀杆高 h 的矩形柄车刀，用刀杆高度 h 表示，单位为 mm，高度的数值不足两位时，在该数前加"0"。例：$h=32mm$，符号为 32；$h=8mm$，符号为 08。

对于刀尖高 h_1 不等于刀杆高 h 的车刀，用刀尖高度 h_1 表示，单位为 mm，如果高度的数值不足两位时，在该数前加"0"。例：$h_1=12mm$，符号为 12；$h_1=8mm$，符号为 08。

8）刀具宽度符号的表示方法如下：

用刀杆宽度 b 表示，单位为 mm，宽度的数值不足两位时，在该数前加"0"。例：$b=25mm$，符号为 25；$b=8mm$，符号为 08。

当宽度没有给出时，用两个字母组成的符号表示类型，第一个字母总是 C（刀夹），第二个字母表示刀夹的类型。例如：对于符合 GB/T 5343.1—2007 规定的刀夹，第二个字母为 A。

9）刀具长度符号见表 1-12。

表 1-12　刀具长度符号　　（单位：mm）

字母符号	长度	字母符号	长度
A	32	N	160
B	40	P	170
C	50	Q	180
D	60	R	200
E	70	S	250
F	80	T	300
G	90	U	350
H	100	V	400
J	110	W	450
K	125	X	特殊长度，待定
L	140	Y	500
M	150		

10）可转位刀片尺寸的数字符号见表 1-13。

表 1-13　可转位刀片尺寸的数字符号

刀片形式	数字符号
等边并等角（H、O、P、S、T）和等边但不等角（C、D、E、M、V、W）	符号用刀片的边长表示，忽略小数。例：长度为 16.5mm，则符号为 16
不等边但等角（L） 不等边不等角（A、B、K）	符号用主切削刃长度或较长的切削刃表示，忽略小数。例：主切削刃长度为 19.5mm，则符号为 19
圆形（R）	符号用直径表示，忽略小数。例：直径为 15.874mm，则符号为 15

注：如果米制尺寸的保留只有一位数字时，则符号前面应加"0"。例如：边长为 9.525mm，则符号为 09。

11）可选符号：特殊公差符号见表 1-14。

表 1-14　可选符号：特殊公差符号

符号	测量基准面
Q	基准外侧面和基准后端面
F	基准内侧面和基准后端面
B	基准内外侧面和基准后端面

（2）硬质合金数控车刀的切削用量

数控车刀用硬质合金牌号适合加工的材料见表 1-15。

表 1-15　硬质合金刀片牌号适合加工的材料

P	M	K	N	S	H
钢材	不锈钢材料	铸铁	有色金属	耐热优质合金钢	淬硬材料

数控刀具正前角粗加工、半精加工、精加工的切削用量见表 1-16～表 1-18。

表 1-16　粗加工的切削用量

类型	背吃刀量 a_p/mm		进给量 f/(mm/r)		切削速度 v_c/（m/min）	
	推荐	范围	推荐	范围	推荐	范围
P	3	3～7	0.5	0.3～0.7	210	150～300
M	2	2～5	0.4	0.3～0.6	135	105～160
K	3	3～6	0.5	0.3～0.6	75	45～105
N	2.5	0.5～5	0.3	0.2～0.6	45	30～45
S	4	2～6	0.4	0.3～0.6	60	50～70
H		2～5		0.3～0.5		

表 1-17　半精加工的切削用量

类型	背吃刀量 a_p/mm		进给量 f/(mm/r)		切削速度 v_c/（m/min）	
	推荐	范围	推荐	范围	推荐	范围
P	1	1～4	0.3	0.2～0.5	300	210～440
M	1	1～3.5	0.3	0.2～0.4	170	130～210
K	1	1～3	0.3	0.2～0.4	75	45～105
N	1	1～4	0.3	0.2～0.4	100	90～135
S	1	1～3.5	0.3	0.2～0.4	50	40～60
H		1～3		0.2～0.4		

表 1-18　精加工的切削用量

类型	背吃刀量 a_p/mm		进给量 f/(mm/r)		切削速度 v_c/（m/min）	
	推荐	范围	推荐	范围	推荐	范围
P	0.5	0.1～2	0.1	0.05～0.3	400	300～500
M	0.5	0.1～2	0.2	0.1～0.3	190	160～200
K	0.5	0.1～1.5	0.2	0.1～0.3	270	210～315
N	0.1	0.1～2	0.15	0.05～0.4	250	215～300
S	0.5	0.1～1.5	0.15	0.1～0.3	45	40～50
H		0.1～1.5		0.05～0.25		

第二部分　技能实例

一、数控车削加工工艺的制订

数控车削加工工艺是数控车床加工零件时所运用的加工方法和技术手段的总和，它将数控加工工艺、计算机辅助设计和辅助制造技术有机地结合在一起。在数控加工前必须对零件进行工艺分析，确定合理、有效的数控加工方法，以保证产品质量，提高生产效率。一般来说，数控车削加工工艺主要包括以下几个方面的内容：

1）分析零件图样，明确加工内容和技术要求。

2）根据零件的几何特征，精度的高低、直径大小，选择合适的数控车床。

3）确定零件的加工方案、划分工序、工步、安排加工顺序、制订数控加工工艺路线、处理与非数控加工工序的衔接（如：铣键槽、精磨、热处理、镀铬）等。

4）编制数控加工工艺技术文件，如工序卡、刀具卡。

5）选择零件的定位基准、装夹方案，选择刀具和确定切削用量。

6）根据编程需要，对零件图样进行数学处理，编写程序。

7）首件试切校验程序，修改加工程序和参数。

8）检验，涂防锈油，装箱，送入库房。

9）清点工具、量具，保养机床，清理环境卫生。

实例一：根据零件图 1-2 制订数控车削加工工艺。

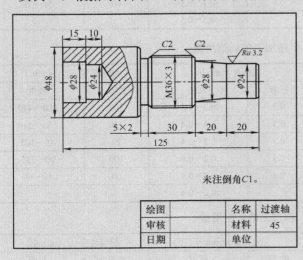

未注倒角C1。

绘图		名称	过渡轴
审核		材料	45
日期		单位	

a) 零件图　　　　　　　　　　　b) 实体图

图 1-2　过渡轴

（1）图样分析　进行零件图样轮廓分析、明确技术要求、数值计算　零件有直线、圆锥、沟槽、螺纹、倒角、台阶孔等。该零件的尺寸是φ48×125mm，所以选取毛坯φ50mm的圆棒料，材料为45钢。

（2）数控车床　根据零件的尺寸、形状、技术要求，选择 CKA6136 的数控车床。

（3）装夹方式　选择外圆作为定位基准，选用自定心卡盘。

（4）确定工序　确定数控加工方案、划分工序、加工顺序、进给路线及切削用量　依据零件图样分析，以装夹次数划分为两道工序，需要调头装夹、二次定位。

第一道工序：以毛坯外圆作为粗基准装夹，装夹方式，选用自定心卡盘。伸出长度为55mm，加工图样的左半部分，平端面→钻孔→扩孔→车内孔→车外圆→倒角。

第二道工序：调头装夹、找正。以加工过的外圆直径 $\phi48$mm 为精基准装夹，伸出长度为 80mm，加工图样的右半部分，平端面→直线→锥度→直线→车槽→倒角→车螺纹。

数控车削加工工艺表和数控车削加工刀具表没有统一的标准格式，可根据实际生产的产品情况自己制订。工艺的制订是一个零件的完整加工过程，数控车削加工工艺卡见表 1-19。

表 1-19　数控车削加工工艺卡

单位名称		产品名称				零件名称	过渡轴
材料	45 钢	毛坯尺寸	$\phi55$mm×126mm			图号	
夹具	自定心卡盘		设备	CKA6136		共　页	第　页
工序	工步	工步内容	刀具号	刀具规格	背吃刀量/mm	进给量/(mm/r)	主轴转速/(r/min)
1	1	平端面	T0101	20mm×20mm	0.5	0.2	500
	2	钻中心孔	中心钻	A 型 $\phi3$mm	1.5	0.1	700
	3	钻孔	钻头	$\phi12$mm	6	0.3	450
	4	扩孔	钻头	$\phi20$mm	10	0.3	400
	5	粗车内孔	T0202	20mm×20mm	2	0.25	500
	6	精车内孔	T0202	20mm×20mm	0.5	0.1	700
	7	粗加工外圆	T0303	20mm×20mm	3	0.3	450
	8	精加工外圆	T0303	20mm×20mm	0.5	0.1	700
2	9	调头装夹，垫铜皮找正，保证长度(125±0.2)mm					
	10	平端面	T0101	20mm×20mm	0.5	0.2	500
	11	粗加工外圆	T0202	20mm×20mm	3	0.3	500
	12	精加工外圆	T0202	20mm×20mm	0.5	0.15	700
	13	车槽	T0303	20mm×20mm	5	0.15	500
	14	加工螺纹	T0404	20mm×20mm		3	400
3	15	检验工件是否符合图样技术要求，涂防锈油，入库					
4	16	清点工具、量具，保养机床，清扫环境卫生					
编制		审核			日期		

注：1. 此表中所用刀具材料为钨钴钛类硬质合金 P10（YT15）。

2. 考虑安全因素，切削速度相应降低。数控专用刀具切削速度一般为 100～200m/min。

（5）选择刀具　根据零件的材料、图样轮廓、加工内容且在加工过程中不能发生干涉来选择数控刀具，见表 1-20。数控车削刀具一般分为三类：尖形车刀、圆形车刀和成形车刀。

表 1-20 数控车床加工刀具卡

工序	刀具号	刀具规格	加工内容	刀尖圆弧半径/mm	备注
1	T0101	45°外圆车刀	平端面	0.4	手动
	中心钻	A 型 ϕ3mm	钻中心孔		手动
	钻头	ϕ12mm	钻孔		手动
	钻头	ϕ20mm	扩孔		手动
	T0202	92°内孔车刀	加工台阶孔	0.2	自动
	T0303	90°外圆车刀	外圆	0.4	自动
2	T0101	45°外圆车刀	平端面	0.4	手动
	T0202	90°外圆车刀	外圆、圆锥、外圆	0.4	自动
	T0303	5mm 车槽刀	车槽 5mm×2mm		自动
	T0404	60°外螺纹车刀	螺纹 M36×3		自动

（6）零件图样的数学处理　根据编程需要，对零件图样进行数学处理　编写加工程序时，需要进行的坐标值计算有：基点的直接计算、节点的拟合计算等。

1）基点：构成零件轮廓的不同几何素线的交点或切点称为基点，它可以依据图样的标注尺寸直接计算，作为编程的起点或终点。

2）节点：直线与圆弧交点、圆弧与圆弧的切点称为节点。节点拟合计算的难度及工作量都较大，可通过计算机绘图软件完成。简单的坐标计算可利用三角函数计算完成，但对编程者的数学处理能力要求较高。

对于数控车削加工零件，零件图上应以统一基准引入尺寸，这种尺寸标注方法便于编程，如果采用绝对值编程，以工件右端面中心线为编程原点进行数值的计算，根据图 1-2，Z 轴坐标需要进行计算，计算结果如图 1-3 所示。

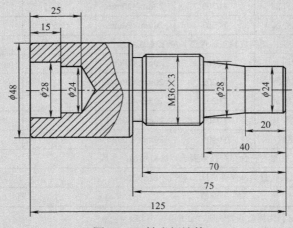

图 1-3　Z 轴坐标计算

（7）首件试切并对发现的问题进行处理　校验与修改加工程序和参数。根据加工的实际零件检验，是否符合图样技术要求，修改程序和刀具补偿来达到图样的技术要求。

二、数控加工工艺文件的编写

编写数控加工工艺文件是数控加工工艺设计的重要内容之一。这些工艺文件既是零件数控加工、产品验收的依据，又是机床操作人员必须遵守、执行的规程。数控加工工艺文件编写的好坏，直接影响零件的加工质量和生产效率。数控加工工艺文件主要有：数控编程任务书、数控加工工艺规程、数控加工工序、数控加工刀具、数控加工程序单、操作方法等。

数控车削加工受程序指令控制，就是将普通车床上由操作人员控制的主轴起动、停止、背吃刀量、进给量、切削速度、换刀、切削液的开关等，转变为由编程人员编写的程序指令控制实现自动加工，操作人员干预较少，编写工艺文件的技术要求主要包括以下特点：

（1）工艺设计要合理　数控车床虽然自动化程度较高，但自适应性较差。它不能根据加工过程中出现的问题，灵活地进行人为调节。即使现代数控车床在自适应性方面有了不少改进，但自适应程度依然不高。所以，在数控车削加工的工艺设计中，必须注意加工过程的每一个细节，力求准确无误，使数控车削加工顺利运行。

（2）编程尺寸的数学计算要准确　编程尺寸并不是零件图上基本尺寸的简单再现。编程前，要根据零件尺寸公差要求和几何公差要求，对零件尺寸进行数学计算。

（3）数控车削工艺参数要合理　即切削三要素：背吃刀量、进给量、切削速度选择要合理。

实例二：数控加工工艺文件的编写。根据零件图 1-4 编写数控加工工艺文件，同时考虑与其他工种衔接的问题。

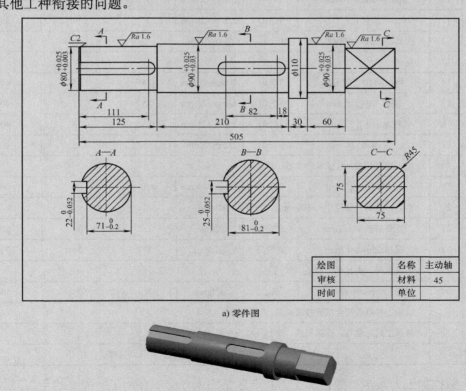

a) 零件图

b) 实体图

图 1-4　主动轴

（1）数控加工工艺 数控加工工艺卡应按已确定的工序、工种、工步顺序编写，内容包括工步号、工步内容、刀具名称、规格、切削用量等，见表1-21。

表1-21 数控加工工艺卡

单位名称			产品名称		齿轮箱		零件名称	主动轴
材料	45钢		毛坯尺寸		$\phi120mm\times510mm$		图号	
夹具			自定心卡盘		设备	CKA6140	共 页	第 页
工序	工种	工步	工步内容	刀具号	刀具规格	背吃刀量/mm	进给量/(mm/r)	主轴转速/(r/min)
1	数车	1	平端面	T0101	25mm×25mm	0.5	0.2	350
		2	钻中心孔	中心钻	A型$\phi3mm$	1.5	0.1	500
		3	采用一夹一顶装夹方式					
		4	粗车$\phi115mm\times30mm$	T0101	25mm×25mm	3	0.3	350
		5	粗车$\phi95mm\times209mm$	T0101	25mm×25mm	3	0.3	350
		6	粗车$\phi85mm\times124mm$	T0101	25mm×25mm	3	0.3	350
		7	倒角 C2	T0101	25mm×25mm	2	0.3	350
		8	调头装夹找正，保证长度(505±0.5)mm					
		9	平端面	T0101	25mm×25mm	0.5	0.2	350
		10	粗车$\phi95mm\times140mm$	T0101	25mm×25mm	3	0.3	350
		11	倒角 C2	T0101	25mm×25mm	2	0.3	350
		12	检验，量具：游标卡尺 0～150 mm，分度值 0.02mm					
2	热	13	调质					
3	数车	14	精车$\phi110_{+0.003}^{+0.025}$ mm	T0101	20mm×20mm	0.5	0.15	400
		15	精车$\phi90_{+0.003}^{+0.025}$ mm	T0101	25mm×25mm	0.5	0.15	400
		16	精车$\phi80_{+0.003}^{+0.025}$ mm	T0101	25mm×25mm	0.5	0.15	400
		17	倒角 C2	T0101	25mm×25mm		0.15	400
		18	调头装夹找正，保证长度(505±0.02)mm					
4	数车	19	精车$\phi90_{+0.003}^{+0.025}$ mm	T0101	25mm×25mm	0.5	0.15	400
		20	检验，量具千分尺 75～100 mm，分度值 0.001mm					
5	铣	21	键槽 22mm×111mm	立铣刀	$\phi20mm$	3	50	500
		22	键槽 25mm×82mm	立铣刀	$\phi25mm$	3	50	500
		23	调头装夹，夹具是分度头					
		24	铣四方 75mm×75mm	立铣刀	$\phi20mm$	3	50	500
6			检验工件是否符合图样技术要求，涂防锈油，入库					
7			清点工具、量具，保养机床，清扫环境卫生					
	编制			审核			日期	

（2）数控加工刀具卡 数控加工刀具卡包括完成一个零件加工所需要的全部刀具，主要包括刀具名称、型号、规格，见表1-22。

表 1-22　数控加工刀具卡

工序	刀具号	刀具规格	加工内容	刀尖圆弧半径/mm	备注
1	T0101	45°外圆车刀	平端面	0.4	手动
	中心钻	A 型 ϕ3mm	钻中心孔		手动
	T0202	90°外圆车刀	加工外圆、台阶	0.2	自动
3	T0202	90°外圆车刀	加工外圆、台阶	0.2	自动
4	T0202	90°外圆车刀	加工外圆、台阶	0.2	自动
5	T1	ϕ20mm 立铣刀	键槽		自动
	T2	ϕ25mm 立铣刀	键槽		自动
	T3	ϕ20mm 立铣刀	铣四方		自动

项目二　广数 GSK980TD 系统编程与操作

第一部分　学习内容

一、操作规程

安全事项：

操作人员必须提高执行纪律的自觉性，遵守规章制度，严格遵守下列操作规程不仅给操作人员提供一个安全的工作环境，而且可以提高生产效率。

1）未经过安全操作培训，不能操作机床。

2）戴安全帽，工作服的袖口和衣边应系紧。

3）操作时不准穿高跟鞋、拖鞋上岗，不允许戴手套和围巾进行操作。

4）操作数控系统面板时，对各按键及开关的操作不得用力过猛，更不允许用扳手或其他工具进行操作。

5）机床周围环境应干净、整洁、光线适宜，附近不能放置其他杂物，以免给操作人员带来不便。

6）操作人员对未按说明书的规定操作、调整、维护机床造成的危险负责。

7）机床上所有的夹具、工装必须有足够的刚性，安装时必须采取防松措施。操作人员尽量不要更换、增加夹具、工装和辅助设备，对自己变换或修改原机床工装和辅助设备后的安全负责。

8）机床，特别是运动部件上不能放置工件、工具等一类东西。

操作注意事项：

1）开机前，应该仔细检查车床各部位机构是否完好，主轴起动前，必须检查各手柄是否处于正确位置，以保证传动齿轮的正确啮合，不得擅自起动或操作车床数控系统。车床起动后，应使主轴低速空运转 1～2min，冬天 3～5min，使润滑油散到各处。

2）主轴高速运转时，档内变速的数控车床在任何情况下，均不得扳动任何变速手柄，只允许在停车时变速。

3）在数控车削过程中，观察加工过程的时间多于操作时间，一定要选择好操作人员的观察位置，不允许随意离开岗位，以确保安全。

4）严禁两人同时操作，以免发生事故。

5）自动运行加工时，操作人员精力要集中，左手手指应放在程序暂停按钮上，眼睛观察刀尖运行情况，右手控制修调开关，控制机床运行倍率，发现问题及时按下程序暂停按钮，以确保刀具和数控车床安全，防止各类事故发生。

6）记住急停按钮的位置，以便于在紧急情况下能够快速按下。

7）机床在运转时，身体各部位不能接近运转部件。

8）工件运转时，不能测量工件，也不能用手触摸工件表面。

9）清理切屑时，应先停机，不能用手清理刀盘及排屑装置里的切屑。

10）应先停机，然后再调整冷却喷嘴的位置。

11）机床电气柜有开门断电装置，不允许在机床工作状态开起电气柜。

12）主电机起动时，不能打开传动带罩，以免发生危险。

13）定期检查并调整传动带的张紧力，以保持传动带寿命。

14）定期清理中滑板与刀架之间的污物，以保持刀架的可靠性。清理时，先关闭刀架电源，用内六角扳手转动刀架的蜗杆轴，使刀架抬起并转动一定的角度。清理完毕后，接通刀架电源，用手动方式将刀架转至要求的刀位。

机床保养：

1）操作和维修人员必须特别注意安全标牌上的有关安全警告说明，操作时应完全按照说明进行。

2）操作和维修时不应将安全警告牌弄脏或损坏。

3）机床上的固定防护门、各种防护罩、盖板，只有在调试机床时才能打开，数控控制单元更不能随便打开。

4）安全装置不得随意拆卸或改装。如行程两端的限位撞块、互锁装置的限位开关。

5）调整和维修机床时所用的扳手等工具必须是标准工具。

机床润滑：

为保证机床的正常工作，减少零件磨损，机床零件的所有磨损面，均应全面按期正确进行润滑，因此，请务必注意下述各点要求：

1）各润滑部位必须按润滑部分要求定期加油，注入的润滑油必须清洁。

2）主轴箱中加入的润滑油不得低于油标中心，以保证充分的润滑，但也不得过高，否则将造成润滑油的渗漏。因此必须经常检查油位位置。

3）主轴箱的润滑油应在 2～3 个月更换一次。由于新机床各部件的初磨损较大，所以，第一次和第二次换油的时间分别在 10 天和 20 天，以便及时清除污物。废油排除后，箱内应用煤油冲洗干净。

4）集中润滑的手动润滑器每月清洗一次，手动润滑器每班按下或提起四次。床鞍下导轨面两端，每周用煤油清洗一次，当发现损坏时及时更换。

5）X、Z 向进给部分的轴承、润滑油脂应每年更换一次。更换时，一定要把轴承清洗干净。

装刀：

1）装刀时，应使主轴及各运动轴停止运转。

2）安装刀具时，注意其伸出长度不得超过规定值。刀盘转位时要特别注意，防止刀尖与床身、拖板、防护罩、尾座等部件发生碰撞。

3）车刀刀尖应装夹得与工件轴线一样高。

4）装夹车刀时，刀柄中心线应与进给方向垂直。

5）车刀用两个螺钉压紧在刀架上，旋紧时不得用力过大而损坏螺钉。

工件装夹：

1）工件装夹应尽量平衡找正夹紧，使其在整个加工过程中始终保持正确的位置不变，未平衡时不能起动主轴。

2）卡爪必须为标准卡爪，卡爪装好后，其外圆必须在卡盘外径以内。

3）用软爪夹紧切削时，应注意软爪的夹紧位置和形状。需检查其夹持是否牢靠，夹持力是否合适。

4）当同时用卡盘和顶尖夹持工件时，应注意工件的重量、中心孔的形状和大小及顶紧力大小是否合适。

5）如果顶持的工件重，而中心孔小的工件，在加大载荷时，会损伤顶尖，致使工件飞出，因此，要注意顶尖孔的大小，使顶尖的负荷不要太大。

6）工件装夹后，卡盘扳手必须随手取下。

工作结束：

1）工作结束后，应按规定切断电源，然后把机床各部位（包括导轨）擦干净，再按规定给导轨和各运动部位涂上润滑油。

2）当所用的切削液可溶于水时，机床要彻底擦洗。

3）清点工具、量具、清除托盘内的切屑，搞好环境卫生。

4）认真做好交接工作，必要时应做好文字记录。

电器设备和数控单元操作、检查和维修时的注意事项：

1）必须使用带有接地线的交流电源，且接地电阻应该小于等于100Ω（3级接地）。

2）注意不要触及或碰撞数控单元和电器线路。

3）电源引入线或电缆的长度应适合，电源引入线必须经过地面时，应采取适当的保护措施防止铁屑等物质对引入线的损坏。

4）机床在试运转时，应检查数控单元的参数并确保正确无误。除调整反向间隙外，操作人员不得改变数控单元的任何参数。

5）操作人员不得改变配电板上已设定好的热继电器以及机床的其他数据。

6）圆柱插头、包塑金属软管、绝缘橡胶线在插入各自的插座时，用力不能过大。

7）检查维修电器部分时，要先关掉控制柜上的电源开关，并且切断机床的总电源。再进行检查和维修，同时挂出警示牌"本机床正在维修，请勿操作"。

8）机床上的安全电器设备在接触时要格外小心，并要注意其防水性。

9）配电板上所用的元器件必须符合规定，必须使用要求的熔断器，不要用带电容的熔丝，熔丝更不可用铜丝代替。

10）在清除沉积在机床、配电板及数控装置上的灰尘、碎屑时，避免使用压缩空气。

11）严禁带电插拔计算机的集成块、芯片和电气箱内的印制电路板。需要在计算机上焊接时，必须断开电烙铁和控制系统的电源，利用烙铁的余热进行焊接，以防损坏芯片。

机床故障：机床常见故障及排除方法见表2-1。

表 2-1　机床的常见故障及排除方法

序号	常见故障	排除方法
1	切削液出不来	1. 检查程序中的指令是否正确 2. 检查切削液的液面高度是否低于冷却水泵的吸入口 3. 检查冷却水泵的入口是否被堵塞 4. 检查冷却水泵是否旋转、转向是否正确
2	主轴箱温升过高	主轴轴承的预紧力调整不合适
3	X、Z 轴参考点偏移	检查参考点开关及挡块位置是否合适
4	重复定位精度不好	1. 检查镶条调整的松紧程度是否合适 2. 检查导轨、丝杠的润滑情况 3. 检查各结合部位的螺钉、锥销是否松动
5	加工的零件有锥度	1. 检查机床安装是否水平 2. 检查主轴安装是否正确

二、编程基本知识

编程就是把零件的形状尺寸、加工工艺过程、工艺参数、刀具参数等信息，按照数控系统专用的编程指令编写加工的过程。数控加工就是数控系统按加工程序的指令，控制机床完成零件加工的过程。数控加工的工艺流程如图 2-1 所示。

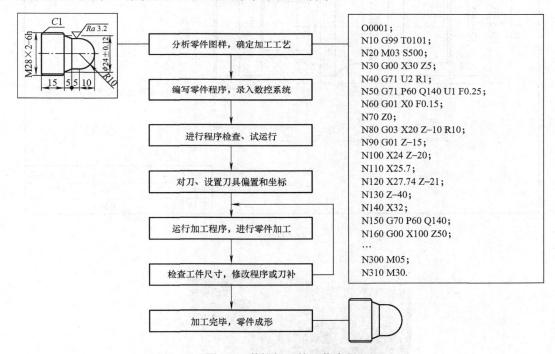

图 2-1　数控加工的工艺流程

数控加工程序是编程人员根据工艺分析结果，采用数控机床规定的指令代码，按照走刀路线的轨迹进行数据处理而编写的，是数控机床加工及自动运行的主要技术文件。具体指令及编程格式随数控系统和机床种类的不同而有所差异。

数控系统是数控机床的核心，数控机床根据功能和性能要求，配置不同的数控系统。系统不同，其指令代码也有差别，编程时应按所使用数控系统代码的编程规则进行编程。

三、编程实例

编程分手工编程和自动编程两种。首先，手工编程分绝对方式、增量方式和混合方式编程。编程人员必须在认真学习和掌握了机械制图、公差配合、车工工艺、金属切削原理等课程的基础上，仔细分析零件图样的技术要求，认真编制加工程序。编程一定要标准化、格式化、简单化，不是用的地址指令越多越好，而是指令越清楚越简单越好，以便在出现错误时方便修改。编程人员对数控机床的性能、特点、运动方式、刀具系统、切削用量、工件的装夹方法等都要非常熟悉。工艺方案制订的是否合理，不仅影响编程的合理性，还影响机床效率的发挥和零件的加工质量。自动编程将在项目四中详细讲解。

实例：根据图 2-2 手工编写程序。

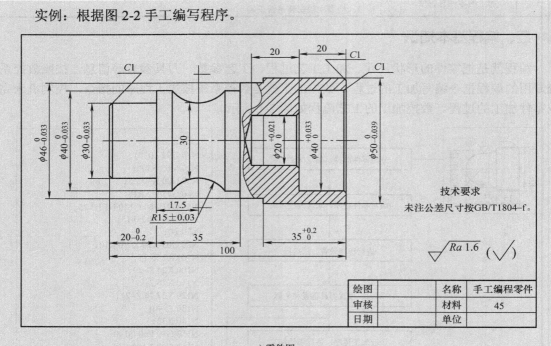

a) 零件图

b) 实体图

图 2-2 手工编程零件

（1）图样分析 编程前首先对零件图样和技术要求进行分析，制订加工工艺。内容包括零件毛坯、材料、零件轮廓、尺寸公差、公差分配、几何公差、表面粗糙度、热处理工艺、选择机床、定位与装夹、加工方法与方案、加工路线、划分工序、安排加工顺序、处理与非数控加工工序的衔接，刀具的选择、数值计算、加工余量、切削用量等技术要求。审查、分析零件图样时，一定要认真仔细，发现问题及时找设计人员更改。数控车床加工工艺包括的内容较多，但有些内容与普通车床加工工艺非常相似，对于学过普通车床的人来说并不难。在图 2-2a 中，毛坯采用 $\phi55$mm、有外轮廓、内轮廓、直线、凹圆弧，公差尺寸要求较严，表面粗糙度要求 $Ra1.6\mu$m。

（2）数值计算　图样上尺寸采用了局部分散标注，第二道工序加工时，工序基准、定位基准、测量基准、编程原点与设计基准不重合。需要计算相对于编程原点 Z 向坐标的基点，基点可根据图样直接计算，直线和圆弧的拟合节点需根据图样给出的条件，构成一个直角三角形，用勾股定理：$a^2 + b^2 = c^2$，同理 $c^2 - b^2 = a^2$。

圆弧深 $(40-30)$mm/2=5mm。

圆弧段 Z 向坐标的长度：$\sqrt{15^2 - 10^2}$mm = $\sqrt{225-100}$mm = $\sqrt{125}$mm = 11.18mm，11.18mm×2=22.36mm。

圆弧两端的直线长度：$(35-22.36)$mm/2=12.64mm/2=6.32mm 或 17.5mm-11.18mm=6.32mm。Z 向坐标值为：20mm，26.32mm，48.68mm，55mm，65mm。

对图样上给定的公称尺寸和上、下偏差，进行加、减运算，在计算公差时取中值。只要将零件的实际尺寸控制在上、下两个极限尺寸范围之内，零件就合格。依据图样 2-2 中的尺寸标注，分别计算出上极限尺寸、下极限尺寸的中值，用于编程时的坐标数值。

$\phi30_{-0.033}^{0}$mm，$\phi40_{-0.033}^{0}$mm，$\phi46_{-0.033}^{0}$mm，$\phi50_{-0.039}^{0}$mm，$\phi20_{0}^{+0.021}$mm，$\phi40_{0}^{+0.033}$mm，$\phi20_{-0.2}^{0}$mm，$\phi35_{0}^{+0.2}$mm，在取极限尺寸的中值时，按"四舍五入"的方法取值，保留两位小数。

轴的尺寸 $\phi30_{-0.033}^{0}$mm，上极限尺寸 $\phi30$mm，下极限尺寸 $\phi29.967$mm，其中值尺寸 $\phi30$mm $-(0.033/2)$mm = $\phi29.9835$mm，取 $\phi29.98$mm。

轴的尺寸 $\phi40_{-0.033}^{0}$mm，上极限尺寸 $\phi40$mm，下极限尺寸 $\phi39.967$mm，其中值尺寸 $\phi40$mm $-(0.033/2)$mm=$\phi39.9835$mm，取 $\phi39.98$mm。

轴的尺寸 $\phi46_{-0.033}^{0}$mm，上极限尺寸 $\phi46$mm，下极限尺寸 $\phi45.967$mm，其中值尺寸 $\phi46$mm $-(0.033/2)$mm = $\phi45.9835$mm，取 $\phi45.98$mm。

轴的尺寸 $\phi50_{-0.039}^{0}$mm，上极限尺寸 $\phi50$mm，下极限尺寸 $\phi49.961$mm，其中值尺寸 $\phi50$mm $-(0.039/2)$mm= $\phi49.9805$mm，取 $\phi49.98$mm。

孔的尺寸 $\phi20_{0}^{+0.021}$mm，上极限尺寸 $\phi20.021$mm，下极限尺寸 $\phi20$mm，其中值尺寸 $\phi20$mm$+(0.021/2)$mm = $\phi20.0105$mm，取 $\phi20.01$mm。

孔的尺寸 $\phi40_{0}^{+0.033}$mm，上极限尺寸 $\phi40.033$mm，下极限尺寸 $\phi40$mm，其中值尺寸 $\phi40$mm$+(0.033/2)$mm =$\phi40.0165$mm，取 $\phi40.02$mm。

线性尺寸 $20_{-0.2}^{0}$ mm，上极限尺寸 $\phi20$mm，下极限尺寸 $\phi19.8$mm，其中值尺寸 $\phi20$mm $-(0.2/2)$mm = $\phi19.9$mm。

线性尺寸 $35_{0}^{+0.2}$ mm，上极限尺寸 $\phi35.2$mm，下极限尺寸 $\phi35$mm，其中值尺寸 $\phi35$mm $+(0.2/2)$mm =$\phi35.1$mm。

没有公差的尺寸是不存在的，而是公差要求按一般公差处理。根据国家标准 GB/T1804—2000 规定，采用一般公差时，在图样上不单独注出公差，而是在图样、技术文件或技术标准中做出总的说明。线性尺寸的一般公差规定了四个等级，在图 2-2a 中，线性尺寸 2 个 20mm，可查表 2-2 线性尺寸的极限偏差数值决定。

表 2-2　线性尺寸的极限偏差数值 （单位：mm）

公差等级	尺寸分段						
	0.5～3	>3～6	>6～30	>30～120	>120～400	>400～1000	>1000～2000
f（精密级）	±0.05	±0.05	±0.1	±0.15	±0.2	±0.3	±0.5
m（中等级）	±0.1	±0.1	±0.2	±0.3	±0.5	±0.8	±1.2
c（粗糙级）	±0.2	±0.3	±0.5	±0.8	±1.2	±2	±3
V（最粗级）	—	±0.5	±1	±1.5	±2.5	±4	±6

第二道工序调头垫铜皮装夹，以零件加工过的端面和自定心卡盘端面定位，夹紧表面位置ϕ50mm（精基准），作为轴向和径向定位，能保持较高的重复安装精度，方便测量。零件伸出的长度减去夹紧部分 100mm–33mm=67mm，出现的问题是 35mm 和 10mm 是设计尺寸，编程原点在右端面中心线的交点上与工序基准、测量基准、设计基准不重合。为了方便编程，必须将分散标注的设计尺寸 35mm 和 10mm（零件总长度尺寸 100mm–20mm–35mm–35mm= 10mm），换算成以编程原点为基准的工序尺寸。

在加工过程中，35mm、10mm 为间接获得尺寸，是封闭环，其他为组成环。必须通过测量控制增环 55mm、65mm 的长度尺寸的偏差，才能间接保证零件的 35mm 和 10mm 的长度，这样 $20_{-0.2}^{0}$mm、35mm、55mm（图 2-3a），构成一个工艺尺寸链。$20_{-0.2}^{0}$mm、35mm、10mm、65mm 如图 2-3b 所示，构成另一个工艺尺寸链。借助工艺尺寸链的知识，通过解工艺尺寸链才能获得工序尺寸。

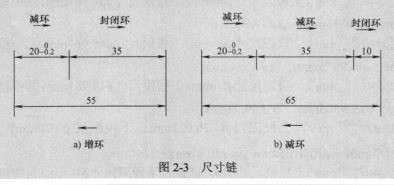

图 2-3　尺寸链

相关知识：尺寸链

工艺尺寸链中间接得到的尺寸，称为**封闭环**。它的尺寸随着其他组成环的变化而变化。一个工艺尺寸链中只有一个封闭环。

工艺尺寸链中除封闭环以外的其他环，称为**组成环**。根据其对封闭环的影响不同，组成环又分为增环和减环。

> **增环**是当其他组成环不变，该环增大（或减小），使封闭环随之增大（或减小）的组成环，即为增环。
>
> **减环**是当其他组成环不变，该环增大（或减小），使封闭环随之减小（或增大）的组成环，即为减环。
>
> **组成环**的判别：先给封闭环任一方向画出箭头，沿箭头方向顺时针或逆时针环绕均可，依次给每一个组成环画出箭头，凡箭头方向和封闭环相反的则为增环，相同的则为减环。

计算图 2-3a 增环的上极限尺寸 20mm+35mm=55mm，下极限尺寸 19.8mm+35mm=54.8mm。

计算图 2-3b 增环的上极限尺寸 20mm+35mm+10mm=65mm，下极限尺寸 19.8mm+35mm+10mm=64.8mm。

（3）加工方案　加工方案的制订原则是必须在保证加工表面的尺寸公差和表面粗糙度要求的前提下。

加工方法是指采用适当的设备，通过车削、镗削、磨削、铰削等方式达到精度要求。根据零件图样分析，尺寸公差、表面粗糙度等要求较高，可采用数控车削。

加工方案：通过粗加工→半精加工→精加工逐步达到尺寸精度、表面粗糙度要求。加工内孔时，因内孔较大，可先采用中心钻→钻孔→扩孔→车内孔的方法。

根据零件图样分析，此零件属于轴类零件，毛坯选用 ϕ55mm 的 45 钢。外轮廓有直线、台阶、圆弧，内轮廓有台阶孔。可选用 CJK1630、CKA6132 或最大 CKA6136 的数控车床。选择车床主要考虑零件直径的大小、长度、功率、车床的精度是否达到零件的精度要求，选择回转直径大、加工长度长、功率大的车床会增加成本，同时也不能出现"小马拉大车"的情况。

（4）工序划分　工序划分时，应考虑与非数控加工工序衔接的问题。依零件图样 2-2 分析按装夹次数划分工序，第一道工序是非数控加工，第四道工序是零件加工结束后应做的工作，实际数控加工只有两道工序。

第一道工序：

1）下料，毛坯直径 ϕ55mm×101mm。

2）平端面 0.5mm。

3）钻中心孔 A 型 ϕ3mm 中心钻。

4）钻孔，钻头 ϕ18mm，钻深 45mm。

5）扩孔，钻头 ϕ35mm，钻深 20mm。

第二道工序：

6）粗加工外圆 ϕ51mm×35mm。

7）精加工外圆 ϕ50$_{-0.039}^{0}$mm ×35mm，倒角 C1。

8）车内孔，粗车内孔 ϕ19mm×20mm，ϕ39mm×20mm，直径上留精车余量 1mm。

9）精车内孔，ϕ20$_{0}^{+0.021}$mm×20mm，ϕ40$_{0}^{+0.033}$mm×20mm，倒角 C1，编程时取中差。

第三道工序：

10）调头装夹，垫铜皮找正，平端面 0.5mm，保证长度 100mm。

11）粗加工外圆$\phi 31mm \times 20mm$，$\phi 41mm \times 35mm$，$\phi 47mm \times 10mm$，直径上留精车余量1mm。

12）精加工外圆$\phi 30_{-0.033}^{\ 0}mm \times 19.9mm$，$\phi 40_{-0.033}^{\ 0}mm \times 35mm$，$\phi 46_{-0.033}^{\ 0}mm \times 10mm$编程时取中差，倒角$C1$。

13）加工圆弧$R15$。

第四道工序：

14）检验工件是否符合图样技术要求。根据图样技术要求，选择测量量具，外径千分尺$0.01mm/0 \sim 25mm$、$25 \sim 50mm$，游标卡尺$0.02mm/0 \sim 150mm$，游标深度卡尺$0.02mm/0 \sim 200mm$。内径指示表$0.01mm/18 \sim 35$、$35 \sim 50mm$。

15）清点工具、量具，保养车床，清扫环境卫生。

（5）加工路线 加工路线是指数控加工过程中刀具相对被加工零件运动的轨迹和方向。刀具的进给路线是编写程序的依据之一，加工路线选择的是否合理非常重要。

相关知识：加工路线的确定原则

1）加工路线应保证被加工零件的尺寸精度和表面粗糙度，且效率要高。

2）数值计算简单，编程工作量要少。

3）加工路线最短，程序段最少，空走刀时间最短。

进给路线反映加工工艺内容和工步顺序。加工顺序一般原则：由粗到精，由近到远，从右到左。

按图样2-2分析确定加工路线，第一道工序，平端面→用A型$\phi 3mm$的中心钻，钻中心孔→用钻头$\phi 18mm$钻孔，钻深$45mm$→扩孔，用钻头$\phi 35mm$，扩深$20mm$→加工外圆$\phi 50mm \times 35mm$→倒角$C1$→车内孔$\phi 40mm \times 20mm$→$\phi 20mm \times 20mm$。

第二道工序调头装夹，平端面→加工$\phi 30mm \times 20mm$→$\phi 40mm \times 35mm$→$\phi 46mm \times 10mm$→倒角→$R15$圆弧。

（6）装夹定位 根据零件分析采用自定心卡盘装夹定位，需要两次装夹定位。第一次装夹，以零件毛坯作为粗基准，伸出长度$40mm$定位，平端面、加工外圆、钻孔、扩孔、车内孔、倒角；第二次调头装夹垫铜皮找正保证同轴度，以零件加工过的端面和外表面定位（精基准），加工直线、圆弧、台阶、倒角部分（超过$100mm$时可考虑钻中心孔，采用一夹一顶的方式来保证零件的装夹位置和同轴度）。

（7）加工余量 编程时以直径计算，实际切削的背吃刀量，是加工余量的一半。

一般半精车余量留$2 \sim 6mm$，背吃刀量$1 \sim 3mm$。

精车余量留$0.4 \sim 1mm$，背吃刀量$0.2 \sim 0.5mm$。

当零件半精车、精车有粗糙度要求时：

半精车（$Ra2.5 \sim 10\mu m$）余量留$0.6 \sim 4.0mm$，背吃刀量$0.3 \sim 2.0mm$。

精车（$Ra1.5 \sim 2.5\mu m$）余量留$0.1 \sim 1.6mm$，背吃刀量$0.05 \sim 0.8mm$。

使用硬质合金车刀切削时，由于其刃口不很锋利，刀尖圆弧半径较大，最后一次精车的背吃刀量不宜太小，否则加工表面粗糙度值较大，表面粗糙、不光滑。例如：图2-2零件图样毛坯$\phi 55mm$，最大直径处$\phi 50mm$，加工总余量5mm，工序余量：精加工余量1mm，背吃刀量 0.5mm，半精加工余量 1.5mm，背吃刀量 0.75mm，那么粗加工余量 2.5mm，背吃刀量 1.25mm，由最后一道工序开始向前推算。

（8）刀具选择　根据图样轮廓分析，选择硬质合金 P10（YT15）、90°外圆车刀、硬质合金 35°外圆车刀、A 型 ϕ3mm 中心钻、ϕ18mm 钻头、ϕ35mm 钻头扩孔、硬质合金 92°内孔车刀，详见表 2-4。

（9）切削用量（切削参数）

1）背吃刀量（a_p）的确定　粗车时 3mm，精车时 0.5mm。

2）进给量（f）的确定　粗车时 0.3mm/r，精车时 0.15mm/r。

3）切削速度（v_c）的确定　粗车时 80m/min，精车时 110m/min。

4）主轴转速　粗车时约 463r/min，精车时约 700r/min。

按图 2-2 产品需要制订数控加工工艺卡、数控加工刀具卡，见表 2-3 和见表 2-4。

表 2-3　数控加工工艺卡

单位名称			产品名称			零件名称	手工编程零件
材料		45 钢	毛坯尺寸		ϕ55mm×101mm	图号	
夹具		自定心卡盘	设备		CKA6136	共　页	第　页
工序	工步	工步内容	刀具号	刀具规格	背吃刀量 /mm	进给量 /(mm/r)	主轴转速 /(r/min)
1	1	平端面	T0101	20mm×20mm	0.5	0.1	600
	2	钻中心孔	中心钻	A 型 ϕ3mm	1.5	0.1	600
	3	钻孔	钻头	ϕ18mm	9	0.3	450
	4	扩孔	钻头	ϕ35mm	17.5	0.2	450
2	5	粗加工外圆	T0101	20mm×20mm	3	0.3	450
	6	精加工外圆	T0101	20mm×20mm	0.5	0.15	700
	7	粗加工内孔	T0202	20mm×20mm	2	0.25	450
	8	精加工内孔	T0202	20mm×20mm	0.5	0.15	700
3	9	调头装夹，垫铜皮找正，保证长度 100mm					
	10	平端面	T0101	20mm×20mm	0.5	0.1	600
	11	粗加工外圆	T0101	20mm×20mm	3	0.3	450
	12	精加工外圆	T0101	20mm×20mm	0.5	0.15	700
	13	粗加工圆弧 R15	T0303	20mm×20mm	2	0.2	450
	14	精加工圆弧 R15	T0303	20mm×20mm	0.5	0.1	700
4	15	检验工件是否符合图样技术要求，涂防锈油，入库					
5	16	清点工具、量具，保养机床，清扫环境卫生					
编制			审核			日期	

表 2-4　数控加工刀具卡

工序	刀具号	刀具名称	加工内容	刀尖圆弧半径/mm	备注
1	T0101	45°外圆车刀	平端面	0.4	手动
	中心钻	A 型 ϕ3mm	钻中心孔		手动
	钻头	ϕ18mm	钻孔		手动
	钻头	ϕ35mm	扩孔		手动

（续）

工序	刀具号	刀具名称	加工内容	刀尖圆弧半径/mm	备注
2	T0202	92°内孔车刀	加工台阶孔	0.2	自动
	T0303	90°外圆车刀	外圆	0.4	自动
3	T0101	45°外圆车刀	平端面	0.4	手动
	T0303	90°外圆车刀	外圆	0.4	自动
	T0404	35°外圆车刀	R15 圆弧	0.4	自动

（10）编写程序　依据以上工艺分析、工艺的制订，编写程序。第一道工序的程序：

O 0001;	程序名，地址 O，四位数××××
N0010　G99　T0101;	顺序号，地址 N，四位数××××，G99 转进给，1 号刀，地址 T，执行 1 号刀具补偿
N0020　M03　S2;	起动主轴正转，档内变频主轴 450r/min
N0030　G00　X57　Z5;	快速定位在毛坯外面
N0040　G90　X51　Z−35.1　F0.3;	粗加工
N0050　G01　X48　Z0　F0.15　S1;	精加工，档内有级变速主轴 700 r/min
N0060　　　　X49.98　Z−1;	倒角
N0070　　　　Z−35.1;	直线
N0080　　　　X52;	退刀
N0090　G00　X100　Z100;	快速退刀位置，换刀时以不发生碰撞为准
N0100　T0202;	换 2 号刀，执行 2 号刀具补偿
N0110　G00　X17　Z5;	快速定位 X 轴小于孔的内径，Z 轴在工件外
N0120　　　　S2;	档内有级变速主轴 450r/min
N0130　G71　U1　R1;	粗加工
N0140　G71　P150　Q220　U−1　F0.2;	精车余量留 1mm
N0150　G01　X42　F0.1　S1;	定位，首行不能用 G00，单调 X 轴，转速 700r/min
N0160　　　　Z0;	Z 轴定位
N0170　　　　X40.02　Z−1;	倒角
N0180　　　　Z−20;	直线
N0190　　　　X22;	定位
N0200　　　　X20.01　Z−21;	倒角
N0210　　　　Z−40;	直线
N0220　　　　X18;	退刀
N0230　G70　P140　Q220;	精加工
N0240　G00　Z100;	快速退刀，加工孔时先退 Z 轴，后退 X 轴
N0250　　　　X100;	X 轴退刀
N0260　M05;	停主轴
N0270　M30;	程序结束返回首行
N0280　%	程序结束符号

第二道工序的程序：

O 0002；	程序名
N0010　G99　T0303；	G99，转进给，3 号刀，执行 3 号刀具补偿
N0020　M03　S2 ；	起动主轴正转，档内有级变速主轴 450r/min
N0030　G00　X57　Z5；	快速定位
N0040　G90　X51　Z-65　F0.3；	粗加工
N0050　　　X47；	粗加工
N0060　　　X43　Z-55；	粗加工
N0070　　　X41；	粗加工
N0080　　　X37　Z-19.9；	粗加工
N0090　　　X33；	粗加工
N0100　　　X31；	粗加工
N0110　G01　X28　F0.15　S1；	精加工，档内有级变速主轴 700 r/min
N0120　　　Z0；	Z 轴定位
N0130　　　X29.985　Z-1；	倒角
N0140　　　Z-19.9；	直线
N0150　　　X39.985；	台阶
N0160　　　Z-55；	直线
N0170　　　X45.985；	台阶
N0180　　　Z-65；	直线
N0190　　　X55；	退刀
N0200　G00　X100　Z100；	快速退刀
N0210　T0404；	换 4 号刀，执行 4 号刀具补偿
N0220　G00　Z-26.32；	快速定位
N0230　　　X42；	快速定位
N0240　G73　U4　R3；	粗加工凹圆弧（980TA，R 是 0.003mm）
N0250　G73　P260　Q280　U1　F0.25；	粗加工凹圆弧
N0260　G01　X39.985　F0.15　S1；	X 轴定位，档内有级变速主轴 700r/min
N0270　G02　X39.985　Z-48.68　R15；	加工凹圆弧
N0280　G01　X45；	退刀
N0290　G70　P260　Q280；	精加工凹圆弧
N0300　G00　X100；	快速退刀
N0310　　　Z100；	快速退刀
N0320　M05；	停主轴
N0330　M30；	程序结束返回首行
N0340 %	程序结束符号

注 意 事 项

1）每一道工序，想清楚前一道工序加工后所剩的余量，以避免空走刀。

2）多思考，减少出错概率，改善加工状况。

3）仔细检查每个参数，避免返工。

根据以上编写的程序，在实训教师指导下进行零件加工。实训指导教师可根据学生操作、程序的录入情况，加工的零件按图样技术要求检测，给出评分结果填入表 2-5 和表 2-6 内。

表 2-5　操作规范、编程评分表

序号	项目	内容	配分	实际表现	得分
1	数控车床操作规范	开机前的检查和顺序	5		
2		回机床参考点	2		
3		正确对刀，设置参数	4		
4		工、量具的正确使用	5		
5		刀具的合理使用与装夹	4		
6		设备正确操作和维护	10		
7	程序的录入	指令地址正确	5		
8		程序格式正确	5		
合计			40		

表 2-6　操作技能评分表

序号	项目	测量内容		配分		测量结果	得分
				IT	Ra		
1	外圆	$\phi30_{-0.033}^{0}$ mm	$Ra1.6\mu m$	3	2		
2		$\phi40_{-0.033}^{0}$ mm	$Ra1.6\mu m$	3	2		
3		$\phi46_{-0.033}^{0}$ mm	$Ra1.6\mu m$	3	2		
4		$\phi50_{-0.039}^{0}$ mm	$Ra1.6\mu m$	3	2		
5	圆弧	外圆弧 $R(15\pm0.03)$	$Ra1.6\mu m$	8	2		
6	内孔	$\phi20_{0}^{+0.021}$ mm	$Ra1.6\mu m$	5	2		
7		$\phi40_{0}^{+0.033}$ mm	$Ra1.6\mu m$	5	2		
8	长度	100mm		2			
9		$20_{-0.2}^{0}$ mm		2			
10		$35_{0}^{+0.2}$ mm		2			
11		35mm		2			
12		20mm		2			
13		20mm		2			
14	倒角	$C1$		4			
合计				60			

通过对零件加工现场观察，对数控车床加工有一个初步的了解和认知，对学习数控车床指令代码知识和兴趣大有好处。下面学习数控车床的控制代码。代码分为准备功能（G 代码）、辅助功能（M 代码）、主轴功能（S 功能）、刀具功能（T 功能）、进给功能（F 功能）。

四、编程基本指令与格式

1. 准备功能（G 代码）

下面以广州数控车床 GSK980TD 型号为例，讲解编程基本指令。准备功能（G 代码）见表 2-7。

表 2-7 准备功能（G 代码）

指令字	组别	功能	格式	备注
G00		快速移动	G00 X（U）__ Z（W）__;	初态 G 指令
G01		直线插补	G01 X（U）__ Z（W）__ F__;	
G02		圆弧插补（逆时针）	G02 X（U）__ Z（W）__ R__ F__; 或 G02 X（U）__ Z（W）__ I__ K__ F__;	
G03		圆弧插补（顺时针）	G03 X（U）__ Z（W）__ R__ F__; 或 G03 X（U）__ Z（W）__ I__ K__ F__;	
G32		螺纹切削	G32 X（U）__ Z（W）__ F/I; F: 米制螺纹螺距（导程）; I: 寸制螺纹	
G34	01	变螺距螺纹切削	G34 X（U）__ Z（W）__ F__ R__; X、Z: 螺纹终点绝对坐标，U、W: 螺纹终点增量坐标，F: 起点的长轴方向螺距（导程）; R: 主轴每旋转一周的螺距增减量	模态 G 指令
G90		轴向切削循环	G90 X（U）__ Z（W）__ F__; 圆柱切削 G90 X（U）__ Z（W）__ R__ F__; 圆锥	
G92		螺纹切削循环	G92 X（U）__ Z（W）__ F__; 直螺纹 G92 X（U）__ Z（W）__ R__ F__; 锥螺纹 F: 螺纹螺距（导程）R: 起点终点半径差值	
G94		径向切削循环	G94 X（U）__ Z（W）__ F__; G94 X（U）__ Z（W）__ R__ F__;	
G04		暂停、准停	G04 X__/U__; X、U 单位: s; G04 P__; P 单位: ms;	
G28		返回机械零点	G28 X__ Z__;	
G50		坐标系设定	G50 X__ Z__;	
G65		宏指令	G65 P__ L__ <自变量指定>;	
G70		精加工循环	G70 P（ns）Q（nf）;	
G71		轴向粗车循环	G71 U（Δd）R（e）; G71 P（ns）Q（nf）U（Δu）W（Δu）F（f）;	
G72	00	径向粗车循环	G72 W（Δd）R（e）; G72 P（ns）Q（nf）U（Δu）W（Δu）F（f）;	非模态 G 指令
G73		封闭切削循环	G73 U（Δi）W（Δk）R（d）; G73 P（ns）Q（nf）U（Δu）W（Δu）F（f）;	
G74		轴向车槽多重循环	G74 R（e）; G74 X（U）__ Z（W）__ P（Δi）Q（Δk）R（Δd）F（f）;	
G75		径向车槽多重循环	G75 R（e）; G75 X（U）__ Z（W）__ P（Δi）Q（Δk）R（Δd）F（f）;	
G76		多重螺纹切削循环	G76 P（m）（r）（a）Q（Δd_{min}）R（d）; G76 X（U）__ Z（W）__ R（i）P（k）Q（Δd）F/I（f）;	
G96	02	恒线速开	G96 S__;	模态 G 指令
G97		恒线速关	G97 S__;	初态 G 指令
G98	03	每分进给	G98 F100;（100mm/min）	初态 G 指令
G99		每转进给	G99 F0.1;（0.1mm/r）	模态 G 指令
G40		取消刀尖半径补偿	G40;	初态 G 指令
G41	04	刀尖半径左补偿	G41 G01 X__ Z__;	模态 G 指令
G42		刀尖半径右补偿	G42 G01 X__ Z__;	

系统上电后，默认初态代码：G00、G21、G40、G97、G98。G 指令由指令地址 G 和其后的 1～2 位指令值组成，用来规定刀具相对工件的运动方式、进行坐标设定等多种操作。

G 指令格式：G □□
　　　　　　　　└──── 指令值(00～99，前导0可以不输入)
　　　　　　└──── 指令地址G

注 意 事 项

　　G 指令字分为 00、01、02、03、04 组。除 01 与 00 组代码不能共段外，同一个程序段中可以输入几个不同组的 G 指令字，如果在同一个程序段中输入两个或两个以上的同组 G 指令字时，最后一个 G 指令字有效。没有共同参数（指令字）的不同组 G 指令可以在同一个程序段中，功能同时有效并且与先后顺序无关。如果使用了表以外的 G 指令或选配功能的 G 指令，系统出现报警。

（1）模态、非模态及初态　　G 指令为 00、01、02、03、04 组。其中 00 组 G 指令为非模态 G 指令，其他组 G 指令为模态 G 指令，G00、G21、G97、G98、G40 为初态 G 指令。

G 指令执行后，其定义的功能或状态保持有效，直到被同组的其他 G 指令改变，这种 G 指令称为模态 G 指令。模态 G 指令执行后，其定义的功能或状态被改变以前，后续的程序段执行该 G 指令字时，可不需要再次输入该 G 指令。

G 指令执行后，其定义的功能或状态一次性有效，每次执行该 G 指令时，必须重新输入该 G 指令字，这种 G 指令称为非模态 G 指令。

系统上电后，未经执行其功能或状态就有效的模态 G 指令称为初态 G 指令。上电后不输入 G 指令时，按初态 G 指令执行。GSK980TD 的初态指令为 G00、G40、G97、G98。G02 后刀座坐标系为顺时针，前刀座坐标系为逆时针。G03 后刀座坐标系为逆时针，前刀座坐标系为顺时针。对于前刀座坐标系的数控车，简称"凹2凸3"。

（2）指令字的省略输入　　为了简化编程，表 2-8 所列举的指令字具有执行后指令值保持的特点，如果在前面的程序段中已经包含了这些指令字，在后续的程序段中需要使用指令值相同、意义相同的指令字时，可以不输入。

表 2-8　指令字功能意义

指令地址	功能意义	上电时的初始值
U	G71 中背吃刀量	NO.51 参数值
U	G73 中 X 轴退刀距离	NO.51 参数值
W	G72 中背吃刀量	NO.53 参数值
W	G73 中 Z 轴退刀距离	NO.54 参数值
R	G71、G72 循环退刀量	NO.52 参数值
R	G73 中粗车循环次数	NO.55 参数值
R	G74、G75 中切削后的退刀量	NO.56 参数值
R	G76 中精加工余量	NO.60 参数值
R	G90、G92、G94、G76 中锥度	0
（G98）F	分进给速度（G98）	NO.030 参数值
（G99）F	转进给速度（G99）	0

（续）

指令地址	功能意义	上电时的初始值
F	米制螺纹螺距(G32、G92、G76)	0
I	寸制螺纹螺距(G32、G92)	0
S	主轴转速指定（G97）	0
S	主轴线速指定（G96）	0
S	主轴转速开关量输出	0
P	G76 中螺纹切削加工次数	NO.57 参数值
P	G76 中螺纹切削螺纹退刀宽度	NO.19 参数值
P	G76 中螺纹切削刀尖角度	NO.58 参数值
Q	G76 中最小背吃刀量	NO.59 参数值

注 意 事 项

1）有多种功能的指令地址（如 F，可用于给定每分进给、每转进给、米制螺纹螺距）只在指令字执行后、再次执行相同的功能定义指令字时才允许省略输入，如：执行了 G98 F__，未执行螺纹指令，进行米制螺纹加工时必须用 F 指令字输入螺距。

2）在地址 X（U）、Z（W）用于给定程序段终点坐标时允许省略输入，程序段中未输入 X（U）或 Z（W）坐标指令字时，系统取当前 X 轴或 Z 轴的绝对坐标作为程序段终点的坐标值。

3）用表 2-4 中未列入的指令地址时，必须输入相应的指令字，不能省略输入。

2．辅助功能（M 代码）

辅助功能（M 代码）见表 2-9。

表 2-9　辅助功能（M 代码）

指令	功能	备注
M00	程序暂停	
M01	程序选择停止	
M02	程序运行结束	
M03	主轴正转	
M04	主轴反转	功能互锁，状态保持
M05	主轴停止	
M08	切削液开	功能互锁，状态保持
M09	切削液关	
M10	尾座进	功能互锁，状态保持
M11	尾座退	
M12	卡盘夹紧	功能互锁，状态保持
M13	卡盘松开	
M14	主轴位置控制	功能互锁，状态保持
M15	主轴速度控制	
M20	主轴夹紧	功能互锁，状态保持

（续）

指令	功能	备注
M21	主轴松开	功能互锁，状态保持
M24	第2主轴位置控制	功能互锁，状态保持
M25	第2主轴速度控制	
M30	程序运行结束返回首行	
M32	润滑开	功能互锁，状态保持
M33	润滑关	
M41、M42、M43、M44	主轴自动换档	功能互锁，状态保持
M98	子程序调用	
M99	从子程序返回；若M99用于主程序结束（即当前程序并非由其他程序调用），程序反复执行	
M9000～M9999	调用宏程序（程序号大于9000的程序）	

M指令由指令地址M和其后的1～2位数字或4位数组成，用于控制程序执行的流程或输出M代码到PLC。

M指令格式：M □□～□□□□
　　　　　　　　└────── 指令值(00～99、9000～9999前导0可省略)
　　　　　　└────── 指令地址

如：M02、M30

M98、M99、M9000～M9999作为程序调用指令。

注 意 事 项

一个程序段中只能有一个M指令，当程序段中出现两个或两个以上的M指令时，执行最后一个M指令，或数控系统出现报警。

3．主轴功能（S功能）

S指令用于控制主轴的转速，由地址S和其后数字组成。GSK980TD控制主轴转速的方式有两种：

1）主轴转速开关量控制方式：S□□（2位数指令值）指令由PLC处理，PLC输出开关量信号到机床，实现主轴转速的有级变化。

2）主轴转速模拟电压控制方式：S□□□□（4位数指令值）指定主轴实际转速，数控系统输出0～10V模拟电压信号给主轴伺服装置或变频器，实现主轴转速无级调速。

另外一种主轴控制方式为机械手动换档，程序中不用输入S指令。如概述中图0-1所示车床。一个程序段只能有一个S指令，当程序段中出现两个以上的S指令时，数控系统会出现报警。

S指令格式：S □□
　　　　　　　　└────── 00～04(前导零可以省略)1～4档主轴转速开关量控制

如：S01、S02，可编程S1、S2。

数控系统复位时，S01、S02、S03、S04输出状态不变。

数控系统上电时，S1～S4输出无效。执行S01、S02、S03、S04中任意一个指令，对应的 S 信号输出有效并保持，同时取消其余 3 个信号的输出。执行 S00 指令时，取消 S1～S4 的输出，S1～S4 同一时刻仅一个有效。

S○○○○
└──── 0000～9999 (前导0可以省略)：主轴转速模拟电压控制

如：S500、S1000

指令功能：设定主轴的转速，数控系统输出 0～10V 模拟电压控制主轴伺服或变频器，实现主轴的无级变速，S 指令值掉电不记忆，上电时置零。

主轴转速模拟电压控制功能有效时，主轴转速输入有两种方式：恒线速控制 G96、恒转速控制 G97。

1）用 G96 S__；指令设定刀具相对工件外圆的切削线速度（m/min），称为恒线速控制。恒线速控制方式下，切削进给时的主轴转速随着编程轨迹 X 轴绝对坐标值变化而变化。

指令格式：G96 S__；（S0000～S9999，前导零可省略）

指令功能：恒线速度控制有效、给定切削线速度（m/min），取消恒转速控制。G96 为模态，如果当前为 G96 模态，可以不输入 G96。

指令格式：G50 S__；（S0000～S9999，前导零可省略）

指令功能：设置恒线速控制时的主轴最高转速限制值（r/min），并把当前位置作为程序零点。

例如：用 G96 S100；恒定线速度 100m/min。**注意用 G96 恒定线速度时，必须用 G50 设定上限速度，以防发生事故**。如：G50 S1000；指设定恒线速度时的主轴最高限速转值是 1000r/min。ϕ200mm 的卡盘最高转速是 ≤1000r/min。

2）用 G97 S__；指令不改变时主轴转速恒定不变，称为恒转速控制。

指令格式：G97 S__；（S0000～S9999，前导零可省略）

指令功能：取消恒线速度控制、恒转速控制有效（r/min）。G97 为模态，如果当前为 G97 模态，可以不输入 G97。

例如：G97 S500；恒定主轴转速 500r/min。

注 意 事 项

1）G96、G97 为同组的模态指令值，只能一个有效。G97 为初态指令值，数控系统上电时默认 G97。

2）主轴转速模拟电压控制功能有效时，恒线速度控制功能才有效。

3）在恒线速控制时，工件直径增大时，主轴转速降低；工件直径减小时，主轴转速提高。使用恒线速控制功能切削工件，可以使直径变化的工件表面粗糙度保持一致。

4）在 G97 状态下。G50 S__；设置的最高转速不起限制作用。

5）如果执行 G50 S0；恒线速控制时主轴转速将被控制在 0r/min（主轴不会旋转）。

6）在 G96 状态中，被指令的 S 值，即使在 G97 状态中也保持，当返回 G96 状态时，其值恢复。

例如：

O0002;	程序名
N0010　T0101;	调用 1 号刀具及 1 号刀具补偿

N0020 G50 S1000；	设定最高主轴转速限制值 1000r/min
N0030 M03 G96 S100；	主轴正转，恒线速度控制有效，线速度 100m/min
N0040 G00 X55 Z5；	快速定位，主轴转速 579r/min
N0050 G01 X40 F200；	主轴转速 796r/min
N0060　　　　Z–20；	主轴转速 796r/min
N0070　　　　X50 Z–40；	主轴转速 647r/min
N0080 G97 S800；	取消恒线速度，主轴转速恒定为 800r/min
N0090 G01 Z–60 F200；	轴转速 800r/min
N0100 G96 X52；	恒线速度控制有效，线速度 100m/min，主轴转速 652r/min
N0120　　　　Z–80；	主轴转速 652r/min
N0130 G00 X100 Z100；	主轴转速 318r/min
N0140 M05；	主轴停止
N0150 M30；	程序结束并返回首行

4．刀具功能（T 功能）

GSK980TD 的刀具功能（T 指令）具有两个作用：自动换刀和执行刀具偏置。自动换刀的控制逻辑由 PLC 梯形图处理，刀具偏置的执行由数控系统处理，地址 T。

T 指令格式：T □□　○○

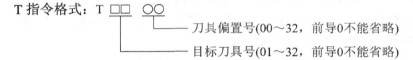

刀具偏置号(00～32，前导0不能省略)

目标刀具号(01～32，前导0不能省略)

其四位数的前两位数用于指定刀具号，后两位数用于指定刀具补偿存储器号。目前大多数数控车床采用 T4 位数法。

例如：T0101；表示选用 1 号刀具及选用 1 号刀具补偿存储器中的补偿值。

T0102；表示选用 1 号刀具及选用 2 号刀具补偿存储器中的补偿值。

指令功能：自动刀架换刀到目标刀具号刀位，并按指令的刀具偏置号执行刀具偏置。刀具偏置号可以和刀具号相同，也可不同，即一把刀具可以对应多个偏置号。在执行了刀具偏置后，再执行 T □□　○○，数控系统将按当前的刀具偏置反向偏移，数控系统由已执行刀具偏执状态改变为未补偿状态，这个过程称为取消刀具偏置。上电时，T 指令显示的刀具号、刀具偏置号均为掉电前的状态。

在加工前通过对刀操作获得每一把刀具的位置偏置数据（称为刀具偏置或刀偏），程序运行中执行 T 指令后，自动执行刀具偏置。这样，在编辑程序时每把刀具按零件图样尺寸编写，可不用考虑每把刀具在机床坐标系相互间的位置关系。如因刀具磨损导致加工尺寸出现偏差，可根据尺寸偏差修改刀具偏置。

刀具偏置是对编程轨迹而言的，T 指令中刀具偏置号对应的偏置，在每个程序段的终点被加上或减去补偿量。

例如：

O0003；

N0010 G99 T0101；　　　　　　　转进给，调 1 号刀及 1 号刀具补偿

N0020 M03 S500；	主轴正转，500r/min
N0030 G00 X52 Z5；	开始执行刀具偏置
N0040 G01 X48 F0.25；	刀具偏置状态
N0050　　　 Z–20；	刀具偏置状态
N0060 G00 X60 Z100；	退刀
N0070 T0100；	取消刀具偏置
N0080 G01 Z90 F0.3；	取消刀具偏置
N0090 M05；	主轴停止
N0100 M30；	程序结束并返回首行

注 意 事 项

在一个程序段中只能有一个 T 指令，在程序段中出现两个或两个以上的 T 指令时，数控系统产生报警。

5．进给功能（F 功能）

用来指定刀具相对于工件运动的速度功能称为进给功能，由地址 F 和其后缀的数字组成。根据加工的需要，进给功能分每分钟进给和每转进给两种。

1）F 指令格式：G98 F__；（F0001～F8000，前导 0 可省略）

指令功能：以 mm/min 为单位给定进给速度，G98 为模态 G 指令，如果当前为 G98 模态，可以不输入 G98。

2）F 指令格式：G99 F__；（F0.0001～F500，前导 0 可省略）

指令功能：以 mm/r 为单位给定进给速度，G99 为模态 G 指令。如果当前为 G99 模态，可以不输入 G99。数控系统执行 G99 F__ 时，把 F 指令值（mm/r）与当前主轴转速（r/min）的乘积作为指令进给速度控制实际的进给速度，主轴转速变化时，实际的进给速度随着改变。使用 G99 F__ 给定主轴每转的进给量，可以在工件表面形成均匀的切削纹路。在 G99 模态进行加工，车床必须安装主轴编码器。

G98 为初态 G 指令，数控系统上电时默认 G98 有效。每转进给量与每分钟进给量的换算公式为

$$F_m = F_r S$$

式中，F_m 是每分钟的进给量（mm/min）；F_r 是每转进给量（mm/r）；S 是主轴转速（r/min）。

注 意 事 项

G98、G99 为同组的模态 G 指令，只能一个有效。

6．程序段内指令字的执行顺序

一个程序段中可以有 G、X、Z、F、R、M、S、T 等多个指令字，大部分 M、S、T 指令字由数控系统解释后送给 PLC 处理，其他指令字直接由数控系统处理。M98、M99、M9000～M9999，以及 r/min、m/min 为单位给定主轴转速的 S 指令字也是直接由数控系统处理。

当 G 指令与 M00、M01、M02、M30 在同一个程序段中时，数控系统执行完 G 指令后，才执行 M 指令，并把对应的 M 信号送给 PLC 处理。

当 G 指令字与 M98、M99、M9000～M9999 指令字在同一个程序段中时，数控系统执行完 G 指令后，才执行这些 M 指令字（不送 M 信号给 PLC）。

当 G 指令字与其他由 PLC 处理的 M、S、T 指令字在同一个程序段中时，由 PLC 程序（梯形图）决定 M、S、T 指令字与 G 指令字同时执行，或者在执行完 G 指令后再执行 M、S、T 指令字，有关指令字的执行顺序应以机床厂家的说明书为准。

GSK980TD 标准 PLC 程序定义的 G、M、S、T 指令字在同一个程序段的执行顺序为：M03、M04、M08、M10、M12、M32、M41、M42、M43、M44、S□□、T□□□□与 G 指令字同时执行；M05、M09、M11、M13、M33 在执行完 G 指令字后再执行。M00、M02、M30 在当前程序段其他指令执行完成后再执行。

7．程序的格式与相关编程知识

（1）程序的结构　程序是由地址 O 及后面四位数组成，如：O××××程序名开头，以"%"号结束的若干行程序段构成的。程序段是以程序段号开始（可以省略），以"；"或"*"结束的若干个指令字构成。

程序的一般结构如下：

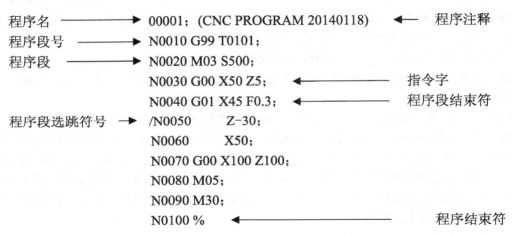

（2）程序名　GSK980TD 为了识别区分各个程序，每个程序都有唯一的程序名，程序名不能重复使用，程序名位于程序的开头由地址 O 及后面四位数组成。

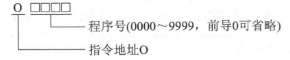

（3）指令字　指令字是用于命令数控系统完成控制功能的基本指令单元，指令字由一个英文字母（称为指令地址）和其后的数值（称为指令值，为有符号数或无符号数）构成。指令地址规定了其后指令值的意义，在不同的指令字组合情况下，同一个指令地址可能有不同的意义。例如地址 P：

G71 U1 R1 F0.2;

G71 P60 Q150 U1 W0.1;

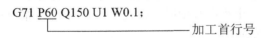

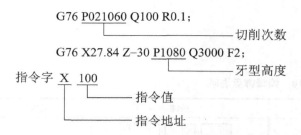

G76 P021060 Q100 R0.1；——— 切削次数

G76 X27.84 Z-30 P1080 Q3000 F2；——— 牙型高度

指令字 X 100
——— 指令值
——— 指令地址

注 意 事 项

1）一个程序段中可输入若干个指令字，也允许无指令字而只有"；"号（EOB 键，结束符）。有多个指令字时，指令字之间必须输入一个或一个以上空格。

2）在同一程序段中，除 N、G、S、T、H、L 等地址外，其他的地址只能出现一次，否则将产生报警（指令字在同一个程序段中被重复指令）。N、S、T、H、L 指令字在同一程序段中重复输入时，相同地址的最后一个指令字有效。同组的 G 指令在同一程序段中重复输入时，最后一个 G 指令有效。

3）程序段号 程序段号由地址 N 和后面四位数构成：N0000～N9999，前导零可省略。程序段号应位于程序段的开头，否则无效。

程序段号可以不输入，但程序调用、跳转的目标程序段必须有程序段号。程序段号的顺序可以是任意的，其间隔也可以不相等，为了方便查找、分析程序，建议程序号按编程顺序递增或递减。

第二部分　技能操作

一、操作面板

GSK980TD 采用集成式操作面板，面板划分如图 2-4 所示。

图 2-4　GSK980TD 集成式操作面板

二、编辑键盘

编辑键盘说明见表2-10。

表 2-10 编辑键盘说明

按键	功能	按键	功能
`// 复位`	复位键,用于解除报警、复位,进给、输出停止	7 8 9 / 4 5 6 / 1 2 3 / 0	数字输入键
O N G / X Z U W / M S T	地址键	H/Y F/E R/V L/D / P/Q I/A J/B K/C	双地址键,反复按键在两者间切换
`— 空格` `/ #`	符号键,双地址键,反复按键在两者间切换	`·`	小数点输入键
`输入 IN`	输入键,用于输入补偿量 MDI 方式下的程序输入	`输出 OUT`	从 RS232 接口输出文件起动
`插入 修改`	插入键,用于程序编辑过程中的数据插入。	`转换 CHG`	转换键
`删除 DEL`	删除键,用于删除程序和编辑过程中的数据删除	`换行 EOB`	换行键,用于程序的建立和编辑过程中换行,生成分号
`取消 CAN`	取消键,用于程序输入、编辑过程中数据的取消	`↑ ↓`	光标移动键,控制光标上下移动
翻页键	翻页键,同一显示界面下页面的切换	`⇨ ⇦`	光标移动键,控制光标左右移动

三、显示菜单说明

显示菜单说明见表2-11。

表 2-11 显示菜单说明

菜单键	备注
`位置 POS`	位置键,用于使显示屏显示现在位置,共有四页:相对、绝对、总和、位置/程序,通过翻页键转换
`程序 PRG`	程序键,用于显示程序和对其进行编辑。共有三页:程序内容、程序目录、程序状态,通过翻页键转换

（续）

菜单键	备注
刀补 OFT	刀补键，用于显示刀具偏置磨损和宏变量，共两页，通过翻页键转换
报警 ALM	报警键，用于显示数控系统报警和 PLC 报警信息
设置 SET	设置键，用于开关设置和图形设置两页
参数 PAR	参数键，用于显示和设定参数，共有三页：状态参数、数据参数、螺补参数，通过翻页键转换
诊断 DGN	诊断键，进入数控系统诊断、PLC 状态、PLC 数据、机床软面板、版本信息界面

四、操作功能键

操作功能键的说明见表 2-12。

表 2-12　操作功能键的说明

按键	功能	按键	功能
编辑	编辑方式选择键	自动	自动方式选择键
录入	录入方式选择键	手轮	单步/手轮方式选择键
手动	手动方式选择键	单段	单段开关键
机床锁	机床锁住开关键	MST 辅助锁	辅助功能锁住开关
空运行	空运行键	跳段	程序段选跳开关键
程序零点	程序回零键	机械零点	机械回零键
0.001　0.01　0.1	手轮/单步增量选择键	X　Y　Z	手轮控制轴选择键
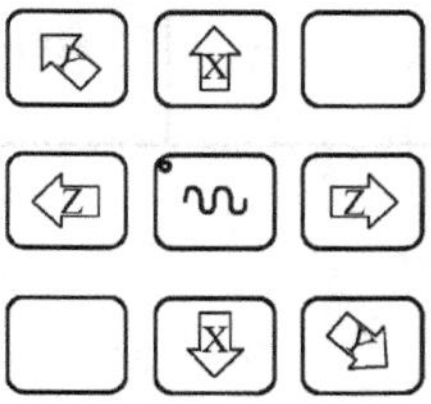 手动进给键（方向键组）	手动进给键	主轴倍率	主轴倍率/主轴速度的调整键

（续）

按键	功能	按键	功能
⬆ 〰% 快速倍率 ⬇	快速进给倍率键	〰	快速开关键
⬆ 〰% 进给倍率 ⬇	进给速度倍率/手动连续进给速度键	正转 停止 反转	主轴正转、停止、反转键/主轴控制键
冷却	切削液开关键	T 点动 润滑	点动、润滑液开关键
换刀	手动换刀键	EMERGENCY STOP	急停键
运行	循环起动键	暂停	进给保持键
	手轮进给	超程解除	超程解除
系统上电	系统上电	系统下电	系统下电
润滑报警	润滑报警		照明

五、状态指示

状态指示说明见表 2-13。

表 2-13　状态指示说明

	回零结束指示灯			快速指示灯
	单段运行指示灯			程序跳段指示灯
	机床锁住指示灯			辅助功能锁住指示灯
	空运行指示灯			

六、上机操作

1．机床的通电、开/关机。

将数控车床的电器柜开关扳到"ON"位置。车床电源接通后操作流程如下：

1）检查车床状态是否正常，各运动部件、外观是否完好。

2）检查电源电压是否符合要求。

3）单击"系统上电"按钮 ，系统上电。

GSK980TD 上电后显示页面如图 2-5 所示，此时 GSK980TD 自检、初始化。自检、初始化完成后，显示现在位置（相对坐标）页面，如图 2-6 所示。

图 2-5　初始化　　　　　　　　　　　　图 2-6　显示现在位置

4）如果 LCD 画面显示：报警号 000、数控系统急停报警"ESP"输入开路，可松开"急停"按钮 ，单击"复位"键 ，系统将复位。

5）检查散热风扇等是否正常运转。

6）检查润滑液油位、切削液是否正常。

2．关机

1）检查数控机床的移动部件是否都已经停止移动。X 轴、Z 轴停放位置是否合适，一般 Z 轴在机床行程中间位置偏右，X 轴在 $X-100$ 左右，离开零点开关，不要压住零点开关，最低不低于（$X-50$，$Z-50$）。

2）如有外部输入/输出设备接到机床上，应先关闭外部设备。

3）单击"系统下电"按钮，系统下电，关闭机床总电源。

3．手动操作

（1）手动返回机床参考点　为了刀具与夹具不发生干涉，数控车床的返回参考点操作一般应先单击"+X"轴，后单击"+Z"轴的顺序进行回零操作。

1）X轴、Z轴坐标是否在负方向，如果不在负方向，请将X轴、Z轴移向负方向，防止在回零过程中超程。

2）单击"机械回零"键。

3）单击"移动轴"键，车床沿选择轴方向移动。先单击"+X"键回零，指示灯亮后，再单击"+Z"键回零。

4）当两轴都返回参考点后，参考点"指示灯"均亮，相对坐标显示 U0.000、W0.000。

位置界面显示有绝对坐标、相对坐标、综合坐标及坐标和程序四个页面，可通过上下翻页键查看，如图2-7所示。

5）加工件数和切削时间掉电记忆，清零方法如下：

加工件数清零：先单击"取消"键，再单击键 N 。

切削时间清零：先单击"取消"键，再单击键 T 。

S 0000：主轴编码器反馈的主轴转速，必须安装主轴编码器才能显示主轴的实际转速。

T 0101：当前的刀具号及刀具偏置号。

6）相对坐标 U、W 为当前位置相对于相对参考点的坐标，数控系统上电时 U、W 坐标值保持，U、W 坐标可随时清零，方法如下：

在相对坐标显示页面下单击"U"键 U 直至页面中 U 闪烁，单击"取消"键，U坐标值清零。

在相对坐标显示页面下单击"W"键 W 直至页面中 W 闪烁。单击"取消"键，W坐标值清零。如图2-8所示。

图2-7　页面显示

图2-8　U、W坐标清零

7）页面解释：

编程速率：程序中由 F 代码指定的速率，是在自动方式、录入方式下的显示；在机械回零、程序回零、手动方式下显示"手动速率"；在单步方式下显示"单步增量"。

实际速率：实际加工中，进给倍率运算后的实际加工速率。

进给倍率：由进给倍率开关选择的倍率。

G 功能码：01 组 G 代码和 03 组 G 代码的模态值。

加工件数：当程序执行完 M30（或主程序中的 M99）时，加工件数加 1。

切削时间：当自动运转起动后开始计时，时间单位依次为 h、min、s。

8）对比度的调整：单击"位置"键，再单击"翻页"键，进入相对坐标显示页面，单击"U"键 U 或"W"键 W 使页面中的 U 或 W 闪烁后，每单击一次 键，对比度减小（变暗），每单击一次 键，液晶对比度增大（变亮）。

（2）手动返回程序起点

1）单击程序"回零"键。

2）分别单击"移动轴"键 ，车床沿选择轴方向移动。

3）当两轴都返回参考点后，参考点"指示灯"均亮 。

（3）手动连续进给

1）单击"手动方式"键 ，屏幕右下角显示文字"手动方式"。

2）按住进给轴及方向选择键中的 或 按键，X 轴产生正方向或负方

向连续移动，松开按键时，运动停止。按住 或 按键，使 Z 轴产生正方向或负方向连续移动，松开按键时，运动停止。也可同时按住 X 轴、Z 轴的方向键实现两个轴的同时运动。

3）单击"进给倍率"键 ，调整车床移动速度。0～150，共 16 级，每单击一下"向上"按键，倍率增加 10%；每单击一下"向下"按键，倍率递减 10%；进给速度 0～1260mm/min。

（4）快速进给

1）单击"手动方式"键 ，屏幕右下角显示文字"手动方式"。

2）当单击坐标移动轴中间的"快速进给"键 后，车床面板上的"快速进给指示灯"亮 ，这时可使刀具在选择的方向轴上快速进给。

3）按住进给轴及方向选择键中的 或 按键，X 轴向正方向或负方向

快速移动，松开按键时，运动停止。按住 或 按键，使 Z 轴向正方向或负方向快速移动，松开按键时，运动停止。也可同时按住 X 轴、Z 轴的方向键实现两个轴的同时运动。

4）再单击一下"快速进给"键 ，"快速进给指示灯"灭 ，取消快速进给。

5） 修改快速倍率，分别是 F0、50%、100%。"快速倍率"键 有 F0、25%、50%、100%

（5）手轮进给

1）单击"手轮方式"键 ，这时屏幕右下角显示文字"手轮方式"。

2）单击"增量选择"键 ，选择移动增量，是指手轮每格的移动量，如：单击 ，刀架移动 0.1mm。显示窗口中的"手轮增量"一栏将显示当前选择的增量值。

3）单击"选择移动轴"键 后，摇动手轮 X 轴或 Z 轴将向正方向或负方向移动。

（6）手动换刀 当刀架上安装了两把以上刀后，可以使用"换刀"功能来切换不同的刀具位置。

1）在"手动方式" 或"手轮方式" ，选择换刀。

2）单击"换刀"键 。刀架旋转，换到下一个刀位。显示窗口的右下方显示当前的刀位号。

（7）主轴运转操作

1）方式一：在"MDI" 方式，输入"M03 S500"，单击"输入"键 ，再单击"循环起动"键 ，主轴起动。

方式二：在"编辑" 方式下，输入程序 O0000，程序段"M03 S500"，选择"自动" 方式，按"循环起动"键 ，主轴起动。

2）在机床不掉电的情况下，单击"手动"键 或"手轮方式" ，选择"手动方式"或"手轮方式"。选择执行主轴正转、停止、反转。

单击"主轴正转"键 ，主轴以设定的转速正转。

单击"主轴停"键 ，主轴停止运转。

单击"主轴反转"键 ，主轴以设定的转速反转。

（8）主轴倍率修调 主轴正转和反转的速度可通过"主轴倍率修调"键 来调整。每按一次增加键，主轴倍率递增 10%，每按一次减少键，主轴倍率递减 10%。可实现 50%～120% 共八级实时调节。

七、程序的输入与编辑

在"编辑"操作方式下，可建立、选择、修改、复制、删除程序，也可实现数控系统与数控系统、数控系统与计算机的双向通信。为了防止程序被意外修改或删除，GSK980TD 设置了程序开关。编辑程序前，必须打开程序开关。程序开关的设置详见使用手册。

1．程序的操作

（1）进入程序编辑状态　程序的编辑和程序内容的编辑，都是在"编辑"状态下进行的。进入"编辑"状态后，可以使用编辑键盘上的数字键和字母键进行输入。

如果系统当前处于其他操作状态下，请单击"编辑"键 ⊠ ，进入"编辑"操作方式，这时显示窗口右下方显示文字"编辑方式"。

（2）建立一个新程序　程序中可编入程序段号，也可不编入程序段号。程序是按程序段输入先后顺序执行的。调用时例外。例如：M98、G70、G65 等。

程序段的顺序号开关设置为"开"时，程序段号自动生成；设置为"关"时，没有程序段号；在"编程"时，可手动输入。初学时，最好设为自动生成程序段号。

1）单击"编辑"键 ⊠ ，单击"程序"键 程序/PRG 。

2）输入地址 O，输入程序号（如 O0001）。

3）单击"EOB"键 换行/EOB 生成"；"并换行生成程序段号。

4）输入程序内容后，单击 换行/EOB 键，程序换行结束，如图 2-9 所示。

图 2-9　新建程序

注 意 事 项

1）建立新程序时，要注意建立的程序号应为内存储器中所没有的新程序号。

2）单击 程序/PRG 键进入程序界面，在非编辑操作方式下程序界面有程序内容、程序状态、程序目录三个页面，通过 ▱ 键或 ▭ 键查看。在"编辑"操作方式下只有程序内容页面，通过 ▱ 键、▭ 键显示当前程序的所有程序段内容。

（3）打开已有的程序

1）单击车床面板上的"编辑"键 。

2）单击显示菜单上的"程序"键 ，输入地址符"O"和程序号（如 O1234）。

3）单击向下移动键 ，即可完成程序"O1234"的调用。

（4）编辑程序　在进入编辑状态、程序被打开后，可以执行字的插入、修改和删除等功能，对程序进行编辑。

1）插入：单击方向键 中的向上、下、左、右键，将光标移到需要插入字符的后一个字符位置，单击"插入"键 ，然后输入字。例如：在 N0060 X50 F0.15 行，如图 2-10 所示，插入字符 Z-40 如图 2-11 所示。

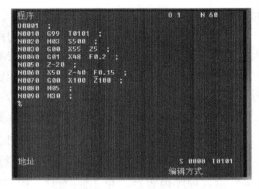

图 2-10　字的修改　　　　　　　　　　　　　图 2-11　插入字符 Z-40

2）删除：使用"上、下、左、右光标"键 ，单击"取消"键 ，将光标前面的一个字符删除，单击"删除"键 ，删除光标所在处的字符。

单程序段的删除：在"编辑" 方式下，将光标移动至删除的程序段的行首（程序段号），单击"删除"键 ，整段删除。

单个程序的删除：在"编辑" 方式，进入程序显示页面，输入程序名（如：O0001），单击"删除"键 ，整个程序删除。

全部程序的删除：在"编辑" 方式，进入程序显示页面，输入 O-9999，单击"删除"键 ，程序全部删除。

3）修改：使用"上、下、左、右光标"键 ，将光标移动到需要修改的字符上，输入新的字符，然后单击"修改"键 ，自动修改。

4）程序的检验：在"编辑" 方式，单击"程序"键 ，进入程序内容显示页面，输入程序名（如 O0002），单击"向下方向"键 或者"换行"键 ，即可检测到该程序，若程序不存在，数控系统出现报警。如果是单击"换行"键 换行 EOB ，若该程序不存在，数控系统会新建一个程序。

5）程序的改名：在"编辑" 方式，进入程序内容显示页面，单击地址键"O"，键入新程序名，单击"修改"键 插入 修改 。

6）程序的复制：在"编辑" 方式，进入程序内容显示页面，单击地址键"O"，键入新程序名，单击"转换"键 转换 CHG ，自动复制到新程序。

2. 设置刀具偏置、建立工件坐标系方法与步骤

首先进行机械回零操作，回到机械零点后，GSK980TD 将当前机床坐标设置为"零"，建立了以当前位置为坐标原点的机床坐标系。

注 意 事 项

如果车床上没有安装零点开关，请不要进行机械回零操作，否则可能导致运动超出行程限制、机械损坏。

工件坐标系一旦建立便一直有效，直到被新的工件坐标系所取代。用 G50 设定的工件坐标系，不具有记忆功能，当机床关机后，设定的坐标系即消失。最好不用 G50 设定工件坐标系，因其操作步骤较烦琐，还可能影响其定位精度，最好采用刀具长度补偿功能来设定工件坐标系，对刀时注意要仔细认真。

用 G50 设定工件坐标系的当前位置成为编程原点，执行程序回零操作后就回到此位置。

注 意 事 项

在上电后如果没有用 G50 指令设定工件坐标系，请不要执行程序回零的操作，否则会产生报警。

工件坐标系设置如图 2-12 所示，工件坐标系是通过试切对刀建立的工件坐标系原点（同时也是编程原点），在机床坐标系中的绝对坐标值（或位置）。通过机床面板操作，将 X、Z 轴的数值输入到机床的刀具偏置中，机床在自动运行时，根据刀具偏置参数将机床坐标系零点偏移到工件的端面和工件的中心位置。

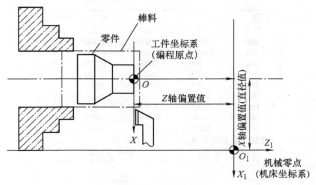

图 2-12 工件坐标系

为简化编程，允许在编程时不考虑刀具的实际位置。GSK980TD 提供了定点对刀、试切对刀、回机械零点对刀三种对刀方法，通过对刀操作来获得刀具偏置数据，建立工件坐标系。通常编程采用试切对刀方法。设置刀补数据时，请不要设置在刀具偏置号 00 处，而是从 001 处开始设置，如图 2-13 所示。

（1）对刀方法一

1）在"手轮方式"下，装夹工件和刀具，起动主轴。

2）选择加工中的第一把刀（以外圆刀为例），将刀具移向工件外圆，车一段端面。

3）Z 轴不动，沿 X 轴退出刀具→单击"刀补"键 ［刀补 OFT］ 进入刀具偏置界面→单击"上下光标"键 ［↑↓］，将光标移到 001 下→单击"地址"键 ［Z］→单击"数字"键 ［0］→单击"输入"键 ［输入 IN］，刀具偏置数据自动输入，Z 轴坐标系建立，如图 2-14 所示。

偏置			O0101	N0000
序号	X	Z	R	T
000	0.000	0.000	0.000	0
001	0.000	0.000	0.000	0
002	0.000	0.000	0.000	0
003	0.000	0.000	0.000	0
004	0.000	0.000	0.000	0
005	0.000	0.000	0.000	0
006	0.000	0.000	0.000	0
007	0.000	0.000	0.000	0
008	0.000	0.000	0.000	0
现在位置(相对位置)				
U 0.000		W 0.000		
地址			S0000	T0200
			录入方式	

图 2-13 刀具偏置界面

偏置			O0101	N0000
序号	X	Z	R	T
000	0.000	0.000	0.000	0
001	0.000	−321.126	0.000	0
002	0.000	0.000	0.000	0
003	0.000	0.000	0.000	0
004	0.000	0.000	0.000	0
005	0.000	0.000	0.000	0
006	0.000	0.000	0.000	0
007	0.000	0.000	0.000	0
008	0.000	0.000	0.000	0
现在位置(相对位置)				
U −80.021		W −321.126		
地址			S0000	T0200
			录入方式	

图 2-14 Z 轴刀具偏置

4）将刀具移向端面，切削外圆一段距离（长度以能够放下卡尺为准），X 轴不动，沿 Z 轴退出刀具，并且停止主轴转动。

5）测量工件直径，如：所测得工件直径为 $\phi48.01$mm。

6）单击"地址"键 ［X］→键入数字"48.01" ［4］［8］［.］［0］［1］→单击"输入"键 ［输入 IN］，刀具偏置数据自动输入，X 轴坐标系建立，如图 2-15 所示，请验证数值是否正确，以防出错，如：−161.034−48.010=−209.044。

偏置			O0101	N0000
序号	X	Z	R	T
000	0.000	0.000	0.000	0
001	−209.044	−321.126	0.000	0
002	0.000	0.000	0.000	0
003	0.000	0.000	0.000	0
004	0.000	0.000	0.000	0
005	0.000	0.000	0.000	0
006	0.000	0.000	0.000	0
007	0.000	0.000	0.000	0
008	0.000	0.000	0.000	0
现在位置(相对位置)				
U −161.034		W −321.126		
地址			S0000	T0200
			录入方式	

图 2-15 X 轴刀具偏置

7）换第二把刀（以切断刀为例），将刀具移向工件端面，接近工件端面时，可将倍率降到"0.01" 🔲，不要切削，直到听见摩擦声响即可停止移动，Z 轴不动，沿 X 轴退出。单击"刀补"键 刀补OFT 进入刀具偏置界面→单击"上下光标"键 ⬆⬇，将光标移到 002 下→单击"地址"键 Z →单击"数字"键 0 →单击"输入"键 输入IN，刀具偏置数据自动输入，第二把刀 Z 轴坐标系建立。

8）将刀具移向工件刚切削过的外圆，接近工件外圆时，可将倍率降到"0.01" 🔲，不要切削，直到听见摩擦声响即可停止移动，X 轴不动，沿 Z 轴退出。同样，单击"地址"键 X →键入数字"48.01" 4 8 0 1 →单击"输入"键 输入IN，刀具偏置数据自动输入，第二把刀 X 轴坐标系建立。

9）其他刀具对刀方法相同。

注 意 事 项

1）以上对刀方法的刀具偏置值，是以机床参考点建立的，所以数值很大，如果采用随时清零的方法，数值会很小。

2）刀补界面共有五个刀具偏置页面，共有 32 个偏置号供用户使用，通过"翻页"键 ▱、▱ 键显示各页面。

（2）对刀方法二

1）车床上电后（等 2～3min）系统初始化，首先机械回零。在手轮或手动方式下，将 X 轴、Z 轴移向负方向。先单击"+X"轴回零，指示灯亮，再单击"+Z"轴回零，指示灯亮。

2）在手轮方式下相对坐标 U、W 清零，单击住"U"键→单击"取消"键，相对坐标 U 清零，显示 0.000，再单击"W"键→单击"取消"键，相对坐标 W 清零，显示 0.000。

单击操作面板上的"X"键、"Z"键与单击编辑键盘上的"X"键、"Z"键同样使相对坐标 U、W 清零，单击"X"键→单击取消键，相对坐标 U 显示 0.000，再单击"Z"键→单击"取消"键，相对坐标 W 显示 0.000。

3）合理装夹工件、刀具，选择正确的主轴转速及方向。

4）对刀，试切对刀法，建立工件坐标系。

5）起动主轴选择刀具，将 1 号刀具移向工件外圆车端面，Z 轴不动，沿 X 轴退出。

6）单击"刀补"键，画面翻到 01 页面，将光标移到"01"下单击"地址"键"Z"→单击"输入"键，刀具偏置数据自动输入，Z 轴坐标系建立。

7）将刀具移向工件端面，车一段外圆，X 轴不动，沿 Z 轴退出，停主轴。

8）测量所车外圆直径尺寸，如：50.25，单击"X"键→单击"输入"键→自动输入刀具当前坐标系数值，如：X-100.01，单击"U"键，键入"-50.25"→单击"输入"键，数控系统自动加上刀具偏置值，显示 X-150.26。X 轴坐标系建立。

GSK980TA，如果将刀补页面翻到 101 页面，将光标移到"101"下键入"Z 0"→单击

"输入"键，刀具偏置数据自动输入，Z 轴坐标系建立。单击"X"键→键入"50.25"，单击"输入"键，没有正负之分，自动加上刀具偏置值，X 轴坐标系建立。

9）选择 2 号刀，将刀具移向工件端面，不要切削，直到听见摩擦声响即可，Z 轴不动，沿 X 轴退出。键入"Z"、"0"→单击"输入"键，Z 轴刀具补偿自动输入。

10）将刀具移向工件外圆，不要切削，直到有摩擦声响即可，X 轴不动，沿 Z 轴退出。单击"X"键→单击"输入"键→自动输入刀具当前坐标系→单击"U"键，输入测量的外径值"-50.25"→单击"输入"键，X 轴刀具补偿自动输入。

11）其他对刀具方法相同。

以上两种对刀方法，简单方便，速度快，效率高。

注 意 事 项

相同的系统，不是一个厂家生产的车床，各有不同，车床坐标系有固定不变的，也有采用浮动坐标系的，采用浮动坐标系的，车床回参考点后必须清零，Z 轴建立工件坐标系时，有输入"Z0"的，也有输入"Z"的；X 轴输入数值时，有不分正负的，也有分正负的，请操作者认真阅读使用手册。

1）每次开机后首先回零。

2）采用浮动坐标系的 U、W 相对位置，先清零后对刀。页面（机床）显示 U0.000、W 0.000、X 0.000、Z 0.000。

3）采用浮动坐标系和随时清零的方法刀具偏置值数值很小。

按零件结构及车床特征，选择正确的对刀点及换刀点，对刀点和换刀点可以选在同一位置也可以选在任意位置，原则是换刀时不与工件发生碰撞为准。

3．刀具偏置值修改

当车床自动加工过程中，开始选择"单段"方式，翻到加工页面，查看绝对坐标系 X 轴的坐标数值，单击"进给保持"键（暂停），改为手动或手轮方式，停主轴，记下此数值。不要动手轮，测量工件是否与坐标数值相同，如不同，说明对刀有误差。测量工件的数值与坐标系相比，大多少加多少，小多少减多少。如果测得工件直径比坐标值大，说明刀具偏置数值小，需要加上差值；如果测得工件直径比坐标值小，说明刀具偏置数值大，需要减去差值。所加或所减的数值，其运算结果将在最后自动加上或减去。

如：测得工件直径比坐标值大 0.1mm，单击"刀补"键 刀补OFT ，将光标移向要修改的刀具偏置号下，单击"U"键，输入"-0.1"，单击"输入"键 输入IN ，自动加上刀具偏置，并在页面上显示出来。如果测得工件直径比坐标值小 0.1mm，单击"刀补"键，将光标移向要修改的刀具偏置号下，单击"U"键，输入"0.1"，单击"输入"键 输入IN ，自动减去刀具偏置，并在页面上显示出来。起动主轴，单击"自动"键 自动 ，单击"循环起动"键 运行 ，继续加工。

车削加工一段时间后，刀具会磨损，加工工件会产生偏差，这时可单击"刀补"键，将光标移到磨损的刀具偏置号下，偏差多少，在 R 处输入多少。

4．自动运行操作

单击"程序"键 程序PRG ，打开要加工工件的程序→单击"自动"键 ，选择"自动"方式→单击"单段"键 ，防止对刀时发生错误碰撞→单击"循环起动"键 ，机床开始执行程序，每单击一次执行一段程序→运行正常后，没有发生撞刀，取消"单段"键 →单击"循环起动"键 ，程序自动运行。

注 意 事 项

　　程序的运行是从光标的所在行开始的，所以在单击"循环起动"键 运行之前应先检查一下光标是否在需要运行的程序段上。

　　停止正在自动运转的程序，有下列几种方法：

　　（1）程序中含有指令 M00　当程序执行到含有 M00 的程序段后，停止运行。单击"循环起动"键 ，能继续运转。

　　（2）程序中含有指令 M30　M30 表明主程序结束，当程序执行到含有 M30 的程序段后，机床停止运行，并返回到程序的起点。

　　（3）进给保持键 　在机床运行中，单击"进给保持"键 ，可以暂时停止机床运行。再单击"循环起动"键 ，继续执行程序。

　　（4）复位键

　　1）所有轴运动停止。

　　2）M、S 功能输出无效。

　　3）自动运行结束，模态功能、状态保持。

　　（5）单段运行

　　1）在程序运行过程中，单击"单段开关"键 。单段指示灯亮 ，执行程序的一个程序段后，程序暂停运行。

　　2）再单击"循环起动"键 ，机床开始执行下一个程序段，执行完后，程序暂停。

　　（6）急停按钮 　机床运行过程中在危险或紧急情况下单击"急停"按钮（外部急停信号有效时），数控系统即进入急停状态，此时机床移动立即停止，所有的输出（如主轴的转动、切削液等）全部关闭。松开"急停"按钮，解除急停报警，数控系统进入复位状态。

　　（7）转换操作方式　在自动运行过程中转换为机械回零、手轮/单步、手动、程序回零方式时，当前程序段立即"暂停"；在自动运行过程中转换为编辑、录入方式时，在运行完当前的程序段后才显示"暂停"。

注 意 事 项

　　1）解除急停报警前先确认故障已排除。

　　2）在上电和关机之前按下急停按钮可减少设备的电冲击。

　　3）急停报警解除后应重新执行回机械零点操作，以确保坐标位置的正确性（若机床未安装机械零点，则不得进行回机械零点操作）。

（8）从任意段自动运行

1）单击"编辑"键 进入编辑操作方式，单击"程序"键 进入程序界面，单击 键、键选择程序内容页面。

2）将光标移至准备开始运行的程序段处。

3）当前光标所在程序段后段中必须含有（G、M、T、F 指令），才能自动运行，如：实例一；如果没有，可采用手动方式起动主轴，如：实例二。

实例一	实例二
G00 X100 Z50;	G00 X100 Z50;
T0101;	T0101;
M03 S500;	M03 S500;
G01 X48 F0.2;	G01 X48 F0.2;

单击"自动"键 进入自动操作方式，单击"循环起动"键 起动程序运行。

5. 进给、快速速度的调整

自动运行时，可以通过调整进给、快速移动倍率、主轴倍率改变运行速度，而不需要改变程序及参数中设定的速度值。

（1）进给倍率的调整

1）单击 键，或 可实现进给倍率 16 级实时调节。

2）单击一次 键，进给倍率增加一档，直至 150%。

3）单击一次 键，进给倍率减少一档，直至 0。

注 意 事 项

1）进给倍率调整程序中 F 指定的值。

2）实际进给速度=F 指定的值×进给倍率。

（2）快速倍率的调整

1）单击 键，或 ，可实现快速倍率 F0、25%、50%、100%四档调节。

2）单击一次 键，进给倍率增加一档，直至 100%。

3）单击一次 键，进给倍率减少一档，直至 F0。

（3）主轴速度调整

1）单击键 ，或 ，修调主轴倍率改变主轴速度，可实现主轴倍率 50%～120% 共 8 级实时调节。

2）单击一次 ⬆ 键，进给倍率增加一档，直至 120%。

3）单击一次 ⬇ 键，进给倍率减少一档，直至 50%。

6. 空运行

自动运行程序前，为了防止因编程错误导致出现意外，可以选择"空运行"状态进行程序的校验。"自动操作"方式下，空运行开关打开的方法如下：

单击"自动"键 ⬜（自动）→单击"空运行"键 ⬜（空运行），空运行指示灯亮，表示进入空运行状态。空运行状态下，机床进给、辅助功能有效，也就是说，空运行开关的状态对机床进给、辅助功能的执行没有任何影响，程序中指定的速度无效。

7. 机床锁住运行

单击 ⬜（机床锁）键，状态指示区中机床锁住运行指示灯亮 ⬤，表示进入机床锁住运行状态，机床锁住运行常与辅助功能锁住功能一起用于程序校验。

（1）机床锁住运行时

1）机床拖板不移动，位置界面下的综合坐标页面中的"机床坐标"不改变，相对坐标、绝对坐标和余移动量显示不断刷新，与机床锁住开关处于关状态时一样。

2）M、S、T 指令能够正常执行。

（2）辅助功能锁住运行　单击 ⬜（辅助锁）键，状态指示区中的辅助功能锁住运行指示灯亮 ⬤，表示进入辅助功能锁住运行状态。

8. 程序报警：实例修改

> 实例一：执行 G02 或 G03 后，没有指令 G01，会出现报警。如：
> G02 X40 Z−10 R10 F0.2；
> 　　　Z−20；
> 未编写 G01
> 实例二：执行 G02 或 G03 时，半径小于坐标值时，会出现报警，提示：不能拟合成正确的圆弧。如：G01 X30 F0.25；
> 　　　Z−10；
> 　　G03 X40 Z−5 R4 F0.15；
> 实例三：程序执行时，如果使用了非本表列入代码，如：编程时格式地址代码用错，会出现报警。机床会报警提示：使用了非法代码。

第三部分　技能实训

任务一　外轮廓与三角形螺纹

任务目标：学会螺纹基本尺寸计算、查螺纹公差表、外轮廓与三角形螺纹加工、螺纹加工时的定位前端引入距离、退尾距离、G02/G03、G71、G70、G76 指令的编程格式及应用。

一、螺纹基本尺寸计算

在编写螺纹数控加工程序时，必须计算出螺纹的实际大径 d、D、小径 d_1、D_1、牙型高度 h 的参数。

为了避免干涉，外螺纹的大径和小径都可以比基本尺寸做得小一些；内螺纹的小径和大径都可以比基本尺寸大一些。

外螺纹的中径 $d_2=d-0.6495P$ 内螺纹的中径 $D_2=D-0.6495P$

外螺纹的小径 $d_1=d-1.0825P$ 内螺纹的小径 $D_1=D-1.0825P$

内螺纹小径公差见表 2-17。

牙型高度（h_1） $h_1=0.5413P$

二、螺纹的公差等级

公差精度：根据使用场合不同，螺纹公差精度分为三级。

精密：用于精密螺纹。

中等：应用于一般用途。

粗糙：用于制造螺纹有困难的场合，如在热轧棒料，深孔内加工螺纹。

国家标准（GB/T197—2003）规定了内、外螺纹的公差等级见表 2-14。

表 2-14   内、外螺纹公差等级

螺纹直径			公差等级
内螺纹	小径（顶径）	D_1	4、5、6、7、8
外螺纹	大径（顶径）	d	4、6、8

三、螺纹的公差带

按国家标准 GB/T 197—2003 规定，螺纹公差带的位置由基本偏差确定，并规定外螺纹的上偏差（es）和内螺纹的下偏差（EI）为基本偏差。对内螺纹规定了 G、H 两种位置。对外螺纹规定了 e、f、g、h 四种位置。H 和 h 基本偏差为零，G 的基本偏差为正值，e、f、g 的基本偏差为负值。内、外螺纹的基本偏差见表 2-15。外螺纹大径公差见表 2-16，内螺纹小径公差见表 2-17。

表 2-15   内、外螺纹的基本偏差   （单位：μm）

螺距 P/mm	基本偏差					
	内螺纹		外螺纹			
	G	H	e	f	g	h
	EI	EI	es	es	es	es
1	+26	0	−60	−40	−26	0
1.25	+28	0	−63	−42	−28	0
1.5	+32	0	−67	−45	−32	0
1.75	+34	0	−71	−48	−34	0
2	+38	0	−71	−52	−38	0
2.5	+42	0	−80	−58	−42	0
3	+48	0	−85	−63	−48	0
3.5	+53	0	−90	−70	−53	0

注：内、外螺纹的基本偏差表包括大径、中径、小径（顶径、中径、底径）的三个直径基本偏差。

表 2-16 外螺纹大径公差(T_d)　　　　　　　　　（单位：μm）

螺距 P/mm	公差等级		
	4	6	8
1	112	180	280
1.25	132	212	335
1.5	150	236	375
1.75	170	265	425
2	180	280	450
2.5	212	335	530
3	236	375	600
3.5	265	425	670

表 2-17 内螺纹小径公差(T_{D_1})　　　　　　　　（单位：μm）

螺距 P/mm	公差等级				
	4	5	6	7	8
1	150	190	236	300	375
1.25	170	212	265	335	425
1.5	190	236	300	375	475
1.75	212	265	335	425	530
2	236	300	375	475	600
2.5	280	355	450	560	710
3	315	400	500	630	800
3.5	355	450	560	710	900

四、螺纹的加工

用 G32 螺纹切削，G92 螺纹切削循环，G76 多重螺纹切削循环。G92 螺纹切削循环指令比 G76 多重螺纹切削循环指令，加工精度高，用 G92 指令时径向 X 轴的坐标参数受控于编程人员，修改程序方便，但程序长。而用 G76 指令时 X 轴的坐标参数是系统自动分配背吃刀量的，会出现"四舍五入"的情况。

实例：按图 2-16 的技术要求，制订工艺文件、编写程序，加工零件。

（1）图样分析　毛坯用 ϕ30mm×70mm 的 45 钢明确加工内容及图样的技术要求。如：几何公差、表面粗糙度、测量基准。加工内容有 SR5 凸圆弧、R11 凹圆弧、直线、圆锥、切槽、螺纹。

（2）尺寸计算　计算尺寸的公差，编程时既不要取尺寸的上极限偏差，也不要取尺寸的下极限偏差，而是取其中差。防止对刀时的松紧程度不同、刀尖的磨损、测量力的大小，产生加工尺寸误差，造成尺寸超差产生废品。

图 2-16a 中 $\phi(28\pm0.05)$mm，取 ϕ28mm；$\phi24^{+0.05}_{0}$ mm，取 ϕ24.025mm。M18×2 的螺纹公差为 h6。

大径：查表 2-15 内、外螺纹的基本偏差，公差带 h 大径、小径的上偏差均为 0，查表 2-16 外螺纹大径公差 6 级下偏差为 0.28mm。

大径 $\phi18_{-0.28}^{0}$ mm，上极限尺寸 $\phi18$mm，下极限尺寸 $\phi17.72$mm，尺寸取 $\phi17.8$mm。

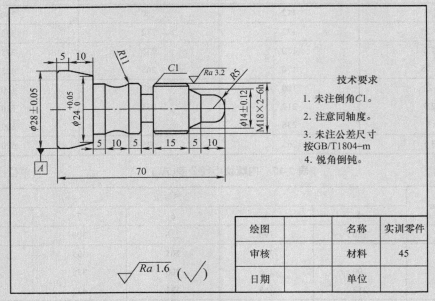

技术要求

1. 未注倒角C1。

2. 注意同轴度。

3. 未注公差尺寸按GB/T1804-m

4. 锐角倒钝。

绘图		名称	实训零件
审核		材料	45
日期		单位	

a) 零件图

b) 实体图

图 2-16　实例零件

小径 $d_1=d-1.0825P$，$\phi18$mm-1.0825×2mm$=\phi15.835$mm，小径的上偏差为 0。

小径的尺寸还可以通过查附录 A 普通螺纹的基本尺寸查出，小径为 $\phi15.835_{-0.28}^{0}$ mm。

牙型高度 $h_1=0.5413P$，0.5413×2mm$=1.0826$mm，保留三位小数 1.083mm。

数控编程时必须计算出这三个参数，这也是与普通车床的不同之处，普通车床知道大径、牙型高度两个参数就可以了。

（3）加工方案　原则是保证加工尺寸精度和表面粗糙度的要求。在数控车床上加工时，选择指令 G71 粗加工，G70 精加工达到图样技术要求。加工顺序为粗加工→精加工。

选择机床主要考虑零件直径的大小、长度、机床功率、机床的精度、是否达到零件的精度要求，这对生产管理者非常重要。选择回转直径大、加工长度长、功率大的机床会增加成本。此零件属于轴类零件，可选用 CJK1630 数控车床。

（4）工序划分　采用工序集中，确定两道工序。第一道工序加工外轮廓，第二道工序车槽、加工螺纹、切断。数控加工工艺卡见表 2-18。

表 2-18　数控加工工艺卡

单位名称			产品名称			零件名称	实训零件
材料	45 钢		毛坯尺寸		ϕ30mm×70mm	图号	
夹具	自定心卡盘			设备	CKA6136	共　页	第　页
工序	工步	工步内容	刀具号	刀具规格	背吃刀量/mm	进给量/(mm/r)	主轴转速/(r/min)
1	1	平端面	T0101	20mm×20mm	0.5	0.1	600
	2	粗车外轮廓	T0101	20mm×20mm	1	0.25	600
	3	精车外轮廓	T0101	20mm×20mm	0.5	0.15	900
	4	车槽	T0202	20mm×20mm	4	0.1	450
	5	M18 螺纹	T0303	20mm×20mm		2	450
	6	切断	T0202	20mm×20mm	4	0.10	450
2	7	检验工件是否符合图样技术要求，涂防锈油，入库					
3	8	清点工具、量具，保养机床，清扫环境卫生					
编制			审核			日期	

（5）确定加工路线　加工路线是指数控加工过程中刀具相对被加工零件运动的轨迹和方向。刀具的进给路线是编写程序的依据。进给路线反映加工工艺内容和工步顺序。加工顺序一般原则为，由粗到精，由近到远，从右到左的原则确定。

加工 R5 凸圆弧→圆锥→直线→R11 凹圆弧→直线→圆锥→车槽→倒角→加工 M18×2 的螺纹→切断。

（6）装夹定位　根据零件分析采用自定心卡盘装夹定位，只需要一次装夹定位。以零件毛坯作为粗基准，伸出长度 76mm 定位夹紧。

（7）加工余量　根据图样 2-16a 表面粗糙度要求，精车（Ra1.5～2.5μm）余量留 0.1～1.6mm，背吃刀量 0.05～0.8mm。确定加工余量为 1mm。螺纹精车余量 0.2mm。

（8）刀具选择　根据零件图样轮廓分析，确定主偏角 90°、副偏角 30°的外圆车刀、4mm 车槽刀，60°的三角形螺纹车刀，共三把车刀，车槽刀、切断刀共用一把。90°外圆车刀、车槽刀均属于尖刀类型，60°的三角形螺纹刀属于成形刀。数控加工刀具卡见表 2-19。

表 2-19　数控加工刀具卡

工序	刀具号	刀具名称	加工内容	刀尖圆弧半径/mm	备注
1	T0101	90°外圆车刀	平端面	0.2	手动
	T0101	90°外圆车刀	外轮廓		自动
	T0202	4mm 车槽刀	车槽 4mm×1.5mm	0.1	自动
	T0303	60°螺纹车刀	M18×2 的螺纹	0.25	自动
	T0202	4mm 车槽刀	切断	0.1	自动

刃磨三角形螺纹车刀时，刀尖圆弧半径按 0.125P，图 2-16a 中螺纹 M18 的螺距是 2mm，用 0.125×2mm=0.25mm，刀尖圆弧半径应不小于 0.25mm。

（9）切削用量　切削用量包括背吃刀量、切削速度、进给量。

1）背吃刀量（a_p）的选择：粗车 1mm，精车 0.5mm。

2）进给量（*f*）的选择：粗车 0.25mm/r，精车 0.15mm/r。

3）切削速度（v_c）的选择：粗车 60m/min，精车 80m/min。

4）主轴转速（*n*）的选择：粗车约为 635r/min，精车约为 900r/min。加工螺纹主轴转速 450 r/min。

加工螺纹时，考虑到机床的升、降速时间，在螺纹的起始点应让出 2 倍的螺距，螺纹的终点应延长 0.75 倍的螺距。但也应考虑退刀槽的宽度，以刀具不与工件轮廓发生碰撞为准。计算升降速距离 $\delta_1 = 2P$，$\delta_2 = 0.75P$，如图 2-17 所示：

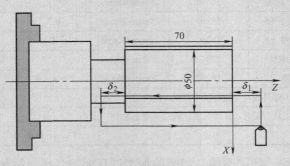

图 2-17　示意图

（10）编写程序　依据数控加工工艺、数控加工刀具表，编写程序。

O 0001；	程序号
N0010　G99　T0101；	转进给，90°外圆车刀，副偏角 30°
N0020　M03　S600；	主轴起动，正转
N0030　G00　X32　Z5；	快速定位
N0040　G71　U1　R1；	粗加工
N0050　G71　P60　Q210　U1　F0.25；	粗加工
N0060　G01　X0　F0.15　S900；	定位
N0070　　　　Z0；	定位
N0080　G03　X10　Z−5　R5；	加工凸圆弧
N0090　G01　Z−10；	直线
N0100　　　　X14　Z−15；	锥度
N0110　　　　X15.70；	定位
N0120　　　　X17.8 Z−16；	倒角
N0130　　　　Z−35；	直线
N0140　　　　X18；	定位
N0150　　　　Z−40；	直线
N0160 G02 X18 Z−50 R11；	加工凹圆弧
N0170 G01 Z−55；	直线
N0180　　　　X24；	定位
N0190　　　　X28 Z−65；	圆锥
N0200　　　　Z−70；	直线

（续）

N0210	X30；	退刀
N0220	G70 P60 Q210；	精加工
N0230	G00 X100 Z50；	快速进刀
N0240	T0202；	调车槽刀
N0250	G00 Z-35；	快速定位
N0260	X20；	定位
N0270	G01 X15 F0.1 S450；	车槽
N0280	X20；	退刀
N0290	Z-33；	定位
N0300	X18；	定位
N0310	X15 Z-34；	倒角
N0320	X20；	退刀
N0330	G00 X100 Z50；	快速退刀
N0340	T0303；	调螺纹车刀
N0350	G00 X20 Z-11；	Z 轴让出 2 倍的螺距 4mm
N0360	G76 P0260 Q100 R0.1；	加工螺纹
N0370	G76 X15.835 Z-31 P1083 Q300 F2；	Z 轴加工螺纹延长 1mm
N0380	G00 X150 Z50；	快速退刀
N0390	T0202；	调车槽刀
N0400	G00 Z-74；	定位，让出一个刀宽
N0410	X32；	定位
N0420	G01 X-2 F0.1；	切断
N0430	X32；	退刀
N0440	G00 X100 Z50；	快速退刀
N0450	T0101；	换回 1 号刀
N0460	G01 Z60 F0.3；	取消 2 号刀具补偿，执行 1 号刀具补偿
N0470	M05；	主轴停止
N0480	M30；	程序结束返回首行
N0490	%	程序结束符号

以上编写的程序用到了 G00、G01、G02、G03、G71、G70、G76 等代码，指令格式说明如下：

1）G00 指令格式：G00 X（U） Z（W）；

指令功能：X 轴、Z 轴同时从起点以各自的快速移动速度移动到终点，如图 2-18 所示。两轴是以各自独立的速度移动，短轴先到达终点，长轴独立移动剩下的距离，其合成轨迹不一定是直线。

指令说明：G00 为初态 G 指令。X（U）、Z（W）可省略一个，当省略一个时，表示该轴的起点移动的是直线。

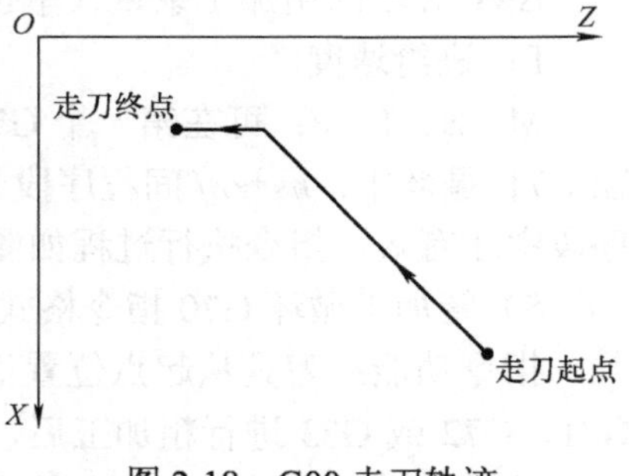

图 2-18 G00 走刀轨迹

2）G01 指令格式： X（U）__ Z（W）__ F__；

指令功能：运动轨迹为从起点到终点的一条直线。轨迹如图 2-19 所示。

指令说明：G01 为模态 G 指令。X（U）、Z（W）可省略一个，当省略一个时，表示该轴的起点和终点移动直线；同时表示始点到终点的轨迹是斜线。F：进给速度。

3）G02/G03 指令格式：G02/G03 X（U）__ Z（W）__ R__；

指令功能：G02 指令运动轨迹为从起点到终点，前刀座坐标系为逆时针圆弧，轨迹如图 2-20 所示。

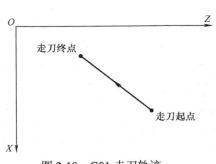

图 2-19　G01 走刀轨迹

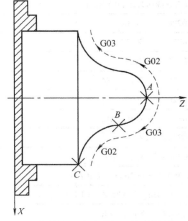

图 2-20　G02/G03 走刀轨迹

G03 指令运动轨迹为从起点到终点，前刀座坐标系为顺时针圆弧。

4）G71 指令格式：G71 U（Δd）　R（e）　F S T；

　　　　　　　　G71 P（ns）　Q（nf）　U（Δu）　W（Δw）；

指令说明：本指令适用于毛坯（棒料）的成形粗车，刀具轨迹是越走直径越大的轮廓。

执行 G71 时，系统根据精车轨迹、精车余量、进给量、退刀量等数据自动计算粗加工路线，沿与 Z 轴平行的方向切削，通过多次进刀→切削→退刀的切削循环完成工件的粗加工。

Δd：粗车时 X 轴的背吃刀量（单位：mm，半径值）。

e：粗车时 X 轴的退刀量（单位：mm，半径值）。

ns：精车轨迹的第一个程序段的程序段首行号。

nf：精车轨迹的最后一个程序段的程序段尾行号。

Δu：X 轴的精加工余量（单位：mm，直径）。

Δw：Z 轴的精加工余量（单位：mm）。

F：进给速度。

M、S、T、F：可在第一个 G71 指令或第二个 G71 指令中，也可在 $ns \sim nf$ 程序中指定。在 G71 循环中，$ns \sim nf$ 间程序段号的 M、S、T、F 功能都无效，仅在有 G70 精车循环的程序段中才有效。指令执行过程如图 2-21 所示。

5）精加工循环 G70 指令格式：G70 P（ns）　Q（nf）；

指令功能：刀具从起点位置沿着 $ns \sim nf$ 程序段给出的工件精加工轨迹进行精加工。在 G71、G72 或 G73 进行粗加工后，用 G70 指令进行精车，单次完成精加工余量的切削。G70 循环结束时，刀具返回到起点并执行 G70 程序段后的下一个程序段。

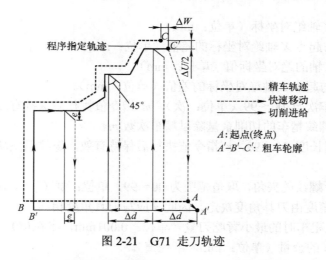

图 2-21 G71 走刀轨迹

ns：精车轨迹的第一个程序段的程序段号。

nf：精车轨迹的最后一个程序段的程序段号。

6）多重螺纹切削循环 G76 复合循环指令格式说明如下：

G76 P（*m*）（*r*）（*a*）Q（Δd_{min}）R（*d*）；

G76 X（U）__Z（W）__R（*i*）P（*k*）Q（Δd）F（I）。

指令说明：通过多次螺纹粗车、螺纹精车完成规定牙高（总切深）的螺纹加工，如果定义的螺纹角度不为 0°，螺纹粗车的切入点由螺纹牙顶逐步移至螺纹牙底，使得相邻两牙螺纹的夹角为规定的螺纹角度。G76 指令可加工带螺纹退尾的直螺纹和锥螺纹，可实现单侧刀刃螺纹切削，背吃刀量逐渐减少，有利于保护刀具、提高螺纹精度。G76 指令不能加工端面螺纹。加工轨迹如图 2-22 所示。

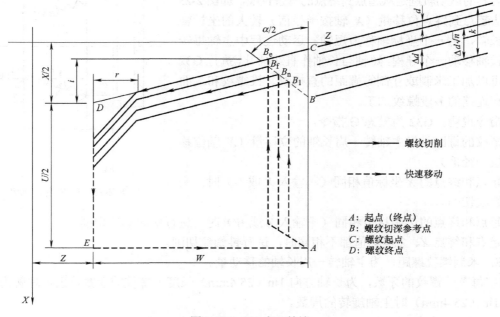

图 2-22 G76 走刀轨迹

X：螺纹终点 X 轴绝对坐标（单位：mm）。

U：螺纹终点与起点 X 轴绝对坐标的差值（单位：mm）。

Z：螺纹终点 Z 轴的绝对坐标值（单位：mm）。

W：螺纹终点与起点 Z 轴绝对坐标的差值（单位：mm）。

P(m)：螺纹精车次数 00～99（单位：次），m 指令值执行后保持有效，在螺纹精车时，每次的进给量等于螺纹精车的切削余量除以精车次数 m。

P(r)：螺纹退尾长度 00～99，r 指令值执行后保持有效，螺纹退尾功能可实现无退刀槽的螺纹加工。

P(a)：相邻两牙螺纹的夹角，取值范围为 00～99，单位：度（°），a 指令值执行后保持有效，实际螺纹的角度由刀具角度决定，因此 a 应与刀具角度相同。

Q(Δd_{min})：螺纹粗车时的最小背吃刀量（单位：0.001mm，半径值）。

R(d)：螺纹精车的余量（单位：mm，半径值）。

R(i)：螺纹锥度，螺纹起点与螺纹终点 X 轴绝对坐标的差值（单位：mm，半径值）。未输入 R(i) 时，系统按 R(i)=0（直螺纹）处理；可省略。

P(k)：螺纹牙高，螺纹总背吃刀量（单位：0.001mm，半径值、无符号）。

Q(Δd)：第一次螺纹背吃刀量（单位：0.001mm，半径值、无符号）。

F：米制螺纹螺距；

I：寸制螺纹每 in 的螺纹牙数，牙/in；

7）螺纹加工也可用 G32，G32 螺纹切削，指令格式说明如下：

G32 X（U）__ Z（W）__ F/I__ J___ K___ Q___；

用 G32 编程加工螺纹，程序段较长，一般都用 G92、G76 编程加工螺纹。

刀具的运动轨迹是从起点到终点的一条直线，如图 2-23 所示从起点到终点位移量（X 轴按半径值）较大的坐标轴称为长轴，另一个坐标轴称为短轴。运动过程中主轴每转一周长轴移动一个导程，短轴与长轴作直线插补，执行 G32 指令可以加工米制或寸制等螺距的直螺纹、锥螺纹和端面螺纹和连续的多段螺纹加工。

指令说明：G32 为模态 G 指令。

螺纹的螺距是指主轴转一周长轴的位移量（X 轴位移量则按半径值）。

起点和终点的 X 坐标值相同（不输入 X 或 U）时，进行直螺纹切削。

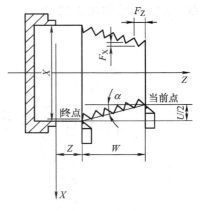

图 2-23　G32 走刀轨迹

起点和终点的 Z 坐标值相同（不输入 Z 或 W）时，进行端面螺纹切削。

起点和终点 X、Z 坐标值都不相同时，进行锥螺纹切削。

F：米制螺纹螺距，为主轴转一周长轴的移动量。

I：每英寸螺纹的牙数，为长轴方向 1in（25.4mm）长度上螺纹的牙数，也可理解为长轴移动 1in（25.4mm）时主轴旋转的周数。

J：螺纹退尾时在短轴方向的移动量（退尾量，单位：mm），带正负方向；如果短轴是 X 轴，该值为半径指定；J 值是模态参数。

K：螺纹退尾时在长轴方向的长度（单位：mm）。如果长轴是 X 轴，则该值根据半径确定；不带方向；K 值是模态参数。

Q：起始角，主轴一转信号与螺纹切削起点的偏移角度。取值范围 0～360000（单位：0.001°）。Q 值是非模态参数，每次使用都必须指定，如果不指定就认为是 0°，编程说明。

Q 使用规则：

① 如果不指定 Q，即默认为起始角 0°。

② 对于连续螺纹切削，除第一段的 Q 有效外，后面螺纹切削段指定的 Q 无效，即使定义了 Q 也被忽略。

③ 由起始角定义分度形成的多线螺纹总线数不超过 65535 线。

④ Q 的单位为 0.001°，若与主轴一转信号偏移 180°，程序中需输入"Q180000"，如果输入的为"Q180"或"Q180.0"，均认为是 0.18°。

如程序中 N0340 T0303 改用 G32 编程如下。

N0340	T0303;		调 3 号刀，60°外螺纹车刀
N0350	G 00	X20 Z−11;	快速定位
N0360		X17;	第一次切入 0.4mm
N0370	G32	Z−31 F2;	第一次螺纹切削
N0380	G00	X20;	刀具退出
N0390		Z−11;	Z 轴退回起点
N0400		X16.4;	第二次切入 0.3mm
N0410	G32	Z−31 F2;	第二次螺纹切削
N0420	G00	X20;	刀具退出
N0430		Z−11;	Z 轴退回起点
N0440		X16;	第三次切入 0.2mm
N0450	G32	Z−31 F2;	第三次螺纹切削
N0460	G00	X20;	刀具退出
N0470		Z−11;	Z 轴退回起点
N0480		X15.8;	第四次精车螺纹切入 0.1mm
N0490	G32	Z−31 F2;	第四次螺纹切削
N0500	G00	X20;	刀具退出
N0510		X100 Z50	退离工件

G32 指令每切削螺纹一次就要编写四段程序，通过用 G32 螺纹切削与用 G76 螺纹切削编程相比较，G76 编程效率高而且占内存少。

任务二 内、外轮廓加工

任务目标：学会螺纹基本尺寸计算、保证尺寸精度、保证表面粗糙度、内外轮廓加工、**G90** 指令的编程格式及应用、**G71**、**G70**、**G76** 指令的编程知识。

实例：根据图 2-24 制订加工工艺、编写加工程序。

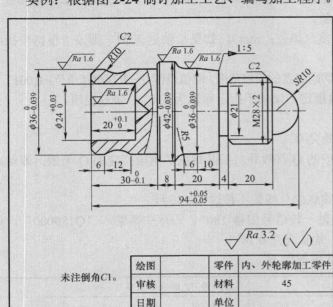

a) 零件图

b) 实体图

图 2-24　内、外轮廓加工零件

（1）图样分析　编程前首先分析零件图样和技术要求。内容包括零件毛坯、材料、零件轮廓、尺寸公差、公差分配、几何公差要求、表面粗糙度、热处理工艺安排、处理与非数控加工工序的衔接。根据零件图样分析，此零件属于轴类零件，毛坯用 $\phi45mm \times 95mm$ 的 45 钢。外轮廓有直线、台阶、圆弧、圆锥、车槽、螺纹，内轮廓有孔。

（2）数值计算　对图样上给定的公称尺寸和上极限偏差、下极限偏差，进行简单的加、减运算，在计算公差时取中值。只要将零件的实际尺寸控制在上、下两个极限尺寸范围之内，检验零件时就合格。依据图样中的尺寸标注，分别计算出上极限尺寸、下极限尺寸的中值，用于编程时的坐标尺寸要求。$\phi36_{-0.039}^{0}$ mm，$\phi24_{0}^{+0.03}$ mm，$\phi42_{-0.039}^{0}$ mm，$\phi36_{-0.039}^{0}$ mm，在取极限尺寸的中值时，如果计算到有第三位小数值或更多位小数，按"四舍五入"的方法进位取值，保留两位小数。

轴的尺寸 $\phi36_{-0.039}^{0}$ mm，上极限尺寸 $\phi36mm$，下极限尺寸 $\phi35.967mm$，

其中值尺寸 $\phi36mm - (0.039/2)mm = \phi35.9805mm$，取 $\phi35.98mm$。

孔的尺寸 $\phi24_{0}^{+0.03}$ mm，上极限尺寸 $\phi24.03mm$，下极限尺寸 $\phi24mm$，

其中值尺寸 $\phi24mm + (0.03/2)mm = \phi24.015mm$，取 $\phi24.02mm$。

轴的尺寸 $\phi42_{-0.039}^{0}$ mm，上极限尺寸 $\phi42mm$，下极限尺寸 $\phi41.961mm$，

其中值尺寸 $\phi42mm - (0.039/2)mm = \phi41.9805mm$，取 $\phi41.98mm$。

轴的尺寸 $\phi36_{-0.039}^{0}$ mm，上极限尺寸 $\phi36mm$，下极限尺寸 $\phi35.961mm$，

其中值尺寸 $\phi36mm - (0.039/2)mm = \phi35.9805mm$，取 $\phi35.98mm$。

螺纹 M28×2，根据国家标准外螺纹的推荐公差带（GB/T197—2003）优选顺序规定，未标注公差带及等级，按公差精度中等选择 6e。

螺纹大径：查表 2-15 内、外螺纹的基本偏差，公差带 e 大径、中径、小径的上偏差均为 0.071mm，查表 2-16 外螺纹大径公差(Td)6 级下偏差为 0.28mm。

大径的下极限偏差 ei=–es–Td= –0.071mm–0.28mm= –0.351mm

大径尺寸 $\phi 28^{-0.071}_{-0.351}$ mm，上极限尺寸 $\phi 27.929$mm，下极限尺寸 $\phi 27.649$mm，取 $\phi 27.7$mm。大径尺寸 $\phi 28$mm – (0.13×2)mm= $\phi 27.84$mm（按经验公式计算也在公差范围之内）。

螺纹小径尺寸 $\phi 28$mm – (1.0825×2)mm= $\phi 25.835$mm。

小径尺寸 $\phi 25.835^{\,0}_{-0.071}$ mm，上极限尺寸 $\phi 25.835$mm，下极限尺寸 $\phi 25.764$mm，取 $\phi 25.8$mm。

牙型高度=0.5413×2mm=1.083mm。

没有公差的尺寸是不存在的，而是公差按技术要求标出的一般公差处理。采用一般公差时，在图样上不单独注出公差，而是在图样、技术文件或技术标准中做总的说明。根据国家标准 GB/T1804—2000 规定，可查表 2-2 线性尺寸的极限偏差数值表决定。

第二道工序调头垫铜皮装夹，以零件加工过的端面和自定心卡盘端面定位，夹紧表面位置 $\phi 36$mm，作为轴向和径向定位，能保持较高的重复安装精度，方便测量。零件伸出的长度减去夹紧部分 94mm–30mm=64mm。出现的问题是编程原点在右端面中心线的交点上与工序基准、测量基准、设计基准不重合。为了方便编程，必须将编程原点的基准工序尺寸换算，零件总长度尺寸 94mm–30mm=64mm，只有控制了零件工序尺寸 64mm 在公差范围之内，才能与工序基准、测量基准、设计基准不重合。

（3）加工方案　通过粗加工→半精加工→精加工逐步达到尺寸公差、表面粗糙度。加工内孔时，因内孔较大，可先采用钻中心孔→钻孔→车内孔的方法。

根据零件图样分析，尺寸公差、表面粗糙度要求较高，可采用数控车削。可选 CKA6132 或最大 CKA6136 的数控车床。选择机床主要考虑零件直径的大小、长度、机床功率、机床的精度、是否达到零件的精度要求，选择回转直径大、加工长度长、功率大的机床会增加成本。

（4）工序划分　工序划分，采用工序分散的原则。依零件图 2-24 分析按装夹次数划分工序，第一道工序是非数控加工，第四道工序是零件加工结束后应做的工作，实际数控加工只有两道工序。数控加工工艺卡见表 2-20。

表 2-20　数控加工工艺卡

单位名称		产品名称				零件名称	内外轮廓加工零件
材料	45 钢	毛坯尺寸		$\phi 45$mm×95mm		图号	
夹具		自定心卡盘		设备	CKA6136	共　页	第　页
工序	工步	工步内容	刀具号	刀具规格	背吃刀量/mm	进给量/(mm/r)	主轴转速/(r/min)
1	1	平端面	T0101	20mm×20mm	0.5	0.1	600
	2	钻中心孔	中心钻	A 型 $\phi 3$mm	1.5	0.1	600
	3	钻孔	钻头	$\phi 20$mm	10	0.3	450

（续）

单位名称			产品名称			零件名称	内外轮廓加工零件
材料	45 钢		毛坯尺寸	ϕ45mm×95mm		图号	
夹具	自定心卡盘		设备	CKA6136	共 页		第 页
工序	工步	工步内容	刀具号	刀具规格	背吃刀量/mm	进给量/(mm/r)	主轴转速/(r/min)
2	4	粗加工外圆	T0101	20mm×20mm	3	0.3	550
	5	精加工外圆	T0101	20mm×20mm	0.5	0.10	750
	6	倒角	T0101	20mm×20mm	0.5	0.10	720
	7	圆弧 SR10	T0202	20mm×20mm	2	0.15	720
	8	粗加工内孔	T0303	20mm×20mm	1.5	0.25	450
	9	精加工内孔	T0303	20mm×20mm	0.5	0.15	720
	10	倒角	T0303	20mm×20mm		0.15	720
3	11	调头装夹，垫铜皮找正，保证长度(94±0.15)mm					
	12	平端面	T0101	20mm×20mm	0.5	0.1	600
	13	粗加工外轮廓	T0101	20mm×20mm	2	0.3	600
	14	精加工外轮廓	T0101	20mm×20mm	0.5	0.15	720
	15	车槽 4mm×1.5mm	T0303	20mm×20mm	4	0.1	450
	16	加工螺纹 M28×2	T0404	20mm×20mm	2		450
4	17	检验工件是否符合图样技术要求，涂防锈油，入库					
5	18	清点工具、量具，保养机床，清扫环境卫生					
编制			审核			日期	

第一道工序：

1）下料，毛坯直径ϕ45mm×95mm。

2）平端面 0.5mm。

3）钻中心孔 A 型ϕ3mm 中心钻。

4）钻孔，钻头ϕ20mm，钻深 20mm。

第二道工序：

5）粗加工外圆ϕ37mm×30mm。

6）精加工外圆$\phi36_{-0.039}^{0}$mm×30mm，倒角 C1。

7）加工凹圆弧 R10。

8）车内孔，粗车内孔ϕ23mm×20mm，直径上留精车余量 1mm。

9）精车内孔，$\phi24_{0}^{+0.03}$mm×20mm，倒角 C1，编程时取中差。

第三道工序：

10）调头装夹，垫铜皮找正，平端面 0.5mm，保证长度 94mm。

11）粗加工凸圆弧 SR10，外圆ϕ29mm×24mm，圆锥 1：5，加工凹圆弧 R5，粗加工外圆ϕ43mm×8mm，ϕ37mm×20mm，直径上留精车余量 1mm。

12）精加工圆弧 SR10，外圆ϕ27.7mm×24mm，圆锥 1：5，加工凹圆弧 R5，精加工外圆$\phi42_{-0.039}^{0}$mm×8mm，编程时取中差，倒角 C1。

13）车槽，4mm×1.5mm。

14）加工螺纹 M28×2，加工螺纹时，考虑到机床的升、降速时间，出现螺纹不规则的情况。在螺纹的起始点应让出 2 倍的螺距，螺纹的终点应让出 0.75 倍的螺距。但也应考虑退刀槽的宽度，以刀具不与工件轮廓发生碰撞为准。

第四道工序：

15）检验工件是否符合图样技术要求。根据图样技术要求，选择测量量具：外径千分尺，0.01mm/0～25mm、25～50mm，游标卡尺 0.02mm/0～150mm，游标深度卡尺 0.02mm/0～200mm，内径指示表 0.01mm/18～35mm、35～50mm。

16）清点工具、量具，保养机床，清扫环境卫生。

（5）加工路线　按图样分析加工路线确定为第一道工序，平端面→用 A 型 ϕ3mm 的中心钻，钻中心孔→用钻头 ϕ20mm 钻孔，钻深 20mm→车内孔 ϕ24mm×20mm→加工外圆 ϕ36mm×30mm→倒角 C1→加工凹圆弧 R10。先内后外，不会因热变形而收缩，发生尺寸精度误差。

第二道工序调头装夹，平端面→加工 SR10 圆弧→圆锥→R5 圆弧，ϕ42mm×8mm→倒角→车槽 4mm×1.5mm→螺纹 M28×2，长 20mm。

（6）装夹定位　根据零件分析采用自定心卡盘装夹定位，需要两次装夹定位。第一次装夹，以零件毛坯作为粗基准，伸出长度 40mm 定位夹紧。第二次调头装夹垫铜皮，找正保证同轴度，以零件加工过的端面和外圆定位作为精基准。

（7）加工余量　精车余量留 1mm。背吃刀量 0.5mm。例如：零件图样毛坯 ϕ45mm，最大直径处 ϕ42mm，加工总余量 3mm，工序余量精加工余量 1mm，背吃刀量 0.5mm，那么粗加工时 2mm，背吃刀量 1mm，由最后一道工序开始向前推算。螺纹精车余量 0.2mm。

（8）刀具选择　根据图样轮廓分析，选用硬质合金 90° 外圆车刀、硬质合金 35° 外圆车刀、4mm 车槽刀、60° 螺纹车刀、A 型 ϕ3mm 中心钻、ϕ20mm 钻头、硬质合金 92° 内孔车刀，数控加工刀具卡见表 2-21。

表 2-21　数控加工刀具卡

序号	刀具号	刀具名称	加工内容	刀尖圆弧半径/mm	备注
1	T0101	90°外圆车刀	平端面	0.4	手动
2	中心钻	A 型 ϕ3mm	钻中心孔		手动
3	钻头	ϕ20mm	钻孔		手动
4	T0101	90°外圆车刀	加工外圆、倒角		自动
5	T0202	35°外圆车刀	加工圆弧 R10 倒角	0.4	自动
6	T0303	92°内孔车刀	加工内孔、倒角	0.4	自动
7	第二工序	卸掉 3 号刀，装上车槽刀			
8	T0101	90°外圆车刀	加工外轮廓		自动
9	T0303	4mm 车槽刀	车槽 4mm×1.5mm	0.1	自动
10	T0404	60°外螺纹车刀	加工螺纹 M28×2	0.25	自动

（9）切削用量

1）背吃刀量（a_p）的选择：粗车 2mm，精车 0.5mm。

2）进给量（f）的选择：粗车 0.25mm/r，精车 0.15mm/r。

3）切削速度（v_c）的选择：粗车 80m/min，精车 100m/min。

4）主轴转速（n）的选择：粗车约为 565r/min，精车约为 757r/min。加工螺纹主轴转速 450r/min。

（10）编写程序　依据制订的加工工艺编写程序。

第一道工序：

O0001；	程序名，地址：O 后四位数××××
N0010　G99　T0101；	转进给，1 号刀，90°外圆车刀执行 1 号刀具补偿
N0020　M03　S550；	起动主轴
N0030　G00　X47　Z5；	快速定位
N0040　M08；	切削液开
N0050　G90　X41　Z−29.95　F0.25；	粗加工
N0060　　　X37；	粗加工，留精车余量1mm
N0070　G01　X32　Z0　F0.15　S750；	精加工
N0080　　　X35.98　Z−2；	倒角
N0090　　　Z−29.95；	直线
N0100　　　X40；	退刀定位
N0110　　　X41.98　Z−31；	倒角
N0120　　　Z−38；	直线
N0130　　　X44；	退刀
N0140　G00　X150　Z100；	快速退刀
N0150　T0202；	调 2 号刀，30°外圆车刀，执行 2 号刀具补偿
N0160　G00　X38　Z−6；	快速定位
N0170　G01　X35.98　F0.15；	接近工件
N0180　G02　X35.98　Z−18　R10；	加工凹圆弧
N0190　G01　X38；	刀具退出
N0200　G00　X150　Z50；	快速退刀
N0210　T0303；	调 3 号刀，92°内孔车刀，3 号刀具补偿
N0220　G00　X19　Z5；	快速定位
N0230　G90　X22　Z−20　F0.2　S450；	粗加工内孔
N0240　　　X23；	粗加工内孔
N0250　G01　X26　F0.15　S720；	精加工内孔
N0260　　　Z0；	Z 轴接近工件
N0270　　　X24.02　Z−1；	倒角
N0280　　　Z−20；	直线
N0290　　　X22；	X 轴退离内孔
N0300　　　Z5；	Z 轴退出内孔
N0310　G00　X150　Z100；	快速退刀离开工件
N0320　M05；	停主轴
N0330　M09；	切削液关
N0340　M30；	程序停止返回首行
N0350　%	程序结束符号

第二道工序：

O0002;	程序名
N0010 G99 T0101;	转进给，调 90°外圆车刀
N0020 M03 S550;	起动主轴
N0030 G00 X47 Z5;	快速定位
N0040 G71 U2 R1;	粗加工外轮廓
N0050 G71 P60 Q170 U1 W0 F0.25;	粗加工外轮廓
N0060 G01 X0 F0.15 S750;	X 轴接近工件编程原点
N0070 Z0;	Z 轴接近工件编程原点
N0080 G03 X20 Z−10 R10;	加工凸圆弧
N0090 G01 Z−12;	直线
N0100 X24;	退刀定位
N0110 X27.7 Z−14;	倒角
N0120 Z−36;	直线
N0130 X34;	退刀定位
N0140 X36 Z−46;	加工圆锥
N0150 Z−52;	直线
N0160 G02 X41.98 Z−56 R5;	加工凹圆弧
N0165 G01 Z−57;	走过 1mm，防止留有毛刺
N0170 X44;	退刀
N0180 G70 P60 Q170;	精加工
N0190 G00 X100 Z50;	快速退刀
N0200 T0303 S450;	调车槽刀
N0210 G00 Z−36;	快速定位
N0220 X36;	快速定位
N0230 G01 X25 F0.1 S450;	车槽
N0240 X30;	退刀
N0250 Z−34;	退刀
N0260 X27.74;	定位
N0270 X25 Z−36;	倒角
N0280 X30;	退刀
N0390 G00 X100 Z100;	快速退刀
N0300 T0303;	调螺纹车刀
N0310 G00 X30 Z−8;	快速定位 Z 轴，离开工件 4mm
N0320 G76 P0260 Q100 R0.1;	加工螺纹
N0330 G76 X25.8 Z−33 P1083 Q350 F2;	Z 轴延长 1mm
N0340 G00 X150 Z100;	快速退刀
N0350 M05;	停主轴
N0360 M09;	切削液关
N0370 M30;	程序停止返回首行
N0380 %数控加	程序结束符号

以上程序用到了代码 G90，螺纹加工用的是 G76，也可用 G92 加工螺纹，G92 加工的螺纹比 G76 加工的螺纹精度要高，而且程序中螺纹参数修改方便，而 G76 是数控系统根据给定螺纹参数自动分配的。

轴向切削循环 G90 固定循环指令格式如下：

G90 X（U）__ Z（W）__ F__；圆柱切削

G90 X（U）__ Z（W）__ R__ F__；圆锥切削

从切削点开始，进行径向（X 轴）进刀、轴向（Z 轴或 X、Z 轴同时）切削，实现柱面或锥面切削循环。

指令说明：G90 为模态指令。

X：切削终点 X 轴绝对坐标（单位：mm）。

U：切削终点与起点 X 轴绝对坐标的差值（单位：mm）。

Z：切削终点 Z 轴绝对坐标（单位：mm）。

W：切削终点与起点 Z 轴绝对坐标的差值（单位：mm）。

R：切削起点与切削终点 X 轴绝对坐标的差值（半径值），带方向（单位：mm），可省略。刀具轨迹如图 2-25 所示。

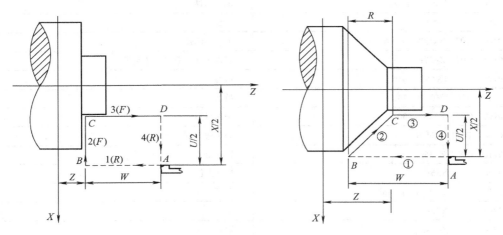

图 2-25　G90 走刀轨迹

任务三　孔、轴、螺纹配合件

任务目标：学会孔、轴、螺纹的配合性质，学会查孔、轴的极限偏差表、螺纹的公差表，确定公差范围、**G92 螺纹编程、G75 车槽、G73 指令**的编程与应用、掌握操作要领。

实例：加工张紧轮零件如图 2-26 所示。

（1）图样分析　毛坯 ϕ55mm×111mm，45 钢，必须先加工图样左端、外圆、凹圆弧、外螺纹，然后调头装夹，加工右端内孔、内螺纹、凸圆弧。由于公差带较窄，操作对刀时，必须认真既不能过紧又不可过松，否则可能出现对刀误差。对刀测量工件时用千分尺0.01mm/25～50mm。是三角形螺纹配合件，内螺纹 M27×2—6H，外螺纹 M27×2—6g。根据国家标准 GB/T 193—2003 规定，优先组成 H/g，其次 H/h、G/h 配合。

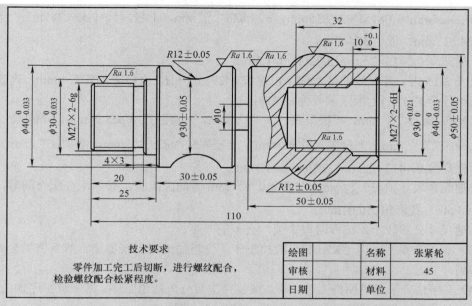

a) 零件图

技术要求

零件加工完工后切断，进行螺纹配合，
检验螺纹配合松紧程度。

绘图		名称	张紧轮
审核		材料	45
日期		单位	

b) 实体图

图 2-26 张紧轮

（2）数值计算 图样尺寸采用了局部分散标注，需要计算相对于编程原点 Z 向坐标的基点，基点可根据图样直接计算。直线和圆弧的拟合节点，凹圆弧、凸圆弧处没有标注尺寸，需要计算出坐标点才能编程。根据图样给出构成一个直角三角形的条件，用勾股定理：$a^2+b^2=c^2$，同理 $c^2-b^2=a^2$，第一道工序，R12 圆弧深(40–30)mm/2=5mm。

圆弧段 Z 向坐标的长度：$\sqrt{12^2-7^2}$ mm=$\sqrt{144-49}$ mm=$\sqrt{95}$ mm≈9.7467mm，9.7467mm×2≈19.49mm。

圆弧两端的直线长度：30mm–19.49mm=10.51mm/2≈5.255mm。

Z 向坐标值为：20mm，25mm，30.255mm，49.745mm，55mm。

第二道工序加工时，都是 R12 圆弧，圆弧两端的直线长度：(50–19.49)mm/2=30.51mm/2=15.255mm。

Z 向坐标值为：15.255mm，34.745mm，50mm。

查螺纹公差表确定外螺纹 M27×2—g，内螺纹 M27×2—6H 的上、下极限偏差。

查表 2-15 内、外螺纹的基本偏差外螺纹 M27×2—6g，上极限偏差为–0.038mm；查表 2-16 外螺纹大径公差 IT6 级下极限偏差为 0.28mm，大径$\phi 27^{-0.038}_{-0.318}$ mm，上极限尺寸ϕ26.962mm，下极限尺寸ϕ26.682mm，取值ϕ26.75mm（对于普通螺纹可用粗略算法，螺纹大径基本尺寸减 0.12*P*）。

小径 $\phi27$ mm−1.0825P=24.835mm。$\phi24.835^{-0.038}_{-0.318}$ mm，上极限尺寸 $\phi24.797$ mm，下极限尺寸 $\phi24.517$ mm，取值 $\phi24.7$ mm。

牙型高度 0.5413×2mm=1.0826mm≈1.1mm

查表 2-15 内、外螺纹的基本偏差内螺纹 M27×2—6H，下极限偏差为 0mm，查表 2-17 内螺纹小径公差(TD_1)上极限偏差为+0.375mm。

小径 $\phi24.835^{+0.375}_{0}$ mm，下极限尺寸 $\phi24.835$ mm，上极限尺寸 $\phi25.21$ mm，取值 $\phi25.1$ mm。

大径 $\phi27^{+0.375}_{0}$ mm，下极限尺寸 $\phi27$ mm，上极限尺寸 $\phi27.375$ mm，取值 $\phi27.2$ mm。

牙型高度 0.5413×2mm=1.0826mm≈1.1mm。

关键配合尺寸轴 $\phi30^{0}_{-0.033}$ mm 与孔 $\phi30^{+0.021}_{0}$ mm 是间隙配合，必须保证配合间隙，轴取值 $\phi29.98$ mm，孔取值 $\phi30.01$ mm。

其他尺寸公差较小，编程时取中值，公差的一半。

（3）加工方案　采用 CKA6136 数控车床。先粗加工，后精加工。然后调头装夹，再加工右端，切开。

（4）工序划分　通过图样工艺分析，按装夹次数分为两道工序，第一道工序加工外圆、凹圆弧、外螺纹。第二道工序加工凸圆弧、钻孔、内螺纹。

第一道工序工步划分：

1）平端面，粗加工外圆到 $\phi41$ mm×60mm，$\phi31$ mm×25mm，$\phi28$ mm×20mm，凹圆弧 R12，留精车余量 1mm。

2）精加工外圆 $\phi40^{0}_{-0.033}$ mm×60mm，$\phi30^{0}_{-0.033}$ mm×25mm，$\phi27.75$ mm×20mm，凹圆弧 R12，倒角。

3）车槽 4mm×3mm。

4）加工外螺纹 M27×2—6g。

第二道工序工步划分：

5）调头装夹找正，保证长度 110mm。

6）平端面，用 $\phi22$ mm 钻头钻孔，深度 32mm。加上钻头尖部分一般用经验数值 0.3×（钻头直径 22mm）=6.6mm，就是钻孔的超越量，钻孔应钻深 38.6mm。

7）粗加工外圆到 $\phi41$ mm×50mm，凸圆弧 R12。

8）精加工外圆 $\phi40^{0}_{-0.033}$ mm，凸圆弧 R12。

9）车内孔 $\phi30^{+0.021}_{0}$ mm×10mm，$\phi25.1$ mm×22mm。

10）倒角。

11）加工内螺纹 M27×2—6H。

12）断开。

13）检验。量具：千分尺 0.01mm/25～50mm，游标卡尺 0.02mm/0～150mm。

（5）加工路线　第一道工序，加工外圆→台阶→凹圆弧→倒角→外螺纹。第二道工序，平端面→钻孔→车内孔→内螺纹→外圆→凸圆弧→切断，数控加工工艺卡见表 2-22。

（6）装夹定位　采用自定心卡盘。以毛坯外圆定位。

（7）加工余量　精车余量为 1mm。螺纹精车余量 0.1mm。

表 2-22　数控加工工艺卡

单位名称			产品名称			零件名称	张紧轮
材料	45 钢		毛坯尺寸		$\phi55mm\times111mm$	图号	
夹具	自定心卡盘			设备	CKA6136	共　页	第　页
工序	工步	工步内容	刀具号	刀具规格	背吃刀量/mm	进给量/(mm/r)	主轴转速/(r/min)
1	1	平端面	T0101	20mm×20mm	0.5	0.10	450
	2	粗加工外轮廓	T0101	20mm×20mm	3	0.30	450
	3	精加工外轮廓	T0101	20mm×20mm	0.5	0.10	650
	4	倒角	T0101	20mm×20mm	0.5	0.10	650
	5	车槽 4mm×3mm	T0202	20mm×20mm	4	0.10	450
	6	加工外螺纹	T0303	20mm×20mm		2	450
2	7	调头装夹，垫铜皮找正，保证长度(110±0.15)mm，卸掉 3 号外螺纹车刀					
	8	平端面	T0101	20mm×20mm	0.5	0.1	450
	9	钻孔	钻头	$\phi22mm$	11	0.3	450
	10	粗加工外轮廓	T0101	20mm×20mm	2	0.3	450
	11	精加工外轮廓	T0101	20mm×20mm	0.5	0.10	650
	12	粗加工内孔	T0303	20mm×20mm	1	0.2	600
	13	精加工内孔	T0303	20mm×20mm	0.5	0.15	720
	14	倒角	T0303	20mm×20mm	0.5	0.15	720
	15	加工内螺纹	T0404	20mm×20mm		2	450
	16	断开	T0202	20mm×20mm	4	0.1	450
3	17	检验工件是否符合图样技术要求					
4	18	清点工具、量具，保养机床，清扫环境卫生					
编制			审核			日期	

（8）刀具选择　硬质合金 90°外圆车刀（副偏角 35°）、4mm 车槽刀、60°外螺纹车刀、$\phi22mm$ 钻头、92°内孔车刀、60°内螺纹车刀，数控加工刀具卡见表 2-23。

表 2-23　数控加工刀具卡

工序	刀具号	刀具名称	加工内容	刀尖圆弧半径/mm	备注
1	T0101	90°外圆车刀	平端面	0.2	手动
	T0101	90°外圆车刀	加工外轮廓	0.2	自动
	T0202	4mm 车槽刀	车槽 4mm×3mm	0.1	自动
	T0303	60°外螺纹车刀	加工外螺纹 M27	0.25	自动
2	T0101	90°外圆车刀	平端面	0.2	手动
	钻头	$\phi22mm$	钻孔		手动
	T0101	90°外圆车刀	加工外轮廓	0.2	自动
	T0303	92°内孔车刀	加工台阶孔	0.2	自动
	T0404	60°内螺纹车刀	加工内螺纹	0.25	自动
	T0202	4mm 车槽刀	切断	0.1	自动

（9）切削用量

1）背吃刀量（a_p）的选择：粗车 2mm，精车 0.5mm。

2）进给量（f）的选择：粗车 0.3mm/r，精车 0.1mm/r。

3）切削速度（v_c）的选择：粗车 75m/min，精车 100m/min。

4）主轴转速（n）的选择：粗车约为 434r/min，精车约为 637r/min。加工螺纹主轴转速 450r/min。

（10）编写程序　依据上述工艺分析，编写加工程序。编程就是图样化编程，按图样标注的尺寸编写。关键是工艺分析，只要划分出了工序、工步，程序也就编写成了。

第一道工序：

O0001；	程序名
N10　G99　T0101；	转进给，1 号刀，90°外圆车刀，副偏角 35°
N20　M03　S450；	主轴起动
N30　G00　X57　Z5；	快速定位
N40　G71　U2　R1；	粗加工
N50　G71　P60　Q150　U1　W0.1　F0.25；	精车余量留 1mm
N60　G01　X23　F0.10　S650；	X 轴定位
N70　　　Z0	Z 轴接近编程原点
N80　　　X27.75　Z-2；	倒角
N90　　　Z-20；	直线
N100　　X28；	退刀
N110　　X29.98　Z-21；	倒角
N120　　Z-25；	直线
N130　　X38；	退刀
N140　　X39.98　Z-27；	倒角
N150　　Z-60；	加工过 5mm 到切断处
N160　G70　P60　Q150；	精加工
N170　G00　Z-30.255；	Z 轴快速定位
N180　　X42；	X 轴快速定位
N190　G73　U5　R3；	粗加工
N200　G73　P210　Q230　U1　W0　F0.25；	X 轴径向留精车余量 1mm，Z 轴 W 不留，可不写
N210　G01　X39.98　F0.10；	接近工件
N220　G02　X39.98　Z-49.745　R12；	加工凹圆弧
N230　G01　X42　F0.3；	退刀
N240　G70　P210　Q230；	精加工
N250　G00　X150　Z50；	快速退刀
N260　T0202　S450；	调 2 号刀，4mm 车槽刀
N270　G00　X29　Z-20；	快速定位
N280　G01　X21　F0.10；	车槽
N290　G04　X3；	刀具暂停 3s
N300　G01　X29；	退刀

（续）

N310　G00　X150　Z50；	快速退刀
N320　T0303；	调 3 号刀，60°外螺纹车刀
N330　G00　X29　Z4	让出 2 倍的螺距 4mm
N340　G92　X25.95　Z−17.5　F2；	第一次背吃刀量 0.4mm，Z 轴延长 1.5mm
N350　　　X25.35 ；	第二次背吃刀量 0.3mm
N360　　　X24.75；	第三次背吃刀量 0.3mm
N370　　　X24.7；	第四次背吃刀量 0.025mm，精车
N380　G00　X150　Z100；	快速退刀
N390　M05；	停主轴
N400　M30；	程序结束返回首行，如不返回首行可用 M02
N410 %	程序结束符号

第二道工序：平端面，钻孔。

O0002；	程序名
N10　G99　T0101；	转进给，1 号刀，90°外圆车刀，副偏角 35°
N20　M03　S450；	主轴起动
N30　G00　X57　Z5；	快速定位
N40　G73　U2.5　R2；	U 毛坯半径与零件轮廓最小尺寸半径差值
N50　G73　P60　Q100　U1　W0　F0.25；	W 不留精车余量，可不编写
N60　G01　X39.98　F0.10　S650；	X 轴定位
N70　　　Z−15.255；	直线
N80　G03　X39.98　Z−34.745　R12；	加工凸圆弧
N90　G01　Z−50；	直线
N100　　　X51；	退刀
N110　G70　P60　Q100；	精加工
N120　G00　X150　Z50；	快速退刀
N130　T0303　S600；	调 3 号刀，92°内孔车刀
N140　G00　X20　Z5；	快速定位
N150　G71　U1.5　R1；	粗加工
N160　G71　P170　Q240　U−1　F0.2；	W 不留精车余量，可不编写，精车余量留−1mm
N170　G01　X32　F0.10　S700；	X 轴定位
N180　　　Z0；	Z 轴接近编程原点
N190　　　X30.01　Z−1；	倒角
N200　　　Z−10；	直线
N210　　　X29；	X 轴定位
N220　　　X25.1　Z−12；	倒角
N230　　　Z−32；	直线
N240　　　X20；	退刀
N250　G70　P170　Q240；	精加工
N260　G00　X150　Z50；	快速退刀

（续）

N270 T0404 S450;	调 4 号刀，60° 内螺纹车刀
N280 G00 X24 Z5;	快速定位
N290 G92 X25.9 Z–29 F2;	第一次背吃刀量 0.4mm，留有退尾 3mm
N300 X26.5;	第二次背吃刀量 0.3mm
N310 X27.1;	第三次背吃刀量 0.3mm
N320 X27.2;	第四次背吃刀量 0.05mm
N330 G00 X150 Z50;	快速退刀
N340 T0202;	调 2 号刀，4mm 车槽刀
N350 G00 Z–54;	快速定位
N360 X42;	快速定位
N370 G75 R1;	车槽
N380 G75 X10 Z–55 P1000 Q1000 F0.1;	车槽
N390 G00 X150;	快速退刀
N400 Z100;	快速退刀
N410 M05;	停主轴
N420 M30;	程序结束返回首行，如不返回首行可用 M02
N430 %	程序结束符号

1）G92 螺纹切削循环，G92 固定循环指令格式如下：

G92 X（U）__ Z（W）__ F__；直螺纹

G92 X（U）__ Z（W）__ R__ F__；锥螺纹

从切削起点开始，进行径向（X 轴）进刀、轴向（Z 轴或 X、Z 轴同时）切削，实现等螺距的直螺纹、锥螺纹切削循环。执行 G92 指令，在螺纹加工末端有螺纹退尾过程：在距离螺纹切削终点固定长度（称为螺纹的退尾长度）处，在 Z 轴继续进行螺纹插补的同时，X 轴沿退刀方向指数或线性加速退出，Z 轴到达切削终点后，X 轴再以快速移动速度退刀，如图 2-27 所示。

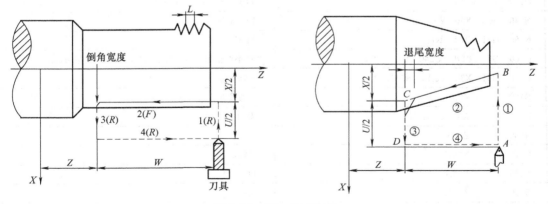

图 2-27　G92 走刀轨迹

指令说明：G92 为模态 G 指令。

X：切削终点 X 轴绝对坐标（单位：mm）。

U：切削终点与起点 X 轴绝对坐标的差值（单位：mm）。

Z：切削终点 Z 轴绝对坐标（单位：mm）。

W：切削终点与起点 Z 轴绝对坐标的差值（单位：mm）。

R：切削起点与切削终点 X 轴绝对坐标的差值（半径值单位：mm）。

F：米制螺纹螺距，F 指令值执行后保持，可省略输入。

I：寸制螺纹每英寸牙数，牙/in，I 指令值执行后保持，可省略输入。

J：螺纹退尾时在短轴方向的移动量，（单位：mm），不带方向（根据程序起点位置自动确定退尾方向），如果短轴是 X 轴，则该值根据半径确定。

K：螺纹退尾时在长轴方向的长度，（单位：mm）。不带方向，模态数，如长轴是 X 轴，该值根据半径确定。

L：多线螺纹的线数，该值的范围是：1～99，模态参数（省略 L 时默认为单线螺纹）。

2）G73 封闭切削循环，G73 指令格式：

G73 U（Δi）W（Δk）R（d）F　S　T

G73 P（ns）Q（nf）U（Δu）W（Δu）

编写的精车轨迹的程序段，执行 G73 时，这些程序段仅用于计算粗车的轨迹，实际并未被执行。系统根据精车余量、退刀量、切削次数等数据自动计算粗车偏移量、粗车的单次进给量和粗车轨迹，每次切削的轨迹都是精车轨迹的偏移，切削轨迹逐步靠近精车轨迹，最后一次切削轨迹为按精车余量偏移的精车轨迹。G73 的起点和终点相同，本指令适用于成形毛坯的粗车。G73 指令为非模态指令，指令轨迹如图 2-28 所示。

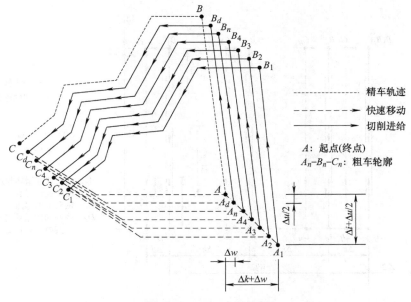

图 2-28　G73 走刀轨迹

Δi：X 轴粗车退刀量（单位：mm，半径值，有符号），等于起点相对于终点的 X 轴坐标偏移量（半径值）。

Δk：Z轴粗车退刀量（单位：mm，有符号）可省略。

d：切削的次数（单位：次），R5表示5次切削完成封闭切削循环。

ns：精车轨迹的第一个程序段的程序段首行号。

nf：精车轨迹的最后一个程序段的程序段尾行号。

Δu：X轴的精加工余量（单位：mm，直径，有符号）。

Δw：Z轴的精加工余量（单位：mm，有符号）可省略。

F：进给速度。

S：主轴转速，可省略。

T：刀具号、刀具偏置号，可省略。

3）G75 径向切槽多重循环，G75指令格式：

G75 R（e）

G75 X（U）＿Z（W）＿P（Δi）Q（Δk）R（Δd）F（f）

指令意义：轴向（Z轴）进刀循环复合径向断续切削循环：从起点径向（X轴）进给、回退、再进给，直至切削到与切削终点X轴坐标相同的位置，然后轴向退刀、径向回退至与起点X轴坐标相同的位置，完成一次径向切削循环；轴向再次进刀后，进行下一次径向切削循环；切削到切削终点后，返回起点（G75的起点和终点相同），径向切槽复合循环完成。G75的轴向进刀和径向进刀方向由切削终点X（U）、Z（W）与起点的相对位置决定，此指令用于加工径向环形槽或圆柱面，径向断续切削起到断屑、及时排屑的作用。刀具轨迹如图2-29所示。

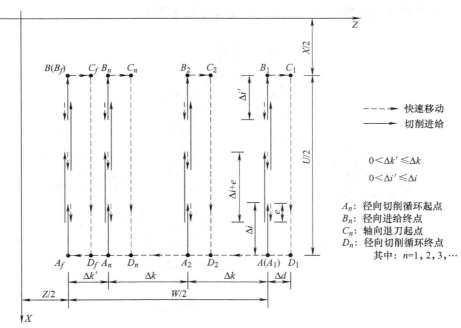

图2-29　G75走刀轨迹

指令说明：

R（e）：每次径向（X轴）进刀后的径向退刀量（单位：mm，无符号）。

X：切削终点的 *X* 轴绝对坐标值（单位：mm）。

U：切削终点与起点的 *X* 轴绝对坐标的差值（单位：mm）。

Z：切削终点的 *Z* 轴的绝对坐标值（单位：mm）。

W：切削终点与起点的 *Z* 轴绝对坐标的差值（单位：mm）。

P（Δ*i*）：径向（*X* 轴）进刀时，*X* 轴断续进刀的进给量（0.001mm，半径值，无符号）。

Q（Δ*k*）：单次径向切削循环的轴向（*Z* 轴）进给量（单位：0.001mm，无符号）。

R（Δ*d*）：切削至径向切削终点后，轴向（*Z* 轴）的退刀量（单位：mm，无符号），可省略。

任务四　管螺纹的加工

任务目标：学会管螺纹的加工和管螺纹基本尺寸计算。

实例一：加工管接头零件如图 2-30 所示。

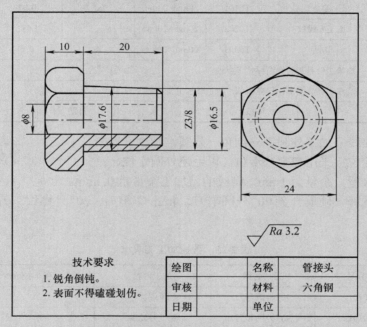

技术要求
1. 锐角倒钝。
2. 表面不得磕碰划伤。

绘图		名称	管接头
审核		材料	六角钢
日期		单位	

图 2-30　管接头

（1）图样分析　毛坯为对边 24mm 六角钢，根据图 2-30 所示标注为 60°牙型角圆锥管螺纹，螺纹母体锥度为 1：16，Z3/8，每 in 内螺纹牙数 18。加工数量：1000 件。

（2）数值计算　牙型中各要素的尺寸按下列公式计算：$P=25.4/n$；$H=0.866025P$；$h=0.8P$；$f=0.033P$。

螺距：$P=25.4\text{mm}/18=1.411\text{mm}$，牙型高度：$h=0.8\times1.411\text{mm}=1.129\text{mm}$。小径：14.797mm，大径：17.5mm。

（3）加工方案　采用 CKA6130 数控车床，工序集中，先粗加工，后精加工，切断。

（4）工序划分　通过图样工艺分析，采用一道工序加工。

1）平端面，粗加工外圆锥到大头ϕ18.5mm、小头ϕ15.5mm、长度20mm，留精车余量1mm。

2）精加工外圆锥到大头ϕ17.5mm、小头ϕ14.5mm、长度20mm、倒角。

3）加工锥螺纹 Z 3/8。数控加工工艺卡见表2-24。

表 2-24　数控加工工艺卡

单位名称			产品名称			零件名称	管接头
材料		45钢	毛坯尺寸		ϕ24mm×35mm	图号	
夹具		自定心卡盘		设备	CKA6130	共　页	第　页
工序	工步	工步内容	刀具号	刀具规格	背吃刀量 /mm	进给量 /(mm/r)	主轴转速 /(r/min)
1	1	平端面	T0101	20mm×20mm	0.5	0.10	450
	2	粗加工外轮廓	T0101	20mm×20mm	2	0.30	600
	3	精加工外轮廓	T0101	20mm×20mm	0.5	0.10	1200
	4	倒角	T0101	20mm×20mm	0.5	0.10	1200
	5	加工外螺纹	T0202	20mm×20mm		1.411	450
	6	切断	T0303	20mm×20mm	4	0.1	450
2	7	检验工件是否符合图样技术要求					
3	8	清点工具、量具，保养机床，清扫环境卫生					
编制			审核			日期	

（5）加工路线　加工外圆锥→倒角→外圆锥螺纹→切断。

（6）装夹定位　采用自定心卡盘。以毛坯外圆定位。

（7）加工余量　余量为1mm，螺纹的精加工余量是0.2mm。

（8）刀具选择　硬质合金90°外圆车刀、4mm车槽刀、60°外螺纹车刀，数控加工刀具卡见表2-25。

表 2-25　数控加工刀具卡

工序	刀具号	刀具名称	加工内容	刀尖圆弧半径/mm	备注
1	T0101	90°外圆车刀	平端面	0.2	手动
	T0101	90°外圆车刀	加工外轮廓	0.2	自动
	T0202	60°外螺纹车刀	加工外螺纹 M27	0.25	自动
	T0303	4mm车槽刀	切断	0.1	自动

（9）切削用量

1）背吃刀量（a_p）的选择：粗车2mm，精车0.5mm。

2）进给量（f）的选择：粗车0.3mm/r，精车0.1mm/r。

3）切削速度（v_c）的选择：粗车60m/min，精车70m/min。

4）主轴转速（n）的选择：粗车约为597r/min，精车约为1200r/min。螺纹主轴转速450r/min。

（10）编写程序　依据图样分析，数值计算，工件钻孔后，编程写程序。

O0001；	程序名
N10　G99　T0101；	调 1 号刀，90°外圆车刀
N20　M03　S600；	主轴起动
N30　G00　X27　Z5；	快速定位
N40　G90　X23　Z–20　F0.3；	粗加工
N50　　　　X19；	第二次进刀粗加工
N60　　　　X18；	第三次进刀粗加工
N70　G01　X14.5　Z0　F0.15　S1200；	精加工，定位
N80　　　　X16.5　Z–1；	倒角
N90　　　　X17.5　Z–20；	加工圆锥
N100　　　X27；	退刀
N110　G00　X100　Z50；	快速退刀
N120　T0202　S450；	调 2 号刀，60°外螺纹车刀
N130　G00　X18　Z3；	快速定位
N140　G76　P023060　Q100　R0.1；	加工锥螺纹，退尾 3mm
N150　G76 X14.797 Z–20 P1129 Q300 R–0.7 I18；	加工锥螺纹，加上定位距离 3mm，R–0.7mm
N160　G00　X100　Z50；	快速退刀
N170　T0303；	调 3 号刀，4mm 宽切断刀
N180　G00　X28　Z–34；	快速定位
N190　G01　X6　　F0.1；	切断
N200　　　X28；	退刀
N210　G00　X100　Z100；	快速退刀
N220　M05；	停主轴
N220　T0101；	调 1 号刀，90°外圆车刀
N230　M00；	程序暂停，取零件
N240　G00　X10　Z0；	按循环起动键，快速定位
N250　M00；	松开卡盘毛坯定位
N260　G00　X100　Z50；	按循环起动键，快速退刀
N270　M30；	程序返回首行，卡盘夹紧毛坯，继续加工
N280　%	程序结束符号

以上是生产中常用的螺纹，但还会用到双线螺纹、变螺距螺纹。双线螺纹的加工与单线螺纹的加工没有大的区别，只是在加工螺纹的起始定位点有区别。如：M36×6(*P*3) 的双线螺纹的加工，导程是 6mm，螺距是 3mm，计算螺纹小径、牙型高度时按螺距 3mm 计算。

编程如下：

O0006；	程序名
N10　G99　T0202；	调 2 号刀，60°外螺纹车刀
N20　M03　S450；	主轴起动
N30　G00　X37　Z12；	快速定位，让出 2 倍的导程 12mm

(续)

N40 G76 P020060 Q100 R0.1；	加工第一条螺纹
N50 G76 X 32.752 Z–40 P1624 Q300 F6；	导程是 6mm
N60 G01 Z9 F0.3；	向前移动一个螺距 3mm，定位
N70 G76 P020060 Q100 R0.1；	加工第二条螺纹
N80 G76 X 32.752 Z–40 P1624 Q300 F6；	导程是 6mm
N90 G00 X100 Z100；	快速退刀
N100 M05；	停主轴
N110 M02；	程序结束
N120 %	程序结束符号

变螺距螺纹切削指令 G34，加工有特殊要求的螺纹。

指令格式：G34 X（U）__ Z（W）__ F（I）__J__ K__R__；

指令说明：

X、Z：螺纹终点绝对坐标，U、W：螺纹终点增量坐标。

F：从起点的长轴方向开始的第一个螺距（导程）的米制螺纹。

I：从起点的长轴方向开始的第一个螺距（导程）的寸制螺纹。

J：螺纹退尾时在短轴方向的移动量（退尾量），带正负方向，如果短轴是 X 轴，该值由半径确定，J 值是模态参数。

K：螺纹退尾时在长轴方向的长度，如果长轴是 X 轴，该值为半径指定，不带方向，K 值是模态参数。

R：主轴每旋转一周的螺距增量值或减量值，R 为正值时螺距递增，R 为负值时螺距递减。$R=F_1-F_2$，R 带有方向；$F_1>F_2$ 时，R 为负值时螺距递减；$F_1<F_2$ 时，R 为正值时螺距递增，示意图如图 2-31 所示。

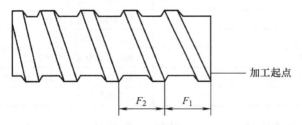

图 2-31　G34 变螺距螺纹示意图

注 意 事 项

一节比一节螺距增大，R 为正值时，如果一节比一节螺距变小，R 为负值。其他相关内容不再一一介绍。

G34 与 G32 指令相同是单程序段加工，X 轴是直线螺纹切削时，X 轴位移量是半径值，编程 X 轴直径编程。Z 轴不指令，则是端面螺纹切削。如：G34 X60 F2 R0.2。X 轴不指令，则是轴向螺纹切削。如：G34 Z–30 F4 R0.2。X 轴、Z 轴同时指令，则是锥螺纹切削。如：G34 X40 Z–50 F4 R0.3。

实例二：加工如图 2-32 所示变螺距轴，数控加工工艺卡见表 2-26。

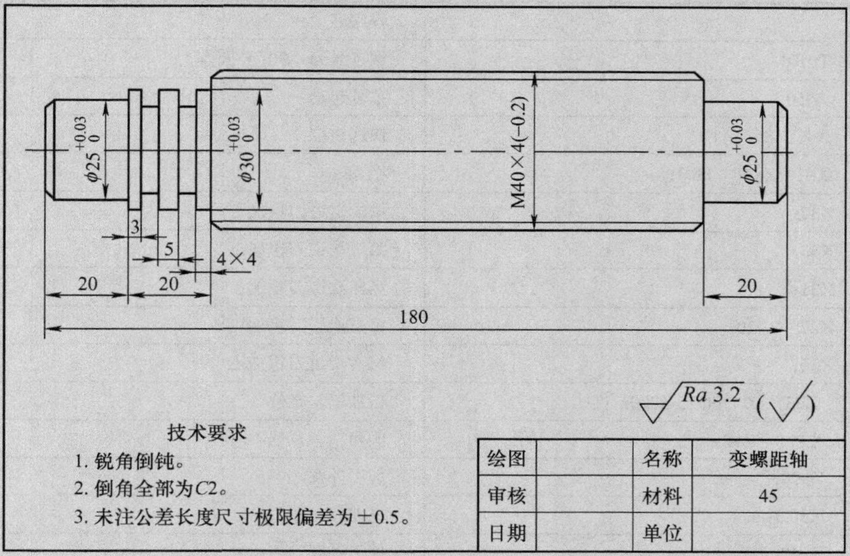

技术要求

1. 锐角倒钝。
2. 倒角全部为 C2。
3. 未注公差长度尺寸极限偏差为 ±0.5。

绘图		名称	变螺距轴
审核		材料	45
日期		单位	

图 2-32　变螺距轴

表 2-26　数控加工工艺卡

单位名称				产品名称			零件名称	变螺距轴
材料		45 钢		毛坯尺寸		ϕ45mm×181mm	图号	
夹具		自定心卡盘		设备		CKA6136	共　页	第　页
工序	工步	工步内容	刀具号	刀具规格	背吃刀量/mm	进给量/(mm/r)	主轴转速/(r/min)	
1	1	平端面	T0101	20mm×20mm	0.5	0.10	450	
	2	粗加工外轮廓	T0101	20mm×20mm	3	0.30	450	
	3	精加工外轮廓	T0101	20mm×20mm	0.5	0.10	700	
	4	倒角	T0101	20mm×20mm	0.5	0.10	700	
	5	车槽 4mm×4mm	T0202	20mm×20mm	4	0.10	450	
2	6	调头，一夹一顶装夹，保证长度(140±0.15)mm						
	7	平端面	T0101	20mm×20mm	0.5	0.1	450	
	8	钻中心孔	中心钻	A 型ϕ4mm	2	0.2	450	
	9	粗加工外圆	T0101	20mm×20mm	2	0.3	450	
	10	精加工外圆	T0101	20mm×20mm	0.5	0.10	700	
	11	倒角	T0101	20mm×20mm	0.5	0.15	700	
	12	加工外螺纹	T0303	20mm×20mm		4	450	
3	13	检验工件是否符合图样技术要求						
4	14	清点工具、量具，保养机床，清扫环境卫生						
编制			审核			日期		

刀具的选择：硬质合金 90° 外圆车刀、4mm 车槽刀、60° 外螺纹车刀、A 型 ϕ4mm 中心钻。

G34 变螺距轴的编程如下：

O0001；	程序名
N10　G99　T0101；	调 1 号刀，90°外圆车刀
N20　M03　S450；	主轴起动
N30　G00　X47　Z5；	快速定位
N40　G90　X41　Z-40　F0.3；	粗加工
N50　　　X37；	第二次进刀粗加工
N60　　　X33；	第三次进刀粗加工
N70　　　X31；	第四次进刀粗加工
N80　　　X27　Z-20；	第五次进刀粗加工
N90　　　X26；	第六次进刀粗加工
N100　G01　X23　Z0　F0.15　S700；	精加工，定位
N110　　　X25.3　Z-2；	倒角
N120　　　Z-20；	加工外圆
N130　　　X30.3；	退刀
N140　　　Z-40；	加工外圆
N150　　　X47；	退刀
N160　G00　X100　　Z50；	快速退刀
N170　T0202；	调 2 号刀，4mm 车槽刀
N180　G00　X32　Z-27；	快速定位
N190　G75　R1；	加工 4mm 槽
N200　G75 X22 Z-36 P1000 Q900 F0.1；	加工 4mm 槽
N210　G00　X100　Z50；	快速退刀
N220　M05；	停主轴
N230　M30；	程序结束返回首行
N240 %	程序结束符号

调头加工程序：

O0002；	程序名
N10　G99　T0101；	调 1 号刀，90°外圆车刀
N20　M03　S450；	主轴起动
N30　G00　X47　Z5；	快速定位
N40　G90　X41　Z-142　F0.3；	粗加工
N50　　　X37　Z-20；	第二次进刀粗加工
N60　　　X33；	第三次进刀粗加工
N70　　　X29；	第四次进刀粗加工
N80　　　X26；	第五次进刀粗加工
N90　G01　X23　Z0　F0.15 S700；	精加工，定位
N100　　　X25.3　Z-2；	倒角
N110　　　Z-20；	加工外圆

（续）

N120		X35.6；			退刀
N130		X39.6　Z−22；			倒角
N140		Z−138；			加工外圆
N150		X35.6　Z−140；			倒角
N160		X42；			退刀
N170	G00	X100　Z50；			快速退刀
N180		T0303；			调 3 号刀，60°外螺纹车刀
N190	G00	X42　Z−12；			快速定位
N200	G01	X38.8 F0.2；			螺纹第一次背吃刀量 0.4mm
N210	G34	Z−144 F4 R0.2；			G34 加工螺纹
N220	G00	X42；			快速退刀
N230		Z−12；			快速退刀
N240	G01	X38 F0.2；			螺纹第二次背吃刀量 0.4mm
N250	G34	Z−144 F4 R0.2；			G34 加工螺纹
N260	G00	X42；			快速退刀
N270		Z−12；			快速退刀
N280	G01	X37.4 F0.2；			螺纹第三次背吃刀量 0.3mm
N290	G34	Z−144 F4 R0.2；			G34 加工螺纹
N300	G00	X42；			快速退刀
N310		Z−12；			快速退刀
N320	G01	X36.8 F0.2；			螺纹第四次背吃刀量 0.3mm
N330	G34	Z−144 F4 R0.2；			G34 加工螺纹
N340	G00	X42；			快速退刀
N350		Z−12；			快速退刀
N360	G01	X36.4 F0.2；			螺纹第五次背吃刀量 0.2mm
N370	G34	Z−144 F4 R0.2；			G34 加工螺纹
N380	G00	X42；			快速退刀
N390		Z−12；			快速退刀
N400	G01	X36 F0.2；			螺纹第六次背吃刀量 0.2mm
N410	G34	Z−144 F4 R0.2；			G34 加工螺纹
N420	G00	X42；			快速退刀
N430		Z−12；			快速退刀
N440	G01	X35.6 F0.2；			螺纹精加工
N450	G34	Z−144 F4 R0.2；			G34 加工螺纹
N460	G00	X42；			快速退刀
N470		X100　Z50；			快速退刀
N480		M05；			停主轴
N490		M30；			程序结束返回首行
N500 %					程序结束符号

任务五 梯形螺纹的加工

任务目标：学会梯形螺纹车刀的角度刃磨、计算螺纹升角、切削用量、梯形螺纹加工时的各基本尺寸的计算、梯形螺纹的加工。

实例：加工梯形螺纹配合件如图 2-33 所示。

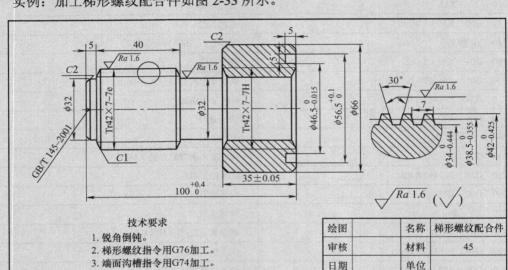

技术要求
1. 锐角倒钝。
2. 梯形螺纹指令用G76加工。
3. 端面沟槽指令用G74加工。

绘图		名称	梯形螺纹配合件
审核		材料	45
日期		单位	

a) 装配图

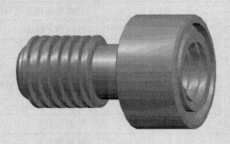

b) 实体配合件

图 2-33 梯形螺纹配合件

（1）**图样分析** 毛坯ϕ70mm×101mm，直径 Tr42 螺距 7mm 的配合梯形螺纹，精度要求较高。表面粗糙度要求 Ra1.6μm。工件为内、外梯形螺纹配合件，为了节省原材料，丝杠、丝杠螺母一体下料，先加工丝杠，然后切断再加工丝杠螺母。为此先将毛坯ϕ70mm×101mm 加工至ϕ66mm×101mm，钻好中心孔，便于工件装夹时有精基准定位。

（2）**数值计算** 为了避免螺纹配合时干涉，规定外螺纹的大径和小径都可以做得比公称直径小一些。内螺纹的大径和小径都可以做得比公称直径大一些。国家标准对内螺纹小径 D_1 和外螺纹大径只规定一种公差带（4H、4h）；标准还规定外螺纹小径 d_3 的公差位置为 h。

· 配合螺纹 Tr42×7—7 H/7e: 7H 是内螺纹公差带，7e 是外螺纹公差带。大写字母 H 为孔，小写字母 e 为轴。

梯形螺纹的公差带位置与基本偏差：根据国家标准规定，内、外梯形螺纹公差带的位置由基本偏差确定，并规定了外螺纹的上偏差 es 及内螺纹的下偏差 EI 为基本偏差。

外螺纹大径 d 和小径 d_3，规定了一种公差带位置 h，其基本偏差为零，中径 e 和 c 的基本偏差为负值。

对内螺纹的大径 D_4、中径 D_2、和小径 D_1 规定了一种公差带位置 H，其基本偏差为零。

计算 15° 倒角 Z 轴坐标值，用正切，查表 tan15°=0.26795。

4mm×0.26795=1.0718mm≈1.1mm，原则上倒角要超过小径 0.5mm，直径减小 1mm。

按 4.5mm×0.26795=1.20578mm≈1.2mm，Z 轴坐标值−1.2mm。

为了便于应用，可以通过查表 2-27 确定梯形螺纹的基本尺寸。梯形螺纹的尺寸计算公式见表 2-28。

表 2-27　梯形螺纹基本尺寸（GB/T5796—2005）　　　（单位：mm）

公称直径		螺距 P	中径 $d_2=D_2$	大径 D_4	小径	
第一系列	第二系列				d_3	D_1
	30	3	28.500	30.500	26.500	27.000
		6	27.000	31.000	23.000	24.000
		10	25.000	31.000	19.000	20.000
32		3	30.500	32.500	28.500	29.000
		6	29.000	33.000	25.000	26.000
		10	27.000	33.000	21.000	22.000
	34	3	32.500	34.500	30.500	31.000
		6	31.000	35.000	27.000	28.000
		10	29.000	35.000	23.000	24.000
36		3	34.500	36.500	32.500	33.000
		6	33.000	37.000	29.000	30.000
		10	31.000	37.000	25.000	26.000
	38	3	36.500	38.500	34.500	35.000
		7	34.500	39.000	30.000	31.000
		10	33.000	39.000	27.000	28.000
40		3	38.500	40.500	36.500	37.000
		7	36.500	41.000	32.000	33.000
		10	35.000	41.000	29.000	30.000
	42	3	40.500	42.500	38.500	39.000
		7	38.500	43.000	34.000	35.000
		10	37.000	43.000	31.000	32.000

表 2-28　梯形螺纹的尺寸计算公式

名称		代号	计算公式			
牙型角		a	$a=30°$			
螺距		P	由螺纹标准确定			
牙顶间隙		a_c	P	1.5～5	6～12	14～44
			a_c	0.25	0.5	1
外螺纹	大径	d	公称直径			
	中径	d_2	$d_2=d-0.5P$			
	小径	d_3	$d_3=d-2h_3$			
	牙高	h_3	$h_3=0.5P+a_c$			
内螺纹	大径	D_4	$D_4=d+2a_c$			
	中径	D_2	$D_2=d_2$			
	小径	D_1	$D_1=d-P$			
	牙高	H_4	$H_4=h_3$			
牙顶宽		f、f'	$f=f'=0.366P$			
牙槽底宽		w、w'	$w=w'=0.366P-0.536\,a_c$			

　　查表 2-29 梯形螺纹中径基本偏差，确定外梯形螺纹上偏差为−0.125mm，内梯形螺纹下偏差为 0。查表 2-30 外梯形螺纹大径公差 T_d 确定下偏差为−0.425mm。

表 2-29　梯形螺纹中径基本偏差　　　　　　　（单位：μm）

螺距 P/mm	基本偏差		
	内螺纹	外螺纹	
	D_2	d_2	
	H	c	e
	EI	es	es
3	0	−170	−85
4	0	−190	−95
5	0	−212	−106
6	0	−236	−118
7	0	−250	−125
8	0	−265	−132
9	0	−280	−140
10	0	−300	−150
12	0	−335	−160
14	0	−355	−180

表 2-30　外梯形螺纹大径公差 T_d　　　　　　　（单位：μm）

螺距 P/mm	4 级公差	螺距 P/mm	4 级公差
2	180	7	425
3	236	8	450
4	300	9	500
5	335	10	530
6	375	12	600

外螺纹公称直径 $\phi42^{-0.125}_{-0.425}$ mm，取值 41.6mm。

查 2-31 外梯形外螺纹小径公差 T_{d_3} 确定下偏差为 -0.569mm。

小径 $d_3 = d - 2h_3 = 42$mm $- 2 \times 4$mm $= \phi34^{\ 0}_{-0.569}$ mm。取值 $\phi33.6$mm。

牙高 $h_3 = 0.5P + a_c = 0.5 \times 7$mm $+ 0.5$mm $= 4$mm。

查表 2-27 梯形螺纹的基本尺寸确定内螺纹大径为 $\phi43$mm。

大径 $D_4 = d + 2a_c = 42$mm $+ 2 \times 0.5$mm $= 43$mm。

查表 2-32 内梯形螺纹小径公差 T_{D_1} 确定上偏差为 $\phi0.560$mm。

表 2-31 外梯形外螺纹小径公差 T_{d_3} （单位：μm）

公称直径 d/mm		螺距 P/mm	中径公差带位置为 c			中径公差带位置为 e		
			公差等级			公差等级		
>	<		7	8	9	7	8	9
5.6	11.2	1.5	352	405	471	279	332	398
		2	388	445	525	309	366	446
		3	435	501	589	350	416	504
11.2	22.4	2	400	462	544	321	383	465
		3	450	520	614	365	435	529
		4	521	609	690	426	514	595
22.4	45	3	482	564	670	397	479	585
		5	587	681	806	481	575	700
		6	655	767	899	537	649	781
		7	694	813	950	569	688	825
		8	734	859	1015	601	726	882
		10	800	925	1087	650	775	937
		12	866	998	1223	691	823	1048

表 2-32 内梯形螺纹小径公差 T_{D_1} （单位：μm）

螺距 P/mm	4 级公差	螺距 P/mm	4 级公差
2	236	7	560
3	315	8	630
4	375	9	670
5	450	10	710
6	500	12	800

小径 $D_1 = d - P = 42 - P = \phi35^{+0.560}_{0}$ mm。

牙高 $H_4 = h_3 = 4$mm

牙顶宽 $f = f' = 0.366 \times 7$mm $= 2.562$mm。

牙槽底宽 $w = w' = 0.366P - 0.536a_c$。

$$= 0.366 \times 7\text{mm} - 0.536 \times 0.5\text{mm}$$

$$= 2.562\text{mm} - 0.268\text{mm}$$

$$= 2.294\text{mm}$$

槽底宽度参数是刃磨梯形螺纹车刀时，确定刀尖宽度的依据，刀尖宽度取 2.29mm。刃磨梯形螺纹车刀时，需计算梯形螺纹的升角，计算公式如下

$$\tan\phi = \frac{P}{\pi d_2} = \frac{7}{3.14 \times 38.5} = 0.0579$$

查三角函数表，螺纹升角 $\phi = 3°19'$，螺纹的升角是刃磨梯形螺纹车刀时，两侧后角的参数。

外梯形螺纹车刀的主后角 8°，两侧后角一般取 3°～5°，左侧后角（3°～5°）+ ϕ，取值 6°～8°，右侧后角（3°～5°）- ϕ，取值 0°～2°。

内梯形螺纹车刀的主后角 8°～10°，两侧后角一般取 5°，左侧后角 5°+ ϕ，取值 8°，右侧后角 5°- ϕ，取值 2°。

在梯形螺纹的加工中，应注意 G76 格式的参数设置与普通螺纹不同的地方。G74 端面车槽，X 轴的终点坐标计算注意应减去 2 个刀宽（即 48.55mm）。

（3）加工方案　采用 CKA6136 数控车床，工序集中，先粗加工、后精加工、切断。

（4）工序划分　通过图样工艺分析，第一道工序加工外圆→车槽→倒角→外梯形螺纹→切断。第二道工序钻孔→扩孔→车内孔→倒角→加工内梯形螺纹→车端面槽。数控加工工艺卡见表 2-33。

表 2-33　数控加工工艺卡

单位名称			产品名称			零件名称	梯形螺纹配合件
材料	45 钢		毛坯尺寸		ϕ70mm×101mm	图号	
夹具	自定心卡盘			设备	CKA6136	共　页	第　页
工序	工步	工步内容	刀具号	刀具规格	背吃刀量/mm	进给量/(mm/r)	主轴转速/(r/min)
1	1	平端面、外圆	T0101	20mm×20mm	0.5	0.10	450
	2	粗加工外轮廓	T0101	20mm×20mm	3	0.30	400
	3	精加工外轮廓	T0101	20mm×20mm	0.5	0.15	500
	4	倒角	T0101	20mm×20mm	0.5	0.15	500
	5	车槽ϕ32mm×20mm	T0202	20mm×20mm	4	0.10	400
	6	加工梯形螺纹	T0303	20mm×20mm		7	350
	7	切断	T0202	20mm×20mm	4	0.10	400
2	8	卸掉 2 号车槽刀、3 号外梯形螺纹车刀					
	9	平端面	T0101	20mm×20mm	0.5	0.1	450
	10	钻孔	钻头	ϕ18mm	9	0.3	400
	11	扩孔	钻头	ϕ30mm	15	0.3	350
	12	粗车内孔	T0202	20mm×20mm	1	0.2	450
	13	精车内孔	T0202	20mm×20mm	0.5	0.15	720
	14	倒角	T0202	20mm×20mm	0.5	0.15	720
	15	加工梯形螺纹	T0303	20mm×20mm		7	350
	16	车端面槽	T0404	20mm×20mm	4	0.05	450
3	17	检验工件配合间隙是否合格					
4	18	清点工具、量具，保养机床，清扫环境卫生					
编制			审核			日期	

第一道工序：

1）平端面、加工外圆至 ϕ66mm×35mm，调头装夹，钻中心孔，采用一夹一顶方式。

2）粗加工加工台阶外圆 ϕ33mm×5mm、ϕ43mm×60mm。

3）精加工加工台阶外圆 ϕ32mm×5mm、ϕ41.6mm×60mm。

4）倒角。

5）车槽 ϕ32mm×20mm、倒角。

6）加工外梯形螺纹 Tr 42×7，开切削液。

7）切断。

第二道工序：

8）平端面。

9）钻孔 ϕ18mm，扩孔 ϕ30mm，开切削液。

10）粗车内孔内径 ϕ34mm。

11）精车内孔内径 ϕ35mm。

12）倒角。

13）加工内梯形螺纹 Tr 42×7，开切削液。

14）车端面槽 5mm×5mm。

15）检验配合间隙是否合格。

16）保养机床，打扫环境卫生。

（5）加工路线 第一道工序：加工外圆→倒角→外梯形螺纹→切断。第二道工序：钻孔→车内孔→倒角→内梯形螺纹。

（6）装夹定位 采用自定心卡盘。以毛坯外圆定位。调头装夹以精车过的外圆定位。

（7）加工余量 余量为 1mm，螺纹的精加工余量是 0.2mm。

（8）刀具选择 90°硬质合金外圆车刀，4mm 车槽刀，中心钻 A 型 ϕ3mm，30°外梯形螺纹车刀，ϕ18mm 钻头，ϕ30mm 钻头，75°内孔车刀，30°内梯形螺纹车刀，端面车槽刀。数控加工刀具卡见表 2-34。

表 2-34 数控加工刀具卡

工序	刀具号	刀具名称	加工内容	刀尖圆弧半径/mm	备注
1	T0101	90°外圆车刀	平端面	0.2	手动
	T0101	90°外圆车刀	加工外轮廓	0.2	自动
	T0202	4mm 车槽刀	切槽 ϕ32mm×20mm	0.1	自动
	T0303	30°外梯形螺纹车刀	加工梯形螺纹 Tr42	适当	自动
2	T0101	90°外圆车刀	平端面	0.2	手动
	钻头	ϕ18mm	钻孔	0.3	手动
	钻头	ϕ30mm	扩孔	0.3	自动
	T0202	75°内孔车刀	加工内孔	0.2	自动
	T0303	30°内梯形螺纹车刀	加工梯形螺纹 Tr42	适当	自动
	T0404	4mm 端面车槽刀	切端面槽	0.05	自动

（9）切削用量

1）背吃刀量（a_p）的选择：粗车 3mm，精车 0.5mm。

2）进给量（f）的选择：粗车 0.3mm/r，精车 0.15mm/r。

3）切削速度（v_c）的选择：粗车 80m/min，精车 100m/min。

4）主轴转速（n）的选择：粗车约为 364r/min，精车约为 483r/min。螺纹主轴转速 350r/min。

（10）编写程序　依据工艺分析、数值计算编写程序。第一道工序：

O0001；	程序号
N10　G99　T0101；	转进给，调 1 号刀，90°外圆车刀
N20　M03　S2；	主轴起动，S2 档 450r/min
N30　G00　X72 Z5；	快速定位
N40　G71　U3　R1；	粗加工
N50　G71　P60　Q140　U1　F0.25；	P60 首行号，Q150 尾行号，U1 精车余量
N60　G01　X28　F0.15　S1；	S1 档 720r/min 先 X 轴定位，后 Z 轴定位
N70　　　Z0；	定位编程原点
N80　　　X32　Z-2；	倒角
N90　　　Z-5；	直线
N100　　X33；	定位小于螺纹小径
N110　　X41.6　Z-6.2；	倒角
N120　　Z-65；	直线
N130　　X62；	退刀
N140　　X66　Z-67；	倒角
N150　G70　P60　Q140；	精车
N160　G00　X150　Z50；	快速退刀
N170　T0202；	调 2 号刀，4mm 车槽刀
N180　G00　Z-49；	此处加上了一个刀宽 4mm，坐标是 Z-45
N190　　　X67　S2；	端面φ66mm，以防刀具发生碰撞定位在φ67mm
N200　G75　R1；	径向车槽
N210 G75 X32 Z-65 P2000 Q3000 F0.1；	32，X 轴终点坐标，-65，Z 轴终点坐标，P2000 径向背吃刀量，Q3000 轴向移动量，F0.1 进给量
N220　G01　X41.6　Z-47.8；	定位
N230　　　X32　Z-49；	倒角
N240　　　Z-65；	直线，精车槽底
N250　　　X67；	退刀
N260　G00　X150　Z50；	快速退刀
N270　T0303；	调 3 号刀，30°外梯形螺纹车刀
N280　S2　M08；	转速在 450r/min 以下，切削液开
N290　G00　Z9；	Z 轴先定位，螺纹起点，让出 2 倍的导程
N300　　　X44；	X 轴后定位，防止顶尖发生碰撞
N310　G76　P0530　Q50　R0.1；	05 是精车 5 次，30 是螺纹角度，Q50 最小背吃刀量，R0.1 精车余量
N320　G76 X34 Z-55 P4000 Q100 F7；	X34 螺纹小径，Z-55，Z 轴终点让出 1.5 倍的导程，P4000 齿高，Q100 最大吃刀量，F7 螺距
N330　G00　X150；	快速退刀，先退 X 轴，防止与顶尖发生碰撞
N340　　　Z50；	快速退刀，后退 Z 轴
N350　M05；	停主轴
N360　M09；	切削液关
N370　M02；	程序结束
N380 %	程序结束符号

第二道工序：加工丝杠螺母：

O0002；	程序号
N10 G99 T0101；	转进给，调 1 号刀，90°外圆车刀
N20 M03 S2；	主轴起动，S2 档 450r/min
N30 G00 X67 Z5；	快速定位
N40 G01 Z-2 F0.15；	定位
N50 X66；	定位，接近外圆
N60 X62 Z0；	倒角
N70 X28；	平端面
N80 G00 X150 Z50；	快速退刀
N90 T0202；	调 2 号刀，75°内孔车刀，装夹时注意找正
N100 G00 X29 Z5；	快速定位
N110 G71 U2 R1；	粗加工内孔
N120 G71 P130 Q160 U-1 F0.2；	精车留 1mm，孔是负值
N130 G01 X44 F0.15 S1；	定位 S1 档 720r/min
N140 Z0；	定位编程原点
N150 X35 Z-1.2；	倒角
N160 Z-37；	直线，车内孔
N170 G70 P130 Q160；	精车
N180 G00 X150 Z100；	快速退刀
N190 T0303；	调 3 号刀，30°内梯形螺纹车刀
N200 M08 S2；	S2 档 450r/min，切削液开
N210 G00 X33 Z14；	快速定位
N220 G76 P0530 Q50 R0.1；	加工内梯形螺纹
N230 G76 X43 Z-45 P4000 Q100 F7；	加工内梯形螺纹
N240 G00 Z100；	快速退刀
N250 X150；	快速退刀
N260 M09；	切削液关
N270 T0404；	调 4 号刀，4mm 端面车槽刀
N280 G00 X46.49 Z5；	快速定位
N290 G74 R1；	R1 退刀量
N300 G74 X48.55 Z-5 P1000 Q2000 F0.05；	X 径向切削终点坐标，Z 轴向切削终点坐标，P 每次径向背吃刀量，Q 每次轴向背吃刀量，F 进给量
N310 G00 Z100；	快速退刀
N320 X150；	快速退刀
N330 M05；	停主轴
N340 M02；	程序结束
N350 %	程序结束符号

以上程序中用到了 G74 轴向切槽多重循环，G74 指令格式：

G74 R（e）

G74 X（U）＿Z（W）＿P（Δi）Q（Δk）R（Δd）F（f）

指令说明：径向（X 轴）进刀循环复合轴向断续切削循环：从起点轴向（Z 轴）进给、回退、再进给……直至切削到与切削终点 Z 轴坐标相同的位置，然后径向退刀、轴向回退至与起点 Z 轴坐标相同的位置，完成一次轴向切削循环；径向再次进刀后，进行下一次轴向切削循环；切削到切削终点后，返回起点（G74 的起点和终点相同），轴向切槽复合循环完成。G74 的径向进刀和轴向进刀方向由切削终点 X（U）、Z（W）与起点的相对位置决定，此指令用于在工件端面加工环形槽或中心深孔，轴向断续切削起到断屑、及时排屑的作用。走刀轨迹如图 2-34 所示。

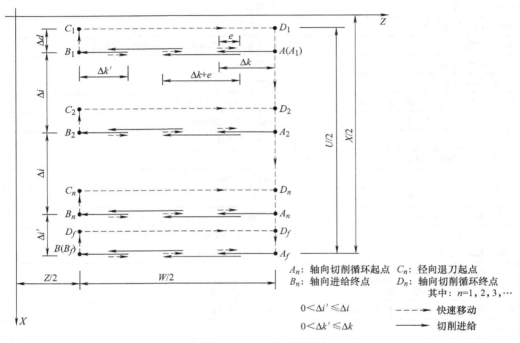

图 2-34　G74 走刀轨迹

R（e）：每次轴向（Z 轴）进刀后的轴向退刀量（单位：mm），无符号。

X：切削终点的 X 轴绝对坐标值（单位：mm）。

U：切削终点与起点的 X 轴绝对坐标的差值（单位：mm）。

Z：切削终点的 Z 轴的绝对坐标值（单位：mm）。

W：切削终点与起点的 Z 轴绝对坐标的差值（单位：mm）。

P（Δi）：单次轴向切削循环的径向（X 轴）背吃刀量（单位：0.001mm，半径值），无符号。

Q（Δk）：轴向（Z 轴）切削时，Z 轴断续进刀的进给量（单位：0.001mm），无符号。

R（Δd）：切削至轴向切削终点后，径向（X 轴）的退刀量（单位：mm，半径值），无符号，可省略。

用 G76 切削梯形螺纹时，系统采用的是斜进法，每次进给向前微量移动，直至完成切削螺纹牙型高度。

任务六 球形支座

任务目标：学会 G72 指令编程格式及应用。

实例：加工球形支座，如图 2-35 所示。

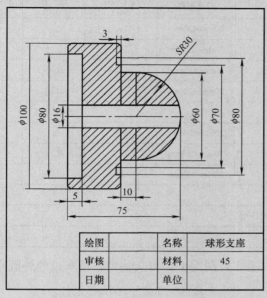

a) 零件图   b) 实体图

图 2-35 球形支座

（1）图样分析 轮廓简单、技术要求不高。毛坯直径 $\phi110$mm×76mm。

（2）数值计算 计算圆球的 Z 向坐标 Z-30。端面车槽 X 轴重点坐标减少两个宽。

（3）加工方案 采用 CKA6136 数控车床，工序集中，先粗加工、后精加工。

（4）工序划分 第一道工序，钻孔、车内孔和加工外圆。第二道工序，加工圆球和端面槽。

（5）加工路线 第一道工序，平端面→钻孔 $\phi16$mm→加工外圆 $\phi100$mm→倒角 C2→加工内孔 $\phi80$mm。第二道工序，平端面→加工圆柱 $\phi60$mm→凸圆弧 SR30mm→车端面槽 5mm×3mm。

数控加工工艺卡见表 2-35。

表 2-35 数控加工工艺卡

单位名称		产品名称			零件名称	球形支座
材料	45 钢	毛坯尺寸		$\phi110$mm×76mm	图号	
夹具	自定心卡盘		设备	CKA6136	共　页	第　页
工序	工步	工步内容	刀具号	刀具规格	背吃刀量/mm	进给量/(mm/r)	主轴转速/(r/min)
1	1	平端面	T0101	20mm×20mm	0.5	0.10	450
	2	钻孔	钻头	$\phi16$mm	8	0.3	450

（续）

单位名称			产品名称			零件名称	球形支座
材料	45 钢		毛坯尺寸		ϕ110mm×76mm	图号	
夹具	自定心卡盘			设备	CKA6136	共　页	第　页
工序	工步	工步内容	刀具号	刀具规格	背吃刀量/mm	进给量/(mm/r)	主轴转速/(r/min)
1	3	粗加工外轮廓	T0101	20mm×20mm	3	0.30	400
	4	精加工外轮廓	T0101	20mm×20mm	0.5	0.15	500
	5	车内孔	T0202	20mm×20mm	0.5	0.15	500
	6	倒角	T0202	20mm×20mm	4	0.10	400
2	7	第二道工序：调头					
	8	平端面	T0101	20mm×20mm	0.5	0.1	450
	9	加工圆球	T0101	20mm×20mm	0.5	0.15	720
	10	端面车槽	T0303	20mm×20mm	0.5	0.06	720
3	11	检验工件配合间隙是否合格					
4	12	清点工具、量具，保养机床，清扫环境卫生					
编制			审核			日期	

（6）装夹定位　采用自定心卡盘。以毛坯外圆定位。调头装夹以精车过的外圆定位。

（7）加工余量　余量为 1mm。

（8）刀具选择　90°硬质合金外圆车刀，ϕ16mm 钻头，75°盲孔内孔车刀，端面车槽刀。数控加工刀具卡见表 2-36。

表 2-36　数控加工刀具卡

工序	刀具号	刀具名称	加工内容	刀尖圆弧半径/mm	备注
1	T0101	90°外圆车刀	平端面	0.2	手动
	T0101	90°外圆车刀	加工外轮廓	0.2	自动
	钻头	ϕ16mm	钻孔	0.3	手动
	T0202	75°盲孔内孔车刀	内孔	0.1	自动
2	T0101	90°外圆车刀	平端面	0.2	手动
	T0101	90°外圆车刀	加工外轮廓	0.2	自动
	T0303	端面车槽刀	端面槽		自动

（9）切削用量

1）背吃刀量（a_p）的选择：粗车 3mm，精车 0.5mm。

2）进给量（f）的选择：粗车 0.3mm/r，精车 0.15mm/r。

3）切削速度（v_c）的选择：粗车 90m/min，精车 120m/min。

4）主轴转速（n）的选择：粗车约为 261r/min，精车约为 382r/min。

（10）编写程序　编写程序如下：

第一道工序：

O0001；	程序号
N10　G99　T0101；	转进给，调 1 号刀，90° 外圆车刀
N20　M03　S2；	主轴起动，S2 档 450r/min
N30　G00　X112　Z5；	快速定位
N40　G90　X104　Z−40　F0.3；	粗加工外圆，第一次进刀 3mm
N50　G01　X96　F0.2；	定位
N60　　　　X100　Z−2	倒角
N70　　　　Z−40	直线
N80　G00　X150　Z50；	快速退刀
N90　T0202；	调 2 号刀，75° 盲孔内孔车刀，轴向装夹刀具
N100　G00　X15　Z5；	快速定位
N110　G72　W2　R1；	粗加工内孔
N120　G72 P130　Q150　U−1 F0.2；	精车留 1mm，孔是负值
N130　G01　Z−5　F0.15 ；	总吃刀量
N140　　　　X80；	直线
N150　　　　Z0；	直线
N160　G70　P130　Q150；	精车
N170　G00　X150　Z100；	快速退刀
N180　M05；	停主轴
N190　M02；	程序结束
N 200 %	程序结束符号

第二道工序，调头装夹：

O0002；	程序号
N10　G99　T0101；	转进给，调 1 号刀，90° 外圆车刀
N20　M03　S2；	主轴起动，S2 档 450r/min
N30　G00　X112　Z5；	快速定位
N40　G90　X104　Z−40　F0.3；	粗加工外圆，第一次进刀 3mm
N50　　　　X100；	第二次进刀 2mm
N60　G00　X150　Z50；	快速退刀
N70　T0202；	调 2 号刀，75° 盲孔内孔车刀，轴向装夹
N80　G00　X102　Z5；	快速退刀
N90　G72　W2　R0.5；	粗加工内孔
N100　G72 P110　Q160　U1 F0.2；	精车留 1mm
N110　G01　Z−42　F0.15 ；	定位轴向总吃刀量
N120　　　　X100；	定位
N130　　　　X96　Z−40；	倒角

（续）

N140	X60；	直线
N150	Z–30；	直线
N160	G02　X0　Z0　R30；	加工凸圆弧
N170	G70　P130　Q160；	精车
N180	G00　X150　Z50；	快速退刀
N190	T0303；	调3号刀，端面车槽刀
N200	G00　Z–35；	快速定位
N210	X70；	快速定位
N220	G74　R1；	R1退刀量
N230	G74　X72　Z–43　P1000　Q1000　F0.05；	X径向切削终点坐标，Z轴向切削终点坐标，P每次径向背吃刀量，Q每次轴向背吃刀量，F进给量
N240	G00　X150　Z100	快速退刀
N180	M05；	停主轴
N190	M02；	程序结束
N 200 %		程序结束符号

G72 径向粗车循环，G72 指令格式：

G72 W（Δd）R（e）F S T

G72 P（ns）Q（nf）U（Δu）W（Δu）

指令说明：从里向外编程，走刀时是从外向里走，就是倒着编程，正着走。编写的精车轨迹的程序段，执行 G72 时，这些程序段仅用于计算粗车的轨迹，实际并未被执行。系统根据精车轨迹、精车余量、进给量、退刀量等数据自动计算粗加工路线，沿与 Z 轴平行的方向切削，通过多次进刀→切削→退刀的切削循环完成工件的粗加工，G72 的起点和终点相同。本指令适用于非成形毛坯（棒料）的成形粗车。

Δd：粗车时 Z 轴的背吃刀量，取值范围（单位：mm），无符号。

e：粗车时 Z 轴的退刀量，（单位：mm），无符号，退刀方向与进刀方向相反。

ns：精车轨迹的第一个程序段的程序段首行号。

nf：精车轨迹的最后一个程序段的程序段尾行号。

Δu：粗车时 X 轴留出的精加工余量（单位：mm，直径，有符号）。

Δw：粗车时 Z 轴留出的精加工余量（单位：mm，有符号）。

F：切削进给速度。

S：主轴转速。

T：刀具号、刀具偏置号。

G72 走刀轨迹如图 2-36 所示。

在编写程序时，常用到的指令是 G01、G02、G03、G90、G92、G71、G72、G70、G75、G76。学会了这些指令格式的应用，一般的零件都能够加工。

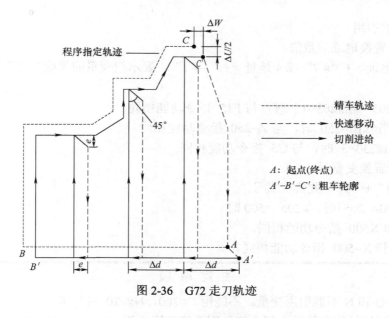

图 2-36 G72 走刀轨迹

任务七 宏程序

任务目标：学会利用三角函数及方程式编写宏程序。

通过学习宏程序知识和应用实例，提高数控车床的编程应用能力，深入挖掘数控车床的加工能力。通过任务七的学习，可以使数控车床操作人员对数控车床的变量编程技术具有更多的了解。

广州数控系统采用的是 A 类代码。GSK980TD 提供了类似于高级语言的宏指令，宏指令可以实现变量赋值、算术运算、逻辑判断及条件转移，利于编制特殊零件的加工程序，减少手工编程时进行烦琐的数值计算，精简了用户程序。

1．变量的种类

根据变量号的不同，变量分为公用变量和系统变量，它们的用途和性质都不同。

（1）公用变量 公用变量有#200～#231、#500～#515，公用变量在程序中是公用的。即在程序 1 中定义的变量和运算结果同样适用于程序 2、程序 3。公用变量为#200～#231、#500～#515，所有变量的值掉电保持。

（2）系统变量 系统变量的用途在系统中是固定的，系统变量接口输入信号有#1000～#1015，接口输出信号有#1100～#1105；系统变量接口输入/输出信号与其他功能接口信号共用同一接口，通过参数设定的那一信号接口有效，只有在相对应接口信号的功能无效时，系统变量接口输入信号才有效。

2．变量的使用方法

变量可以指定程序中的地址值。变量值可以由程序指令赋值或直接用键盘设定。一个程序中可使用多个变量，这些变量用变量号来区别。

（1）变量的表示 用"#"+变量号来表示。

格式：#i（i=200，202，203……）；

示例：#205，#209，#225。

（2）变量的引用

1）用变量置换地址后数值。

格式：< 地址 >+"# i"或< 地址 >+"–# i"，表示把变量的值或把变量的值的负值作为地址值。

示例：F#203…当#203=15 时，与 F15 指令功能相同。

Z–#210…当#210=250 时，与 Z–250 指令功能相同。

G#230…当#230=3 时，与 G3 指令功能相同。

2）用变量置换变量号。

格式："#"+"9"+置换变量号。

示例：#200 = 205 时，#205 = 500 时

X#9200 和 X500 指令功能相同。

X–#9200 和 X–500 指令功能相同。

注 意 事 项

1．地址 O 和 N 不能引用变量。不能用 O#200，N#220 进行编程。

2．如超过地址规定的最大指令值，则不能使用；例：#230 = 120 时，M#230 超过了最大指令值。

说明：

1）变量值不含小数点的，单位为 0.001mm；例：#100 = 30，则 X#100=X0.03mm。

2）变量直接用常数表示时不带"#"。

3）用度指定（P）～（S）的单位，单位是 1‰度；0.001°。

4）在各运算中，变量值只取整数，运算结果出现小数点时舍掉，变量值单位为 μm。

5）变量值在 $-2^{32} \sim +2^{32}-1$ 的范围内，但只能正确显示 $-9999999 \sim 9999999$，超过上述范围时，显示*******。

宏指令表见表 2-37。

表 2-37　宏指令表

指令格式	功能	定义
G65 H01 P#i Q#j;	赋值	#i=#j;把变量 j 的值赋给变量 i
G65 H02 P#i Q#j R#k;	十进制加法运算	#i=#j+#k
G65 H03 P#i Q#j R#k;	十进制减法运算	#i=#j–#k
G65 H04 P#i Q#j R#k;	十进制乘法运算	#i=#j×#k
G65 H05 P#i Q#j R#k;	十进制除法运算	#i=#j/#k
G65 H11 P#i Q#j R#k;	二进制加法（或运算）	#i=#jOR#k
G65 H12 P#i Q#j R#k;	二进制乘法（与运算）	#i=#jAND#k
G65 H13 P#i Q#j R#k;	二进制异或	#i=#jXOR#k
G65 H21 P#i Q#j;	十进制开平方	#i=$\sqrt{\#j}$
G65 H22 P#i Q#j;	十进制取绝对值	#i=|#j|
G65 H23 P#i Q#j R#k;	十进制取余数	#i=（#j/#k）的余数
G65 H24 P#i Q#j;	十进制变为二进制	#i=BIN[#j]
G65 H25 P#i Q#j;	二进制变为十进制	#i=DEC[#j]

（续）

指令格式	功能	定义
G65 H26 P#i Q#j R#k;	十进制乘除运算	≠
G65 H27 P#i Q#j R#k;	复合平方根	$\#i=\sqrt{\#j^2+\#k^2}$
G65 H31 P#i Q#j R#k;	正弦	$\#i=\#j \times SIN[\#k]$
G65 H32 P#i Q#j R#k;	余弦	$\#i=\#j \times COS[\#k]$
G65 H33 P#i Q#j R#k;	正切	$\#i=\#j \times TAN[\#k]$
G65 H34 P#i Q#j R#k;	反正切	$\#i=ATAN[\#j/\#k]$
G65 H80 Pn;	无条件转移	跳转至程序段 n
G65 H81 Pn Q#j R#k;	条件转移 1	如果#i=#k，则跳转至程序段 n，否则顺序执行
G65 H82 Pn Q#j R#k;	条件转移 2	如果#i≠#k，则跳转至程序段 n，否则顺序执行
G65 H83 Pn Q#j R#k;	条件转移 3	如果#i＞#k，则跳转至程序段 n，否则顺序执行
G65 H84 Pn Q#j R#k;	条件转移 4	如果#i＜#k，则跳转至程序段 n，否则顺序执行
G65 H85 Pn Q#j R#k;	条件转移 5	如果#i≥#k，则跳转至程序段 n，否则顺序执行
G65 H86 Pn Q#j R#k;	条件转移 6	如果#i≤#k，则跳转至程序段 n，否则顺序执行
G65 H99 Pn;	产生用户报警	产生（500+n）号用户报警

3. 运算命令

1）变量的赋值：$\#i = \#j$

G65 H01 P#i Q#j

例 1　G65 H01 P# 201 Q1005；　（#201 = 1005）

G65 H01 P#201 Q#210；　（#201 = #210）

G65 H01 P#201 Q–#202；　（#201 = –#202）

2）十进制加法运算：$\#i = \#j + \#k$

G65 H02 P#i Q#j R#k

例 2　G65 H02 P#201 Q#202 R15；　（#201 = #202+15）

3）十进制减法运算：$\#i = \#j - \#k$

G65 H03 P#i Q#j R# k

例 3　G65 H03 P#201 Q#202 R#203；　（#201 = #202–#203）

4）十进制乘法运算：$\#i = \#j \times \#k$

G65 H04 P#i Q#j R#k

例 4　G65 H04 P#201 Q#202 R#203；　（#201 = #202×#203）

5）十进制除法运算：$\#i = \#j / \#k$

G65 H05 P#i Q#j R#k

例 5　G65 H05 P#201 Q#202 R#203；　（#201 = #202/#203）

6）二进制逻辑加（或）：$\#i = \#j.OR.\#k$

G65 H11 P#i Q#j R#k

例 6　G65 H11 P#201 Q#202 R#203；　（#201 = #202.OR. #203）

7）二进制逻辑乘（与）：$\#i = \#j.AND.\#k$

G65 H12 P#i Q#j R#k

例 7　G65 H12 P# 201 Q#202 R#203；　（#201 = #202.AND.#203）

8）二进制异或：$\#i=\#j.XOR.\#k$

G65 H13 P#*i* Q#*j* R#*k*

例 8　G65 H13 P#201 Q#202 R#203；　（#201 = #202.XOR. #203）

9）十进制开平方：$\#i=\#j$

G65 H21 P#*i* Q#*j*

例 9　G65 H21 P#201 Q#202；　（#201 = #202）

10）十进制取绝对值：$\#i=|\#j|$

G65 H22 P#*i* Q#*j*

例 10　G65 H22 P#201 Q#202；　（#201 = | #202 |）

11）十进制取余数：$\#i=\#j-TRUNC[\#j/\#k]\times\#k$，TRUNC：舍取小数部分

G65 H23 P#*i* Q#*j* R#*k*

例 11　G65 H23 P#201 Q#202 R#203；　（#201 = #202−TRUNC [#202]/[#203]×#203

12）十进制转换为二进制：$\#i=BIN[\#j]$

G65 H24 P#*i* Q#*j*

例 12　G65 H24 P#201 Q#202；　（#201 = BIN[#202]）

13）二进制转换为十进制：$\#i=BCD(\#j)$

G65 H25 P#*i* Q#*j*

例 13　G65 H25 P#201 Q#202；　（#201 = BCD[#202]）

14）十进制取乘除运算：$\#i=(\#i\times\#j)/\#k$

G65 H26 P#*i* Q#*j* R#*k*

例 14　G65 H26 P#201 Q#202 R#203；　（#201 = （# 201×# 202）/#203）

15）复合平方根：$\#i=\#j_2+\#k_2$

G65 H27 P#*i* Q#*j* R#*k*

例 15　G65 H27 P#201 Q#202 R#203；　（#201 = #202₂ +#203₂）

16）正弦：$\#i=\#j\times SIN(\#k)$ （单位：‰度，°）

G65 H31 P#*i* Q#*j* R#*k*

例 16　G65 H31 P#201 Q#202 R#203；　（#201 = #202×SIN[#203]）

17）余弦：$\#i=\#j\times COS(\#k)$ （单位：‰度，°）

G65 H32 P#*i* Q#*j* R#*k*

例 17　G65 H32 P#201 Q#202 R#203；　（#201 =#202×COS[#203]）

18）正切：$\#i=\#j\times TAN(\#k)$ （单位：‰，°）

G65 H33 P#*i* Q#*j* R#*k*

例 18　G65 H33 P#201 Q#202 R#203；　（#201 = #202×TAN[#203]）

19）余弦：$\#i=ATAN[\#j]/[\#k]$（单位：‰，°）

G65 H34 P#*i* Q#*j* R#*k*

例 19　G65 H34 P#201 Q#202 R#203；　（#201 =ATAN[#202]/[#203]）

实例：宏程序编制。

按照图 2-37 加工椭圆，为了提高效率，利用宏指令编写程序 GSK980TD 系统是不带小数点编程，如：1mm 是 1000，10° 是 10000。GSK980TDb 是带小数点编程数，如：

90°30′编写 90.5°。GSK980TDb 将公共变量#201～#231 改为#101～#131，与数控铣 GSK990M 公共变量#101～#131 统一。H01 是等于的意思。

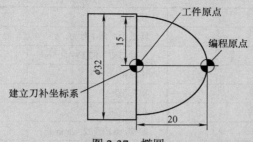

图 2-37　椭圆

（1）图样分析　轮廓简单、技术要求不高。毛坯直径φ35mm×35mm。

（2）数值计算　计算椭圆长轴 20mm，短轴 15mm。

（3）加工方案　采用 CKA6136 数控车床，工序集中，先粗加工、后精加工。

（4）工序划分　一道工序，加工椭圆

（5）加工路线　平端面→加工椭圆。数控加工工艺卡见表 2-38。

表 2-38　数控加工工艺卡

单位名称			产品名称			零件名称	球形支座
材料	45 钢		毛坯尺寸	φ110mm×76mm		图号	
夹具		自定心卡盘		设备	CKA6136	共　页	第　页
工序	工步	工步内容	刀具号	刀具规格/mm（厚×宽）	背吃刀量/mm	进给量/(mm/r)	主轴转速/(r/min)
1	1	平端面	T0101	20×20	0.5	0.10	450
	2	粗加工椭圆	T0101	20×20	2	0.30	550
	3	精加工椭圆	T0101	20×20	0.5	0.15	900
2	4	检验工件配合间隙是否合格					
3	5	清点工具、量具，保养机床，清扫环境卫生					
编制			审核			日期	

（6）装夹定位　采用自定心卡盘。以毛坯外圆定位。

（7）加工余量　余量为 1mm。

（8）刀具选择　硬质合金 90°外圆车刀。数控加工刀具卡见表 2-39。

表 2-39　数控加工刀具卡

工序	刀具号	刀具名称	加工内容	刀尖圆弧半径/mm	备注
1	T0101	90°外圆车刀	平端面	0.2	手动
	T0101	90°外圆车刀	加工椭圆	0.2	自动

（9）切削用量

1）背吃刀量（a_p）的选择：粗车 2mm，精车 0.5mm。

2）进给量（f）的选择：粗车 0.3mm/r，精车 0.15mm/r。

3）切削速度（v_c）的选择：粗车 60m/min，精车 100m/min。

4）主轴转速（n）的选择：粗车约为 546r/min，精车约为 917r/min。

（10）编写程序　用三角函数编写的程序如下。

O0001；	程序名
N10 G99 T0101；	转进给，调1号刀，90°外圆车刀
N20 M03 S2；	主轴起动，S2档450r/min
N30 G00 X35 Z5；	快速定位
N40 G73 U10 R5 F0.3；	粗车循环
N50 G73 P60 Q200 U1；	粗车循环
N60 G01 X0 F0.15 S1；	定位，S1档720r/min
N70　　Z0；	定位
N80 G65 H01 P#201 Q0；	初始赋值为0°
N90 G65 H01 P#202 Q90000；	终止角90°半个椭圆，角度到180°时为整个椭圆
N100 G65 H01 P#203 Q15000；	短半轴（X轴）15mm
N110 G65 H01 P#204 Q20000；	长半轴（Z轴）20mm
N120 G65 H01 P#205 Q5000；	每次增量5°
N130 G65 H31 P#206 Q#203 R#201；	X轴正弦
N140 G65 H32 P#207 Q#204 R#201；	Z轴余弦
N160 G65 H04 P#208 Q#206 R2；	X轴变量
N170 G65 H03 P#209 Q#207 R20000；	Z轴变量
N180 G01 X#208 Z#209 F0.15；	X、Z轴直线拟合椭圆
N190 G65 H02 P#201 Q#201 R#205；	再次赋值5°，没有就是死程序
N200 G65 H86 P130 Q#201 R#202；	条件判断，0°≤90°时跳转到130行，继续加工，0°≥90°时执行下面的程序段
N210 G01 X35 F0.3；	退刀
N220 G00 X100；	快速退刀
Z100；	快速退刀
N230 M05；	停主轴
N240 M30；	程序结束，返回首行
N250 %	程序结束符号

以图样 2-37 用椭圆方程式编写的程序：

O0002；	程序名
N10 G99 T0101；	转进给，调1号刀，90°外圆车刀
N20 M03 S2；	主轴起动，S2档450r/min
N30 G00 X35 Z5；	快速定位
N40 G73 U10 R5 F0.3；	粗车循环
N50 G73 P60 Q200 U1；	粗车循环
N60 G01 X0 F0.15　S1；	定位，S1档720r/min
N70　　Z0；	定位
N80 G65 H01 P#201 Q20000；	长半轴
N90 G65 H04 P#202 Q#201 R#201；	长半轴×长半轴

（续）

N100 G65 H05 P#203 Q#202 R400000;	长半轴×长半轴/400
N110 G65 H03 P#204 Q1 R#203;	1−长半轴×长半轴/400
N120 G65 H21 P#205 Q#204;	$\sqrt{1-\#201\times\#201/400}$
N130 G65 H04 P#206 Q#205 R10000;	$10\times\sqrt{1-\#201\times\#201/400}$
N140 G65 H04 P#207 Q#206 R2;	X 轴变量值
N160 G65 H03 P#208 Q#201 R20000;	Z 轴变量值
N170 G01 X#207 Z#208 F0.15;	X、Z 轴直线拟合椭圆
N180 G65 H03 P#201 Q#201 R1000;	再次赋值减 1
N190 G65 H85 P90 Q#201 R0;	条件判断，当#201≥0 时，跳转到 90 行，继续加工，当#201＜0 时，执行下面的程序段
N200 G01 X35 F0.3;	退刀
N210 G00 X100;	快速退刀
N220　　Z100;	快速退刀
N230 M05;	停主轴
N240 M30;	程序结束，返回首行
N250 %	程序结束符号

GSK980TDb 数控系统提供了椭圆插补 G6.2、G6.3 专用指令和 G7.2、G7.3。使加工椭圆、抛物线编程更方便。省去了烦琐的宏程序编程。使操作人员更加容易学会。

G6.2/6.3 指令格式如下：

G6.2/6.3 X（U）__Z（W）__A__B__Q__;

指令功能：

G6.2、G6.3 为模态 G 代码，G6.2 指令运动轨迹为从起点到终点的顺时针（后刀座）/逆时针（前刀座）椭圆。G6.3 指令运动轨迹为从起点到终点的逆时针（后刀座）/顺时针（前刀座）椭圆。刀具运动轨迹与 G02、G03 圆弧插补相同。

指令说明：

A：椭圆长半轴长。

B：椭圆短半轴长。

Q：椭圆的长轴与坐标系 Z 轴的夹角[逆时针方向 0～99999999（单位 0.001°），无符号，角度对 180°取余]。

例：G6.3 X30 Z−20 A20 B15 Q0;

G7.2/7.3 指令格式如下：

G7.2/7.3 X（U）__Z（W）__P__Q__;

指令功能：

G7.2、G7.3 为模态 G 代码，G7.2 指令运动轨迹为从起点到终点的顺时针（后刀座）/逆时针（前刀座）抛物线。G7.3 指令运动轨迹为从起点到终点的逆时针（后刀座）/顺时针（前刀座）抛物线。刀具运动轨迹与 G02、G03 圆弧插补相同。

指令说明：

P：为抛物线标准方程 $Y^2=2PX$ 中的 P 值（单位：最小输入增量 0.0001mm）；

Q：为抛物线对称轴与 Z 轴的夹角，取值范围 0～99999999（单位 0.001°，无符号）

例：G7.3 X60 Z−40 P10000 Q0;

应 会 训 练

根据上面所学到的编程知识，对图2-38、图2-39，进行工艺分析、数值计算、填写工艺过程卡、刀具卡，编写加工程序。

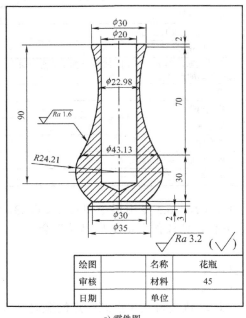

a) 零件图

绘图		名称	花瓶
审核		材料	45
日期		单位	

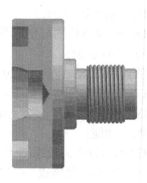

b) 实体图

图2-38　花瓶

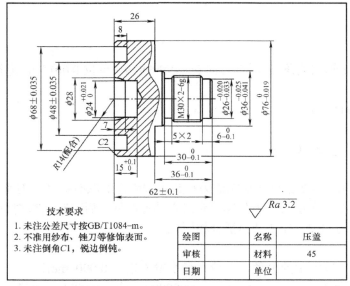

a) 零件图

技术要求

1. 未注公差尺寸按GB/T1084-m。
2. 不准用纱布、锉刀等修饰表面。
3. 未注倒角C1，锐边倒钝。

绘图		名称	压盖
审核		材料	45
日期		单位	

b) 实体图

图2-39　压盖

项目三 FANUC 0*i*—Mate—TD 系统编程与操作

第一部分 学习内容

一、编程基础知识

FANUC 0*i*—Mate—TD 数控系统 G 代码的功能与格式见表 3-1。

表 3-1 G 代码功能与格式

代码	组别	功能	格式
G00▲		快速定位	G00 X（U）__ Z（W）__; X、Z：绝对坐标，U、W：增量坐标
G01		直线插补	G01 X（U）__ Z（W）__ F__; X、Z：绝对坐标 U、W：增量坐标 F：进给速度
G02	01	顺时针圆弧插补	G02 X（U）__ Z（W）__ R __ F__; X、Z：绝对坐标 U、W：增量坐标 R：圆弧半径 F：进给速度
G03		逆时针圆弧插补	G03 X（U）__ Z（W）__ R __ F__; X、Z：绝对坐标 U、W：增量坐标 R：圆弧半径 F：进给速度
G04	00	暂停	G04 X __; X 单位：s; G04 U __; U 单位：s; G04 P __; P 单位：ms;
G20	06	寸制输入	G20;
G21▲		米制输入	G21;
G28	00	返回至参考点	G28 X __ Z __;
G32	01	螺纹切削	G32 X（U）__ Z（W）__ F/E（I）__; X、Z：螺纹终点绝对坐标 U、W：螺纹终点增量坐标 F：米制螺纹螺距（导程） E（I）：寸制螺纹导程
G34		可变导程螺纹切削	G34 X（U）__ Z（W）__ F__ K__; X、Z：螺纹终点绝对坐标 U、W：螺纹终点增量坐标 F：起点的长轴方向螺距（导程） K：主轴每旋转一周的螺距增减量

（续）

代码	组别	功能	格式
G40▲		刀尖半径补偿取消	G40＿;
G41	07	刀尖半径左补偿	G41 G01 X ＿ Z ＿ F＿;
G42		刀尖半径右补偿	G42 G01 X ＿ Z ＿ F＿;
G50▲	00	坐标系设定或主轴最高转速限制	G50 X ＿ Z＿; G50 S ＿;
G54▲		工件坐标系1选择	G54 X ＿ Z＿;
G55		工件坐标系2选择	G55 X ＿ Z＿;
G56	14	工件坐标系3选择	G56 X ＿ Z＿;
G57		工件坐标系4选择	G57 X ＿ Z＿;
G58		工件坐标系5选择	G58 X ＿ Z＿;
G59		工件坐标系6选择	G59 X ＿ Z＿;
G70		精车循环	G70 P（ns）Q（nf） ns：精加工形状的程序段组的首行顺序号 nf：精加工形状的程序段组的尾行顺序号
G71		外径内径粗车循环	G71 U（Δd）R（e） G71 P（ns）Q（nf）U（Δu）W（Δu）F（f）S（s）T（t） Δd：背吃刀量 e：退刀量 ns：精加工形状的程序段组的首行顺序号 nf：精加工形状的程序段组的尾行顺序号 Δu：X方向精加工余量的距离和方向 Δw：Z方向精加工余量的距离和方向 f：进给速度 s：主轴转速 t：刀具号及刀补号
G72	00	端面粗车循环	G72 W（Δd）R（e） G72 P（ns）Q（nf）U（Δu）W（Δu）F（f）S（s）T（t） Δd：背吃刀量 e：退刀量 ns：精加工形状的程序段组的首行顺序号 nf：精加工形状的程序段组的尾行顺序号 Δu：X方向精加工余量的距离和方向 Δw：Z方向精加工余量的距离和方向 f：进给速度 s：主轴转速 t：刀具号及刀补号
G73		多重复合循环	G73 U（Δi）W（Δk）R（d） G73 P（ns）Q（nf）U（Δu）W（Δu）F（f）S（s）T（t） Δi：半径差值指定，毛坯半径与零件轮廓X轴的终点坐标的半径差，同时也是外轮廓上的退刀量 Δk：Z方向总退刀量 d：循环切削次数 ns：精加工形状的程序段组的首行顺序号 nf：精加工形状的程序段组的尾行顺序号 Δu：X方向精加工余量的距离和方向 Δw：Z方向精加工余量的距离和方向 f：进给速度 s：主轴转速 t：刀具号及刀补号
G74		端面切槽循环	G74 R（e） G74 X（U）＿ Z（W）＿ P（Δi）Q（Δk）R（Δd）F（f） e：退刀量 X、U：终点绝对坐标 Z、W：终点相对坐标

（续）

代码	组别	功能	格式
G74		端面切槽循环	Δi：X 方向的移动量 Δk：Z 方向的每次切深量 Δd：孔底的退刀量 f：进给速度
G75		径向切槽循环	G75 R（e） G75 X（U）＿ Z（W）＿ P（Δi）Q（Δk）R（Δd）F（f） e：退刀量 X、U：终点绝对坐标 Z、W：终点相对坐标 Δi：X 方向的每次背吃刀量 Δk：Z 方向的移动量 Δd：孔底的退刀量 f：进给速度
G76	00	螺纹复合循环	G76 P（m）（r）（a）Q（Δd_{min}）R（d） G76 X（U）＿ Z（W）＿ R（i）P（k）Q（Δd）F/E（I） m：最终精加工重复次数为 1～99 r：螺纹倒角量 a：刀尖的角度（螺纹的角度）可选择 80°、60°、55°、30°、 29°、0° 六种 m，r，a：同用地址 P 一次指定 Δd_{min}：最小背吃刀量 d：精车余量 X、U：终点绝对坐标 Z、W：终点相对坐标 i：螺纹部分的半径差 k：牙型高度 Δd：第一次的背吃刀量 F：米制螺纹螺距（导程） E（I）：寸制螺纹
G90		外径内径切削循环	G90 X（U）＿ Z（W）＿ F＿； G90 X（U）＿ Z（W）＿ R＿ F＿； X、Z：循环终点坐标 U、W：循环终点坐标相对于循环起点坐标的增量值 R：被加工锥面起点与终点半径差，带方向 F：进给速度
G92	01	螺纹切削循环	G92 X（U）＿ Z（W）＿ F／E（I）＿； G92 X（U）＿ Z（W）＿ R＿ F／E（I）＿； X、Z：螺纹终点坐标 U、W：螺纹终点坐标相对于循环起点坐标的增量值 R：被加工锥面起点与终点半径差，带方向 F：米制螺纹螺距（导程） E（I）：寸制螺纹
G94		端面切削循环	G94 X（U）＿ Z（W）＿ F＿； G94 X（U）＿ Z（W）＿ R＿ F＿； X、Z：端面切削终点坐标 U、W：端面切削终点坐标相对于起点坐标的增量值 R：端面切削的起点与终点在 Z 轴的绝对坐标差值，带方向 F：进给速度
G96	02	恒线速度控制	G96 S100；线速度 100m/min
G97▲		取消恒线速度控制，改为恒转速控制	G97 S600；主轴转速 600r/min
G98	05	每分钟进给速度	G98； G01 X 50 F100；100mm/min
G99▲		每转进给速度	G99； G01 X 50 F0.2；0.2mm/r

关于 G 代码的说明：

1）G 指令有 A、B、C 三个系列，本表所列为 A 系列的 G 代码。

2）当电源接通或复位时，数控系统进入清零状态，这时的开机默认指令在表中以符号"▲"表示，但是原来的 G21 或 G20 仍保持有效。

3）表 3-1 中 00 组的 G 指令都是非模态指令。

4）当指定了本系统说明书中以外的 G 指令时，显示 P/S010 报警。

5）不同组的 G 指令在同一程序段中可以指定多个。如果在同一程序段中出现了多个同组的 G 指令，执行最后指定的一个 G 指令。

6）G 指令按组号显示，对于表中没有列出的功能指令，请参阅厂家的说明书。

二、编程实例

实例：根据实训零件图 3-1 制订加工工艺、数控加工工艺卡、数控加工刀具卡、数值计算、编写程序。

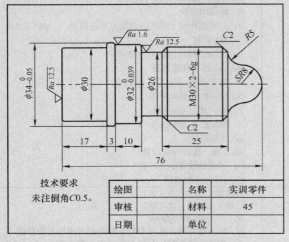

a) 零件图

b) 实体图

图 3-1　实训零件

（1）图样分析　根据图样 3-1 分析，零件有台阶、圆弧、沟槽、螺纹，公差要求较高，部分粗糙度要求较高。本零件需要分两道工序加工，工件毛坯下料 $\phi40\times77$mm。

（2）数值计算

$\phi34_{-0.05}^{\;\;0}$mm，上极限尺寸 $\phi34$mm，下极限尺寸 $\phi33.95$mm，取值 $\phi33.975$mm。

$\phi32_{-0.039}^{\;\;0}$mm，上极限尺寸 $\phi32$mm，下极限尺寸 $\phi31.961$mm，取值 $\phi31.98$mm。

螺纹 M30×2—6g，公称直径为 30mm，螺距为 2mm，公差等级 IT6，公差带位置 g，级别：中等精度；查附录 A 普通螺纹的基本尺寸，确定螺纹的小径 $\phi27.835$mm。查表 2-15 内、外螺纹的基本偏差表，大径、小径：上极限偏差是 -0.038mm，查表 2-16 外螺纹大径公差表，大径、小径：公差是 0.28mm。

大径：$\phi30_{-0.318}^{-0.038}$mm（对于中等精度的螺纹，也可根据经验公式 d-0.13 螺距）取值 $\phi29.74$mm。

小径：$\phi 27.835_{-0.318}^{-0.038}$ mm，取值 ϕ27.685mm。

牙型高度：0.5413×P（螺距）=1.083mm。

加工的零件尺寸，只要在公差范围内即合格。

（3）加工方案　根据图样分析，零件采用数控车床 CKA6140，先粗后精的加工方案。

（4）工序划分

第一道工序（加工图样左侧）：

1）平端面。

2）粗加工外圆 ϕ31mm×17mm，ϕ35mm×3mm，留 1mm 精车余量。

3）精加工外圆 ϕ30mm×17mm，$\phi 34_{-0.05}^{\ 0}$ mm×3mm，倒角。

第二道工序（加工图样右侧）：

4）调头装夹，垫铜皮找正，平端面，保证总长 76mm。

5）粗加工圆弧 $SR8$、$R5$，外圆 ϕ30.74mm×33mm，ϕ33mm×10mm，留 1mm 精车余量。

6）精加工圆弧 $SR8$、$R5$，倒角，外圆 ϕ29.74mm×33mm，$\phi 32_{-0.039}^{\ 0}$ mm×10mm，倒角。

7）车槽 8mm×2mm，倒角。

8）加工外螺纹 M30×2—6g。

第三道工序：

9）检验工件是否符合图样技术要求。量具：游标卡尺 0.02mm/0～150mm，千分尺 0.01mm/25～50mm。

10）清点工具、量具，保养机床，清扫环境卫生。

依据工序、工步划分，制订数控加工工艺卡见表 3-2。

表 3-2　数控加工工艺卡

单位名称			产品名称				零件名称	实训零件
材料	45 钢		毛坯尺寸		ϕ40mm×77mm		图号	
夹具		自定心卡盘		设备	CKA6140	共　页		第　页
工序	工步	工步内容	刀具号	刀具规格	背吃刀量 /mm	进给量 /(mm/r)	主轴转速 /(r/min)	
1	1	平端面	T0101	20mm×20mm	0.5	0.1	450	
	2	粗车外轮廓	T0101	20mm×20mm	2	0.3	550	
	3	精车外轮廓	T0101	20mm×20mm	0.5	0.15	900	
2	调头装夹，垫铜皮找正，保证长度 59mm							
	4	平端面	T0101	20mm×20mm	0.5	0.1	450	
	5	粗车外轮廓	T0101	20mm×20mm	2	0.3	550	
	6	精车外轮廓	T0101	20mm×20mm	0.5	0.15	900	
	7	车槽	T0202	20mm×20mm	4	0.1	450	
	8	加工外螺纹	T0303	20mm×20mm		2	450	
3	9	检验工件是否符合图样技术要求，涂防锈油，入库						
	10	清点工具、量具，保养机床，清扫环境卫生						
编制			审核			日期		

（5）加工路线

工序一：平端面→加工外圆→台阶→倒角。

工序二：调头装夹→平端面→加工 *SR8* 凸圆弧→*R5* 凹圆弧→外圆→台阶→倒角→切槽→倒角→加工螺纹。

（6）装夹定位　采用自定心卡盘装夹，工序一以毛坯外圆定位，工序二以 $\phi30$mm 定位。

（7）加工余量　精车余量 1mm，螺纹精车余量 0.2mm。

（8）刀具选择　选择硬质合金车刀 P10（YT15）：90°外圆车刀，4mm 车槽刀，60°外螺纹车刀、刀尖圆弧半径根据经验公式 0.125×*P*（螺距）=0.25mm，数控加工刀具卡见表 3-3。

表 3-3　数控加工刀具卡

工序	刀具号	刀具名称	加工内容	刀尖圆弧半径/mm	备注
1	T0101	90°外圆车刀	平端面	0.2	手动
	T0101	90°外圆车刀	粗精加工外轮廓	0.2	自动
2	T0101	90°外圆车刀	平端面	0.2	手动
	T0101	90°外圆车刀	粗精加工外轮廓	0.2	自动
	T0202	4mm 车槽刀	车槽 8mm×2mm	0.1	自动
	T0303	60°外螺纹车刀	加工螺纹 M30×2	0.25	自动

（9）切削用量

1）背吃刀量（a_p）的选择：粗车 2mm，精车 0.5mm。

2）进给量（f）的选择：粗车 0.3mm/r，精车 0.15mm/r。

3）切削速度（v_c）的选择：粗车 70m/min，精车 100m/min。

4）主轴转速（n）的选择：粗车约为 557r/min，精车约为 937r/min。加工螺纹主轴转速 450r/min。

（10）编写程序　依据工艺分析、数值计算，编写程序如下：

第一道工序：

O0001；	程序名
N0010 G99 T0101；	转进给，调 1 号刀，90°外圆车刀，开单段
N0020 M03 S550；	主轴正转，转速 550r/min
N0030 G00 X42 Z5；	快速定位，定位之后关单段，自动运行
N0040 G71 U2 R1；	U：粗车背吃刀量 2mm（半径值），R：退刀量 1mm（半径值）
N0050 G71 P60 Q130 U1 F0.3；	U：X轴精车余量 1mm（直径值），F：粗车进给量 0.3mm/r
N0060 G01 X29 F0.15 S900；	定位，精车进给量 0.15mm/r，转速 900r/min
N0070 Z0；	定位
N0080 X30 Z-0.5；	倒角
N0090 Z-17；	直线
N0100 X33；	定位
N0110 X33.975 Z-17.5；	倒角
N0120 Z-21；	直线

（续）

N0130	X42;	退刀
N0140	G70　P60　Q130;	精加工
N0150	G00　X100　Z100;	快速退刀
N0160	M30;	程序结束并返回首行
N0170	%	程序结束符

第二道工序：

O0002;		程序名
N0010	G99　T0101;	转进给，调1号刀，90°外圆车刀，开单段
N0020	M03　S550;	主轴正转，转速550r/min
N0030	G00　X42　Z5;	快速定位，定位之后关单段，自动运行
N0040	G71　U2　R1;	U：粗车背吃刀量2mm（半径值），R：退刀量1mm（半径值）
N0050	G71　P60　Q170　U1　F0.3;	U：X轴精车余量1mm（直径值），F：粗车进给量0.3mm/r
N0060	G01　X0　F0.15　S900;	定位，精车进给量0.15mm/r，转速900r/min
N0070	Z0;	定位
N0080	G03　X16　Z−8　R8;	加工*SR*8圆弧
N0090	G02　X26　Z−13　R5;	加工*R*5圆弧
N0100	G01　X29.74　Z−15;	倒角
N0110	Z−46;	直线
N0120	X31;	定位
N0130	X31.98　Z−46.5;	倒角
N0140	Z−56;	直线
N0150	X33;	定位
N0160	X34　Z−57;	倒角
N0170	X42;	退刀
N0180	G70　P60　Q170;	精加工
N0190	G00　X100　Z50;	快速退刀
N0200	T0202;	调2号刀，4mm车槽刀
N0210	G00　Z−48;	定位
N0220	X34;	定位
N0230	G01　X26　F0.1　S450;	车槽，转速450r/min
N0240	X34;	退刀
N0250	Z−44;	定位
N0260	X26;	车槽
N0270	X34;	退刀
N0280	Z−40;	定位
N0290	X30;	定位
N0300	X26　Z−42;	倒角
N0310	Z−48;	光整槽底
N0320	X34;	退刀

（续）

N0330　G00　X100　Z50；	快速退刀
N0340　T0303；	调 3 号刀，60°外螺纹车刀
N0350　G00　X31　Z–9；	螺纹加工循环起点
N0360　G76　P020060　Q100　R0.1；	P：精车次数 2 次，刀尖角度 60°，Q：粗车最小切深 0.1mm，R：精车余量 0.1mm（半径值）
N0370　G76 X27.685 Z–40 P1083 Q400 F2；	终点坐标 X27.685 Z–40，P：牙型高度 1.083mm，Q：粗车第一刀切深 0.4mm，F：螺距 2mm
N0380　G00　X100　Z100；	快速退刀
N0390　M30；	程序结束并返回首行
N0400　%	程序结束符

第二部分　技能操作

一、机床面板

FANUC 0i—Mate—TD 机床面板划分为编辑、操作、显示三部分，如图 3-2 所示。

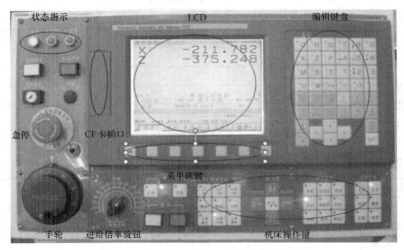

图 3-2　FANUC 0i—Mate—TD 机床面板

二、编辑键盘

编辑键盘说明，见表 3-4。

表 3-4　编辑键盘说明

按键	功能	按键	功能
POS	位置键（POS），显示机床的坐标位置，绝对、相对、综合坐标	PROG	程序键(PROG)，在编辑方式下显示存储器的程序，MDI 方式下输入程序，自动方式下显示程序
OFS/SET	刀补键(OFFSET/SETTING)，设定并显示刀具补偿值、工件坐标系	SYSTEM	参数键(SYSTEM)，显示参数的设定、自诊断功能数据的显示

（续）

按键	功能	按键	功能
 MESSAGE	报警信息键(MESSAGE)，显示数控系统报警信息、报警履历	 CSTM/GR	图形显示键(CUSTOM GRAPH)，显示刀具轨迹图形
 ALTER	替换键(ALTER)，程序编辑过程中程序字符的替换	 CAN	取消键(CAN)，取消最后输入的一个字符
 INSERT	插入键(INSERT)，程序编辑过程中程序字符的插入	 DELETE	删除键(DELETE)，删除程序字、程序段及整个程序
 HELP	帮助功能键(HELP)，报警详述、操作方法、参数表	 RESET	复位键(RESET)，用于解除报警、复位，使所有操作停止，返回初始状态
 INPUT	参数输入键(INPUT)，参数或补偿值的输入，与软键"输入"等效	 EOB E	程序段结束键，生成";"并换行
 SHIFT	上档键，当键上印有两个字符时，单击该键可切换并输入字符	 PAGE↑ PAGE↓	翻页键，上、下翻页
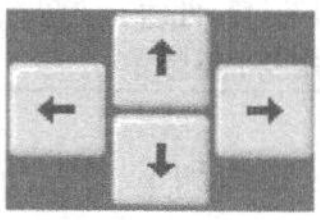 光标移动键	光标移动键，使光标上下、左右移动	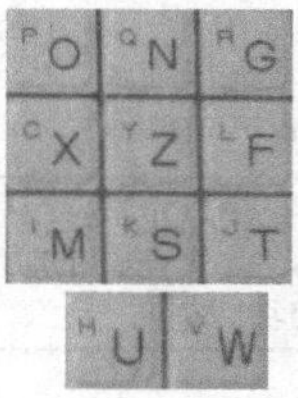 字符键	字符键，字符的输入
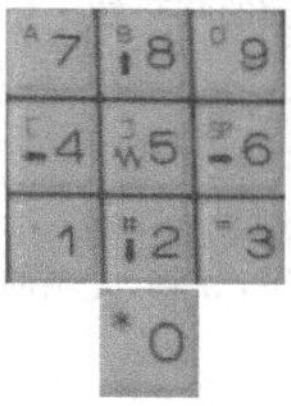 数字键	数字键，数字的输入	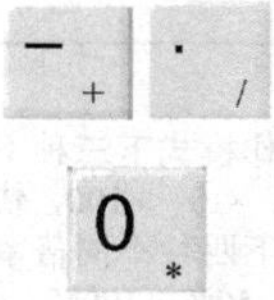 符号键	符号键，"+" "−" "*" "/" "."符号的输入

三、机床操作键

机床操作键说明见表 3-5。

表 3-5 机床操作键说明

按键	功能	按键	功能
 系统启动	系统上电，向机床润滑装置、冷却装置、机械部分、数控系统供电	 系统停止	系统掉电
 电源	电源指示灯，系统起动后，灯亮	 0程序保护1	程序保护开关，防止错误修改程序

（续）

按键	功能	按键	功能
急停开关	急停开关，出现紧急情况时，按下急停，机床运动部件停止移动	手动	手动键（JOG），手动切削进给或手动快速进给
自动	自动键（AUTO），自动运行加工	MDI	MDI键，手动数据输入
编辑	编辑键（EDIT），程序的输入及编辑程序	手摇	手摇键（HANDLE），手摇进给操作
回零	回零键（ZRN），回参考点	正转 停止 反转	主轴控制键，用于控制主轴正、停止、反转
循环起动键	循环起动键，用于起动自动运行	循环停止键	循环停止键，用于使自动运行暂停
单段	单段键（SBK），该模式下，每单击一次循环起动键，机床执行一段程序后暂停	空运行	空运行键（DRN），用于检查刀具运动轨迹的正确性
跳选	跳选键（BDT），当单击该键后，程序段前加"/"的程序段将被跳过执行	锁住	机床锁住键（MLK），用于检查程序编辑的正确性，该模式下刀具在自动运行过程中的移动功能将被限制
选择停	选择停止键（OPT STOP），该模式下，指令M01的功能与M00的功能相同	DNC	DNC键，在线加工
冷却	冷却键，切削液开关	照明	照明键，照明灯开关
X1 F0　X10 25%　X100 50%　100%	手摇操作模式下三种不同倍率：×1、×10、×100，快速进给倍率下四种不同倍率：F0、25%、50%、100%	X Z	X轴、Z轴选择手柄，用于手摇方式下，X轴、Z轴的选择
手轮	手轮，手摇方式下，控制坐标轴的移动	-X -Z +Z +X	手动方式下，按下指定轴的方向键不松开，可连续慢速进给，进给速度，可通过进给倍率旋钮进行调节。按下中间位置的快速移动键，可快速进给。回零方式下，按相应按键进行回零操作
倍率 进给速率	进给倍率旋钮，进给倍率调整范围0~150%，共16级	主轴减少 主轴100% 主轴增加	主轴修调键，主轴修调倍率范围50%~150%，共11级

（续）

按键	功能	按键	功能
X零点　Z零点	回零指示灯，X轴、Z轴回零操作结束后，指示灯亮		CF卡插口，用于存储数控程序、读取卡内程序
◀　　　　　　　　▶		菜单软键，根据用途，各有各的功能，赋予软键什么样的功能，显示在显示器上	

四、上机操作

1．机床电源的开/关

（1）电源开

1）检查数控系统和机床外观是否正常。

2）接通机床电器柜电源，单击"系统启动"按钮 。

3）LCD 画面显示"EMG ALM"报警画面。

4）可松开"急停"键 ，系统将复位。

5）检查散热风扇等是否运转正常。

（2）电源关

1）检查操作面板上的循环起动灯是否关闭。

2）检查数控车床的移动部件是否都已经停止移动。

3）如有外部输入/输出设备接到机床上，先关闭外部设备的电源。

4）单击"急停"键 →单击"系统停止"按钮 →关闭机床总电源。

2．手动操作

（1）返回参考点操作　首先观察各轴停放位置是否在负方向，如不在负方向，先将各轴移向负方向再回零。单击"回零"键（ZRN） →先按"+X"轴的方向键 ，X 轴返回参考点指示灯亮 →再按"+Z"轴的方向键 ，Z 轴返回参考点指示灯亮 。

在返回参考点过程中，为了刀具及机床的安全，数控车床的返回参考点操作一般应按：先"+X"轴回零，后"+Z"轴回零的顺序进行。

（2）手轮进给操作

1）单击"手摇"（HANDLE）键 →拨动在机床面板上的坐标轴手柄 选择 X 轴或 Z 轴→选择增量步长×1 键 、×10 键 、×100 键 。手轮刻度与机床移动量关系见表 3-6。

表 3-6　手轮刻度与机床移动量关系表

手摇增量	手摇上每一刻度的移动量		
	X1 F0	X10 25%	X100 50%
坐标指定值	0.001mm	0.01mm	0.1mm

2）旋转手摇脉冲发生器 向相应的方向移动刀具。

3．程序的编辑

（1）程序的操作

1）建立一个新程序。单击机床面板上的编辑（EDIT）键 编辑 →单击系统面板上的"程序"（PROG）键 [PROG]，输入地址符"O"，输入程序号（如 O0030）→单击系统面板上的"插入"键（INSERT）[INSERT] →单击"EOB"键 [EOB E] 生成"；"→单击系统面板上的"插入"键（INSERT）[INSERT]，即可完成新程序"O0030"的输入，并自动生成行号。

注 意 事 项

建立新程序时，建立的程序号应为内存储器中所没有的程序号。

2）调用内存储器中的程序。单击机床面板上的"编辑"（EDIT）键 编辑 →单击系统面板上的"程序"（PROG）键 [PROG]，输入地址符"O"，输入程序号（如 O0040）→单击软键检索键 检索 ，或单击"向下移动"键 ↓ 也可。即可完成程序"O0040"的调用。

3）删除程序。单个程序的删除：单击机床面板上的"编辑"（EDIT）键 编辑 →单击系统面板上的"程序"（PROG）键 [PROG]，输入地址符"O"，输入要删除的程序号（如 O0050）→单击系统面板上的"删除"键 [DELETE] →单击软键"执行"键 执 行 即可完成单个程序"O0050"的删除；指定范围内程序的删除：如果要删除指定范围内的程序，只要在输入"OXXXXOYYYY"→单击系统面板上的"删除"键 [DELETE] →单击软键"执行"键 执 行 ，即可将内存储器中"OXXXX 至 OYYYY"范围内的所有程序删除。如：O0001O0008；全部程序的删除：如果要删除内存储器中的所有程序，只要输入"O-9999"→单击系统面板上的"删除"键 [DELETE] →单击软键"执行"键 执 行 ，即可将内存储器中所有的程序删除。

4）复制程序。新建程序名（例如 O0002）→单击"插入"键（INSERT）[INSERT] →单击"扩展"软键"+" + →单击软键"粘贴" 粘 贴 →输入需要复制的程序（例如程序 O0001）→单击软键"指定 PRG" 指定PRG 即可完成。

（2）程序段的操作

1）删除程序段。单击机床面板上的"编辑"（EDIT）键 编辑 →单击"方向"键（CURSOR）

↑↓检索或扫描到将要删除的程序段首位 NXXXX 处→单击"EOB"键 EOB/E →单击"删除"（DELETE）键 DELETE 即可将当前光标所在的程序段删除；如果要删除多个程序段，单击"方向"键（CURSOR）↑检索或扫描到将要删除的程序开始段的地址（如 N0010）→计划删除几行（包括当前行）单击"EOB"键 EOB/E 几次→单击"删除"（DELETE）键 DELETE ，即可将指定范围内的所有程序段删除。

2）程序段的粘贴。单击"编辑"键（EDIT）键 编辑 →单击"程序"（PROG）键 PROG →单击软键"操作" 操 作 →单击扩展软键"+" + →单击软键"选择" 选 择 →单击"方向"键（CURSOR） ←↑↓→ 选择想要复制的程序段→单击软键"复制" 复 制 选择需要粘贴的位置之前→单击软键"粘贴" 粘 贴 →单击软键"BUF 执行" BUF执行 即可。

3）程序段的检索。程序段的检索功能主要用于自动运行模式中。其检索过程如下：单击"自动"（AUTO）键 自动 →单击"程序"键（PROG） PROG 屏幕显示程序，输入地址"N"及要检索的程序段号→单击 LCD 下的软键（N 检索） 检 索 ，即可找到所要检索的程序段。

（3）程序字的操作

1）扫描程序字。单击机床面板上的"编辑"（EDIT）键 编辑 ，单击"光标移动"键 ← → ，光标将在屏幕上，向左或向右移动一个地址字。单击"光标移动"键 ↑ ↓ ，光标将移动到上一个或下一个程序段的开始段。单击"下翻页"（PAGE DOWN）键 PAGE↓ 或"上翻页"（PAGE UP）键 ↑PAGE ，将向后或向前翻页显示。

2）跳到程序开始段。单击机床面板上的"编辑"（EDIT）键 编辑 →单击"复位"（RESET）键 RESET 即可将光标跳到程序开始段。

3）字的插入。单击机床面板上的"编辑"（EDIT）键 编辑 ，扫描到要插入位置之前的字→键入要插入的地址字和数据→单击"插入"（INSERT）键 INSERT 即可。

4）字的替换。单击机床面板上的"编辑"（EDIT）键 编辑 ，扫描到将要替换的字→键入要替换的地址字和数据→单击"替换"键（ALTER） ALTER 即可。

5）字的删除。单击机床面板上的"编辑"（EDIT）键 编辑 ，将光标移动到将要删除的字→单击"删除"键（DELETE） DELETE 即可。

6）输入过程中字的取消。在程序字符的输入过程中，如发现当前字符输入错误，则单击一次"取消"键（CAN） CAN ，则删除一个当前输入的字符。

（4）程序输入与编辑实例

O0001；
N0010　G99　G97　G21；

N0020　M03　S600　T0101；

N0030　G00　Z5　F0.1；

N0040　X42；

N0050　G90　X36　Z–20　F0.2；

N0060　X32；

N0070　G00　X100　Z100；

N0080　M30；

程序的输入过程如下：

单击机床面板上的"编辑"（EDIT）键 编辑 →单击"程序"键（PROG）→将"程序保护"置于"1"位置 。

O0001

N0010　G97　G20

N0020　M03　S600　T0101

N0030　G00　Z5　F0.1

N0040　X42

N0050　G90　X36　Z–20　F0.2

N0060　X32

N0070　G00　X100　Z100

N0080　M30

输入后，系统将自动生成程序段号。另外，当检查后发现第二行中 G20 应改成 G21，并少输了 G99，第三行多输了 F0.1，则应做如下修改：

将光标移动到 G20 上，输入"G21"，单击"替换"键（ALTER）；将光标移到"G97"上，输入"G99"，单击"插入"键（INSERT）；将光标移动到"F0.1"上，单击"删除"键（DELETE）即可。

4．设置刀具偏移值（设定工件坐标系）

根据加工要求，正确装夹工件并找正、装夹刀具。

（1）起动主轴

方法一：在 MDI 方式下，输入主轴功能指令，单击"MDI"键 MDI →单击"程序"键（PROG）（页面显示程序名 O0000）→输入"M03 S500"→单击"EOB"键 →单击"插入"键（INSERT）→单击"循环起动"键（CYCLE START）主轴正转，只要不掉电一直有效。

方法二：可以预存一个程序，程序内含有 M03 S500 程序段。作为起动机床主轴时调用。

（2）在 MDI 方式下调刀（以调 1 号刀为例）　单击"MDI"键 **MDI**→单击"程序"键（PROG）**PROG**→输入"T0100"→单击"EOB"键 **EOB E**→单击"插入"键（INSERT）**INSERT**→单击"循环起动"键（CYCLE START）□，1 号刀调到当前位置。

（3）设置 *X*、*Z* 向的刀具偏置值（设定工件坐标系）

1）选择 1 号刀具（外圆车刀），单击"手摇"键（HANDLE）**手摇**→单击"主轴正转"键（CW）**正转**，主轴正转→单击"位置"（POS）键 **POS**，再单击软键"综合"**综 合**（这时，机床 LCD 显示，如图 3-3 所示综合坐标页面）→选择坐标轴 **X Z**，摇动手摇脉冲发生器 ○，试切工件端面至中心，*Z* 轴不动，沿 *X* 轴退刀→单击"刀补"键（OFFSET/SETTING）**OFS SET**→单击软键"刀偏"**刀 偏**→单击软键"形状"**形 状** 后，显示如图 3-4 所示的刀补页面→将光标移到与刀具号相对应的刀补参数（如 1 号刀，则将光标移至"G01"行，）→输入"Z0"，单击软键"测量"**测 量**，*Z* 轴刀具偏置参数即自动存入，*Z* 轴刀具偏置值如图 3-5 所示。查看机床坐标系 *Z* 轴的数值是否与 *Z* 轴刀具偏置相符，*Z* 轴机床坐标系如图 3-6 所示。

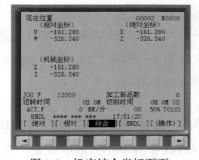

图 3-3　机床综合坐标页面

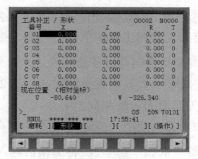

图 3-4　刀补页面

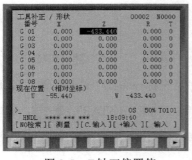

图 3-5　*Z* 轴刀偏置值

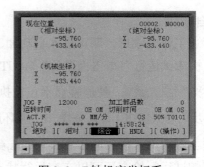

图 3-6　*Z* 轴机床坐标系

2）试切工件外圆，车一段距离，*X* 轴不动，刀具沿 *Z* 轴退出，停主轴，测量外圆直径并记录下数值（如测量直径为 40.406mm）→在刀补页面"G001"行 **G 01** 输入"X40.406"→单击软键"测量"**测 量**，*X* 轴的刀具偏移参数即自动存入，1 号刀具偏置设定完成，*X* 轴刀具偏置值如图 3-7 所示。查看机床坐标系 *X* 轴的数值加上测量工件的数值是否正确，X 轴机床坐标系如图 3-8 所示。如：机床坐标系 X 轴显示 $-108.260-40.406=-148.666$。

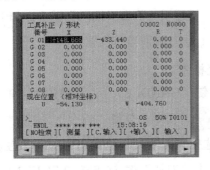

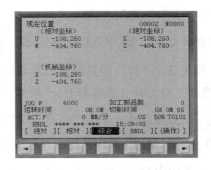

图 3-7 X 轴刀具偏置值   图 3-8 X 轴机床坐标系

3）选择 2 号刀（切断刀）将刀具移向工件端面，接近工件端面时，可将倍率降到 0.01 ，不要切削，听到摩擦声响即可停止移动，Z 轴不动，沿 X 轴退出。单击"刀补"键 进入刀具偏置界面→单击"上下光标"键 ，将光标移到"G02"行→输入"Z0"→单击软键"测量" ，刀具偏置设定完成，第 2 号刀 Z 轴坐标系建立。

4）将刀具移向工件切削过的外圆，接近工件外圆时，可将倍率降到"0.01" ，不要切削，听到摩擦声响即可停止移动，X 轴不动，沿 Z 轴退出→输入"40.406"→单击软键"测量" ，刀具偏置设定完成，第 2 号刀 X 轴坐标系建立。

其他刀具对刀方法相同。

5）如果刀具使用一段时间后，产生了磨损，单击"刀补"键（OFFSET/SETTING） →单击软键"磨损" 磨 损 将磨损值输入相对应的刀具号 W 001 W 001 位置，对刀具进行磨损补偿。

5. 自动加工

当下述工作完成后，即可进入自动加工操作。

（1）机床试运行 单击"自动"（AUTO）键 自动 →单击"程序"键（PROG） →单击软键"检测" 检 测 ，使屏幕显示正在执行的程序及坐标→单击"锁住"键（MLK） 锁住 →单击"单步"键（SBK） 单段 →单击"循环起动"按钮（CYCLE START） ，每单击一次，机床执行一段程序，这时即可检查编辑与输入的程序是否正确，程序有无编写格式错误等。

机床的试运行检查还可以在空运行状态下进行：

单击"自动"（AUTO）键 自动 →单击"程序"键（PROG） →单击"空运行"键 空运行 →单击"单段"键（SBK） 单段 →单击"循环起动"按钮（CYCLE START） ，每单击一次，机床执行一段程序，主要用于检查刀具轨迹是否与图样轮廓相符。

（2）机床的自动运行 调出需要执行的程序，确认程序正确，单击"自动"（AUTO）键

→单击"循环起动"（CYCLE START）键 ，机床自动执行加工程序。根据实际需要调整主轴转速和刀具进给速度，在机床运行过程中，可以修调主轴倍率按键 进行主轴转速的调整，主轴修调倍率范围 50%～150%，共 11 级。修调进给倍率旋钮 ，进行进给倍率的调整，进给倍率调整范围 0%～150%，共 16 级。

（3）图形仿真功能　图形显示功能可以显示自动运行或手动运行期间的刀具移动轨迹，操作人员可通过观察屏幕显示出的轨迹，检查加工过程，显示的图形可以进行放大及复原。

图形显示的操作过程如下：

单击"自动"（AUTO）键 →单击"功能"键（CUSTOM GRAPH） →通过光标移动键将光标移动至所需设定的参数处，输入数据，如图 3-9 参数设置→单击软键"图形" →单击"锁住"键（MLK） →单击"循环起动"（CYCLE START）键 （主轴运转，刀架旋转，但不移动），并在屏幕上绘出刀具的运动轨迹，如图 3-10 刀具运动轨迹。

> **注 意 事 项**
>
> 图形仿真需在加工对刀之前进行，如在对刀之后进行，需回零操作。

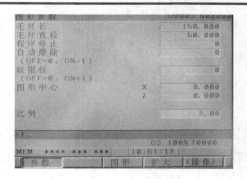

图 3-9　参数设置

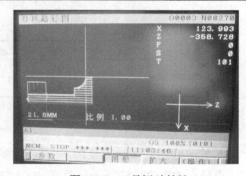

图 3-10　刀具运动轨迹

6．工件的加工与检测

在自动运行模式下启动加工程序，进行首件试切，然后卸下工件，并按图样要求对工件逐项进行检测。

7．机床保养

加工完成后，要按规定对机床和工作环境进行清理、维护和保养。

第三部分　技能实训

任务一　过渡轴

任务目标：学会 **G00、G01、G90、G92** 指令格式及应用。螺纹基本尺寸计算、刀具定位。

实例：根据图 3-11 加工过渡轴零件。

（1）图样分析　根据图 3-11 分析，零件轮廓有台阶、外圆、圆锥、沟槽、螺纹。公差要求较高，表面粗糙度要求一般。采用工序集中原则，毛坯ϕ30mm×55mm。

（2）数值计算

ϕ14$_{0}^{+0.04}$mm，上极限尺寸ϕ14.04mm，下极限尺寸ϕ14mm，取值ϕ14.02mm。

ϕ(28±0.02)mm，上极限尺寸ϕ28.02mm，下极限尺寸ϕ27.98mm，取值ϕ28mm。

螺纹 M20×2—6g，公称直径为 30mm，螺距为 2mm，公差等级 6 级，公差带位置 g，级别：中等精度；查附录 A 普通螺纹的基本尺寸，确定螺纹的小径ϕ17.835mm。查表 2-15 内、外螺纹的基本偏差表，大径、小径：上极限偏差是–0.038mm，查表 2-16 外螺纹大径公差表，大径、小径：公差是 0.28mm，

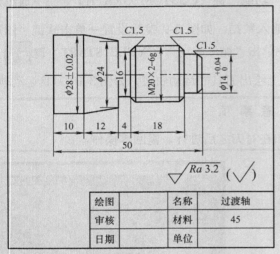

a) 零件图

b) 实体图

图 3-11　过渡轴

大径：ϕ20$_{-0.318}^{-0.038}$mm（对于中等精度的螺纹，也可根据经验公式 d–0.13P），取值ϕ19.74mm。

小径：ϕ17.835$_{-0.318}^{-0.038}$mm，取值ϕ17.685mm。

牙型高度：0.5413×P（螺距）=1.083mm。

加工的零件尺寸，只要在公差范围内即合格。

（3）加工方案　根据图样分析，零件采用数控车床 CKA6140，先粗后精的加工方案。

（4）工序划分

第一道工序：

1）平端面。

2）粗加工外圆ϕ15mm×6mm，ϕ21mm×22mm，圆锥，外圆ϕ29mm×10mm。

3）精加工外圆ϕ14$_{0}^{+0.04}$mm×6mm，ϕ19.74mm×22mm，圆锥，外圆ϕ(28±0.02)mm×10mm，倒角。

4）车槽 4mm×2mm，倒角。

5）加工外螺纹 M20×2—6g。

6）切断。

第二道工序：

7）检验工件是否符合图样技术要求，量具，游标卡尺 0.02mm/0～150mm。

8）清点工具、量具，保养机床，清扫环境卫生。

依据工序、工步划分，制订数控加工工艺卡见表 3-7。

表 3-7　数控加工工艺卡

单位名称			产品名称				零件名称	过渡轴
材料		45 钢	毛坯尺寸		$\phi30mm\times55mm$		图号	
夹具		自定心卡盘		设备	CKA6140	共　页		第　页
工序	工步	工步内容	刀具号	刀具规格	背吃刀量 /mm	进给量 /(mm/r)	主轴转速 /(r/min)	
1	1	平端面	T0101	20mm×20mm	0.2	0.1	450	
	2	粗车外轮廓	T0101	20mm×20mm	2	0.3	600	
	3	精车外轮廓	T0101	20mm×20mm	0.5	0.15	1000	
	4	车槽、倒角	T0202	20mm×20mm	4	0.1	450	
	5	加工外螺纹	T0303	20mm×20mm		2	450	
	6	切断	T0202	20mm×20mm	4	0.1	450	
2	7	检验工件是否符合图样技术要求，涂防锈油，入库						
	8	清点工具、量具，保养机床，清扫环境卫生						
编制			审核			日期		

（5）加工路线　平端面→加工外圆→圆锥→外圆→车槽→倒角→螺纹。

（6）装夹定位　采用自定心卡盘装夹，以毛坯外圆定位。

（7）加工余量　精车余量 1mm，螺纹精车余量 0.1mm。

（8）刀具选择　选择硬质合金车刀 YT15：90°外圆车刀、4mm 宽切槽刀、60°外螺纹车刀，刀尖圆弧半径根据经验公式 0.125×*P*（螺距）=0.25mm，数控加工刀具卡见表 3-8。

表 3-8　数控加工刀具卡

工序	刀具号	刀具名称	加工内容	刀尖圆弧半径/mm	备注
1	T0101	90°外圆车刀	平端面	0.2	手动
	T0101	90°外圆车刀	粗精车外轮廓	0.2	自动
	T0202	4mm 车槽刀	车槽、切断	0.1	自动
	T0303	60°外螺纹车刀	螺纹 M20×2	0.25	自动

（9）切削用量

1）背吃刀量（a_p）的选择：粗车 2mm，精车 0.5mm。

2）进给量（*f*）的选择：粗车 0.3mm/r，精车 0.15mm/r。

3）切削速度（v_c）的选择：粗车 60m/min，精车 100m/min。

4）主轴转速（*n*）的选择：粗车约为 637r/min，精车约为 1061r/min。加工螺纹主轴转速 450r/min。

（10）编写程序　依据工艺分析、数值计算，编写程序如下：

O0001；	程序名
N0010　G99　T0101；	转进给，调 1 号刀，90°外圆车刀，开单段
N0020　M03　S600；	主轴正转，转速 600r/min
N0030　G00　X32　Z5；	快速定位，定位之后关单段，自动运行
N0040　G90　X29　Z-50　F0.3；	粗加工外圆，留 1mm 精车余量
N0050　　　X25　Z-28；	粗加工外圆
N0060　　　X21；	粗加工外圆，留 1mm 精车余量
N0070　　　X18 Z-6；	粗加工外圆
N0080　　　X15；	粗加工外圆，留 1mm 精车余量
N0090　G00　Z-28；	定位
N0100　　　X30；	定位
N0110　G90　X29　Z-40　R-2　F0.3；	粗加工圆锥，留 1mm 精车余量
N0120　G01　X32　F0.3；	退刀
N0130　G00　Z5；	退刀
N0140　　　X11；	快速定位
N0150　G01　Z0　F0.15　S1000；	定位，精车进给量 0.15mm/r，转速 1000r/min
N0160　　　X14.02　Z-1.5；	倒角
N0170　　　Z-6；	精加工 ϕ14.02mm 外圆
N0180　　　X17；	定位
N0190　　　X19.74　Z-7.5；	倒角
N0200　　　Z-28；	精加工 ϕ19.74mm 外圆
N0210　　　X24；	定位
N0220　　　X28　Z-40；	精加工圆锥
N0230　　　Z-50；	精加工 ϕ28mm 外圆
N0240　　　X32；	退刀
N0250　G00　X100　Z50；	快速退刀
N0260　T0202；	调 2 号刀，4mm 车槽刀
N0270　G00　Z-28；	快速定位
N0280　　　X32；	快速定位
N0290　G01　X16　F0.1　S450；	车槽，转速 450r/min
N0300　G04　X2；	刀具暂停 2s，提高表面质量
N0310　　　X32；	退刀
N0320　　　Z-26.5；	定位
N0330　G01　X20　F0.1；	定位
N0340　　　X17　Z-28；	倒角
N0350　　　X32；	退刀
N0360　G00　X100　Z50；	快速退刀
N0370　T0303；	调 3 号刀，60°外螺纹车刀
N0380　G00　　X22　Z-2；	快速定位，螺纹加工循环起点

（续）

N0390	G92	X18.94　Z–26　F2；	第一次背吃刀量 0.4mm
N0400		X18.34；	第二次背吃刀量 0.3mm
N0410		X17.94；	第三次背吃刀量 0.2mm
N0420		X17.685；	第四次背吃刀量 0.1275mm，精车
N0430	G00	X100　Z50；	快速退刀
N0440	T0202；		调 2 号刀，4mm 车槽刀
N0450	G00	Z–54；	定位（加一个刀宽）
N0460		X32；	定位
N0470	G01	X–1　F0.1；	切断
N0480		X32；	退刀
N0490	G00	X100　Z100；	快速退刀
N0500	M05；		停主轴
N0510	T0101；		调 1 号刀，90°外圆车刀
N0520	M00；		程序暂停，拾取零件，
N0530	G00	X10　Z0；	单击循环起动键，快速定位
N0540	M00；		松开卡盘毛坯定位
N0550	G00	X100　Z50；	单击循环起动键，快速退刀
N0560	M30；		程序结束并返回首行，卡盘夹紧毛坯，继续加工
N0570	%		程序结束符号

以上编写的程序用的 G 代码指令格式、地址含义、走刀轨迹说明如下：

1）G00 快速定位，常用指令。指令格式：

G00 X（U）__ Z（W）__；

指令说明：

X、Z：绝对坐标；U、W：增量坐标。

刀具轨迹如图 3-12 所示。

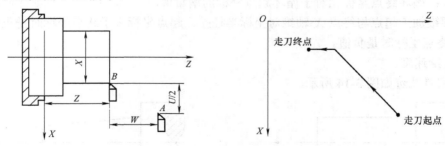

图 3-12　G00 刀具轨迹

指令格式说明：

G00 为模态 G 指令。一次指定，在后程序段中一直有效，直到被同组代码取消。单调轴走直线，双调轴走斜线。如：G00 X__；G00 Z___；。刀具轨迹是直线，G00 X___Z___；走斜线。

2）G01 直线插补，是使用最多的指令。指令格式：

G01 X（U）__ Z（W）__ F__；

指令说明：

X、Z：绝对坐标；U、W：增量坐标；F：进给速度。

G01 刀具轨迹如图 3-13 所示。

指令说明：

G01 为模态 G 指令。一次指定，在后程序段中一直有效，直到被同组代码取消。省略一个地址，走直线；同时指定，走斜线。

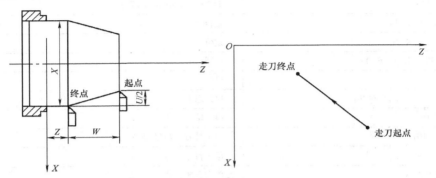

图 3-13　G01 刀具轨迹

3）G04 暂停，其功能是提高表面质量，降低表面粗糙度，为非模态指令。指令格式：

G04 X__；X 单位：s；

G04 U__；U 单位：s；

G04 P__；P 单位：ms；

4）G90 外径内径切削循环，适用于棒料加工，但不适用于直径大的零件加工。指令格式：

G90 X（U）__ Z（W）__ F__；（圆柱）

G90 X（U）__ Z（W）__ R __ F__；（圆锥）

指令说明：

X、Z：循环终点坐标。

U、W：循环终点坐标相对于循环起点坐标的增量值。

R：圆锥加工起点与终点 X 轴绝对坐标半径差，起点坐标大于终点坐标时是正值，起点坐标小于终点坐标时是负值。

F：进给速度。

G90 刀具轨迹如图 3-14 所示。

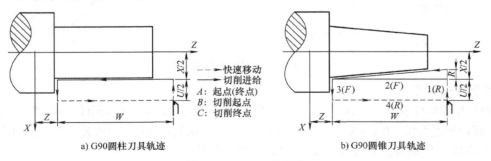

a) G90圆柱刀具轨迹　　　　　　　　　　b) G90圆锥刀具轨迹

图 3-14　G90 刀具轨迹

5）G92 为螺纹切削循环。指令格式：

G92 X（U）__ Z（W）__ F__；圆柱螺纹（米制）

G92 X（U）__ Z（W）__ R __ F__；圆锥螺纹（米制）

G92 X（U）__ Z（W）__ E（I）__；圆柱螺纹（寸制）

G92 X（U）__ Z（W）__ R __ E（I）__；圆锥螺纹（寸制）

指令说明：

X、Z：螺纹终点坐标。

U、W：螺纹终点坐标相对于循环起点坐标的增量值。

R：圆锥加工起点与终点 X 轴绝对坐标半径差，起点坐标大于终点坐标时是正值，起点坐标小于终点坐标时是负值。

F：米制螺纹螺距（导程）。

E（I）：寸制螺纹。

G92 刀具轨迹如图 3-15 所示。

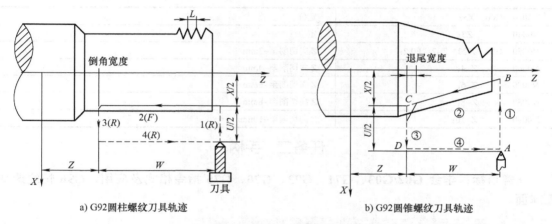

a) G92圆柱螺纹刀具轨迹　　　　　　　b) G92圆锥螺纹刀具轨迹

图 3-15　G92 刀具轨迹

6）G94 端面切削循环，适用于加工直径变化较大的零件，比 G90 效率高。指令格式：

G94 X（U）__ Z（W）__ F__；（端面切削）

G94 X（U）__ Z（W）__ R __ F__；（圆锥端面切削）

指令说明：

X、Z：端面切削终点坐标。

U、W：端面切削终点坐标相对于起点坐标的增量值。

R：端面切削的起点相对于终点在 Z 轴方向的绝对坐标差值，带方向，Z 轴起点坐标小于终点坐标时，为负值，大于终点坐标时，为正值。

F：进给速度。

G94 刀具轨迹如图 3-16 所示。

应用 G94 编制程序，适用于径向（X 值）变化较大，而轴向（Z 值）变化较小的端面类零件。如图 3-17 所示，适合于 G94 编程，刀具选择反偏刀。程序如下：

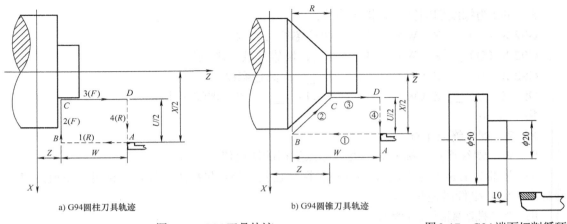

a) G94圆柱刀具轨迹   b) G94圆锥刀具轨迹

图 3-16   G94 刀具轨迹   图 3-17   G94 端面切削循环

G94 部分程序：

N0030 G00 X52；	定位
N0040 Z5；	定位
N0050 G94 X20 Z-2 F0.2；	Z 向切削至-2mm
N0060 Z-4；	Z 向切削至-4mm
N0070 Z-6；	Z 向切削至-6mm
N0080 Z-8；	Z 向切削至-8mm
N0090 Z-10；	Z 向切削至-10mm

任务二   手柄

任务目标：学会 G02/G03、G71、G73、G70、G75 指令格式及应用，G96 恒线速加工球面。

实例：根据图 3-18 加工手柄。

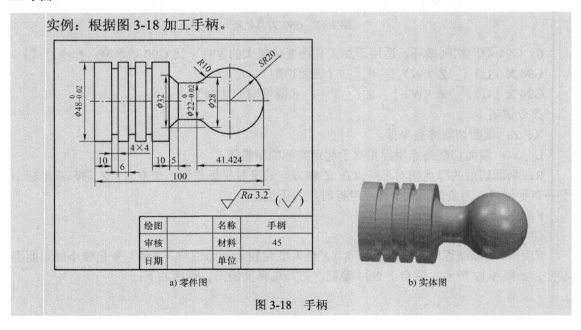

a) 零件图   b) 实体图

图 3-18   手柄

（1）图样分析　根据图 3-18 分析，零件轮廓有外圆、等距槽、圆球、圆弧。公差要求较高，表面粗糙度要求一般。本零件按加工表面划分，划分为两道加工工序，毛坯ϕ50mm×101mm。

（2）数值计算

$\phi48_{-0.02}^{\ 0}$mm，上极限尺寸ϕ48mm，下极限尺寸ϕ47.98mm，取值ϕ47.99mm。

$\phi22_{-0.02}^{\ 0}$mm，上极限尺寸ϕ22mm，下极限尺寸ϕ21.98mm。取值ϕ21.99mm。

圆弧节点，构造三角形，利用勾股定理，$a^2+b^2=c^2$，$20^2-14^2=400-196=204$

$\sqrt{204}=14.283$，Z 轴坐标$-20-14.283=-34.283$

（3）加工方案　根据图样分析，零件采用数控车床 CKA6140，先粗后精的加工方案。

（4）工序划分

第一道工序（加工图样左侧）：

1）平端面。

2）粗加工外圆ϕ49mm×44mm，留精车余量 1mm。

3）精加工外圆$\phi48_{-0.02}^{\ 0}$mm×44mm。

4）车等距槽 4mm×4mm。

第二道工序（加工图样右侧）：

5）调头装夹，垫铜皮找正，平端面，保证长度 56mm。

6）粗加工圆球 SR20、R10 圆弧，外圆ϕ23mm，圆锥，留精车余量 1mm。

7）精加工圆球 SR20、R10 圆弧，外圆$\phi22_{-0.02}^{\ 0}$mm，圆锥。

第三道工序：

8）检验工件是否符合图样技术要求量具。量具：游标卡尺 0.02mm/0～150mm，千分尺 0.01mm/0～25mm、0.01mm/25～50mm，半径样板（R 规）。

9）清点工具、量具，保养机床，清扫环境卫生。

依据工序、工步划分，制订数控加工工艺卡见表3-9。

表3-9　数控加工工艺卡

单位名称			产品名称			零件名称	手柄
材料	45 钢		毛坯尺寸		ϕ50mm×101mm	图号	
夹具		自定心卡盘		设备	CKA6140	共　页	第　页
工序	工步	工步内容	刀具号	刀具规格	背吃刀量/mm	进给量/(mm/r)	主轴转速/(r/min)
1	1	平端面	T0101	20mm×20mm	0.5	0.1	450
	2	粗车外轮廓	T0101	20mm×20mm	2	0.3	450
	3	精车外轮廓	T0101	20mm×20mm	0.5	0.15	650
	4	车等距槽	T0202	20mm×20mm	4	0.1	450
2	调头装夹，垫铜皮找正，保证长度 56mm						
	5	平端面	T0101	20mm×20mm	0.5	0.1	450
	6	粗车外轮廓	T0101	20mm×20mm	2	0.3	450
	7	精车外轮廓	T0101	20mm×20mm	0.5	0.15	
3	8	检验工件是否符合图样技术要求，涂防锈油，入库					
	9	清点工具、量具，保养机床，清扫环境卫生					
编制			审核			日期	

（5）加工路线

工序一：平端面→加工外圆→车等距槽。

工序二：调头装夹→平端面→加工圆球→凹圆弧→外圆→圆锥。

（6）装夹定位 采用自定心卡盘装夹，工序一以毛坯外圆定位，工序二以ϕ48mm 外圆定位。

（7）加工余量 精车余量 1mm。

（8）刀具选择 选择硬质合金车刀 P10(YT15)90°外圆车刀、副偏角 35°，4mm 车槽刀，数控加工刀具卡见表 3-10。

表 3-10 数控加工刀具卡

工序	刀具号	刀具名称	加工内容	刀尖圆弧半径/mm	备注
1	T0101	90°外圆车刀	平端面	0.2	手动
	T0101	90°外圆车刀	粗精车外轮廓	0.2	自动
	T0202	4mm 车槽刀	车等距槽	0.1	自动
2	T0101	90°外圆车刀	粗精车外轮廓	0.2	自动

（9）切削用量

1）背吃刀量（a_p）的选择：粗车 2mm，精车 0.5mm。

2）进给量（f）的选择：粗车 0.3mm/r，精车 0.15mm/r。

3）切削速度（v_c）的选择：粗车 70m/min，精车 100m/min。

4）主轴转速（n）的选择：粗车约为 445r/min，精车约为 662r/min。

（10）编写程序 依据工艺分析、数值计算，编写程序。

第一道工序：

O0001;	程序名
N0010　G99　T0101;	转进给，调 1 号刀，90°外圆车刀，开单段
N0020　M03　S450;	主轴正转，转速 450r/min
N0030　G00　X52　Z5;	快速定位，定位之后关单段，自动运行
N0040　G71　U2　R1;	U：粗车背吃刀量 2mm（半径值），R：退刀量 1mm（半径值）
N0050　G71　P60　Q80　U1　F0.3;	U：X 轴精车余量 1mm（直径值），F：粗车进给量 0.3mm/r
N0060　G01　X47.99　F0.15　S650;	定位，精车进给量 0.15mm/r，转速 650r/min
N0070　　　Z-44;	加工外圆
N0080　　　X52;	退刀
N0090　G70　P60　Q80;	精加工
N0100　G00　X100　Z50;	快速退刀
N0110　T0202;	调 2 号刀，4mm 车槽刀
N0120　S450;	转速 450r/min
N0130　G00　Z-14;	定位（加一个刀宽）
N0140　　　X50;	定位
N0150　G75　R1;	退刀量为 1mm
N0160　G75　X40　Z-34　P1000　Q10000　F0.1;	终点坐标为 X40 Z-34，P：X 轴每次背吃刀量 1mm，Q：Z 轴移动量 10mm，F：进给量 0.1mm/r

（续）

N0170 G00 X100 Z100;	快速退刀
N0180 M30;	程序结束并返回首行
N0190 %	程序结束符

第二道工序：

O0002;	程序名
N0010 G99 T0101;	转进给，调1号，90°外圆车刀，开单段
N0020 M03 S450;	主轴正转，转速450r/min
N0030 G00 X52 Z5;	快速定位，定位之后关单段，自动运行
N0040 G73 U25 R12;	U：毛坯半径减零件轮廓的半径 25mm（半径值），R：切削次数 12 次
N0050 G73 P60 Q120 U1 F0.3;	U：X轴精车余量 1mm（直径值），F：粗车进给量 0.3mm/r
N0060 G01 X0 F0.15;	定位，精车进给量 0.15mm/r
N0070 Z0;	定位
N0080 G03 X28 Z−34.283 R20;	加工 SR20 圆球
N0090 G02 X21.99 Z−41.424 R10;	加工 R10 圆弧
N0100 G01 Z−51;	加工外圆
N0110 X32 Z−56;	加工圆锥
N0120 X52;	退刀
N0130 G50 S1000;	设定主轴上限速度 1000r/min
N0140 G96 S100;	恒线速度 100m/min
N0150 G70 P60 Q120;	精加工
N0160 G00 X100 Z100;	快速退刀
N0170 G97;	取消恒线速度
N0180 M05;	主轴停止
N0190 M02;	程序结束
N0200 %	程序结束符

1）G02/G03 顺、逆时针圆弧插补 指令格式：

G02/G03 X（U）＿ Z（W）＿ R ＿ F＿；

指令说明：

X、Z：绝对坐标；U、W：增量坐标；R：圆弧半径；F：进给速度。

对于前置刀架，G02 是逆时针，G03 是顺时针，G02、G03 轨迹示意图如图 3-19 所示。

2）G71 外径内径粗车循环，适用于棒料，"塔"式轮廓粗加工，指令格式：

G71 U（Δd）R（e）

G71 P（ns）Q（nf）U（Δu）W（Δu）F（f）S（s）T（t）

指令说明：

Δd：背吃刀量（半径值）。

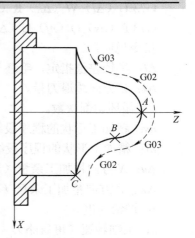

图 3-19　G02、G03 轨迹示意图

e：退刀量（半径值）。

ns：精加工形状的程序段组的首行顺序号。

nf：精加工形状的程序段组的尾行顺序号。

Δu：X 方向精加工余量（直径值）。

Δw：Z 方向精加工余量（不留精加工余量，可省略）。

f：进给速度。

s：主轴转速（可省略）。

t：刀具（可省略）。

G71 刀具轨迹如图 3-20 所示。

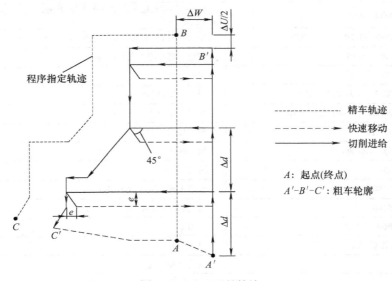

图 3-20　G71 刀具轨迹

3）G73 多重复合循环，适用于成形毛坯的加工，是非模态指令。　指令格式：

G73 U（Δi）W（Δk）R（d）

G73 P（ns）Q（nf）U（Δu）W（Δu）F（f）S（s）T（t）

指令说明：

Δi：半径差值指定，毛坯与零件轮廓的半径差值，也是外轮廓上的退刀量（半径值）。

Δk：Z 方向总退刀量。

d：循环切削次数。

ns：精加工形状的程序段组的首行顺序号。

nf：精加工形状的程序段组的尾行顺序号。

Δu：X 方向精加工余量（直径值）。

Δw：Z 方向精加工余量（不留，可省略）。

f：进给速度。

s：主轴转速（可省略）。

t：刀具（可省略）。

G73 刀具轨迹如图 3-21 所示。

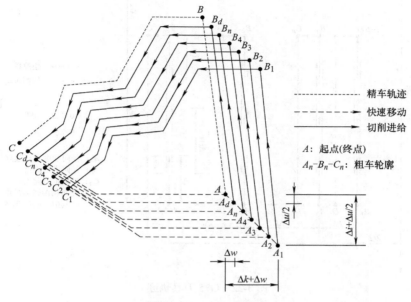

图 3-21　G73 刀具轨迹

4）G70 精车循环。指令格式：

G70 P（*ns*）Q（*nf*）

指令说明：

ns：精加工形状的程序段组的首行顺序号。

nf：精加工形状的程序段组的尾行顺序号。

刀具从起点位置沿着 *ns*～*nf* 程序段给出的工件精加工轨迹进行精加工。在 G71、G72 或 G73 进行粗加工后，用 G70 指令进行精车，单次完成精加工余量的切削。在 G71～G73 循环中，格式中的 F、S、T 仅在粗加工中有效，*ns*～*nf* 间程序段号的 F、S、T 功能都无效，仅在有 G70 精车循环的程序段中才有效。

5）G75 径向切槽循环。指令格式：

G75 R（*e*）；

G75 X（U）__Z（W）__P（Δ*i*）Q（Δ*k*）R（Δ*d*）F（*f*）

地址含义：

e：X 向退刀量。

X、U：终点绝对坐标。

Z、W：终点相对坐标。

Δ*i*：X 方向的每次背吃刀量。

Δ*k*：Z 方向的移动量。

Δ*d*：孔底的退刀量（可省略）。

f：进给速度。

G75 刀具轨迹如图 3-22 所示。

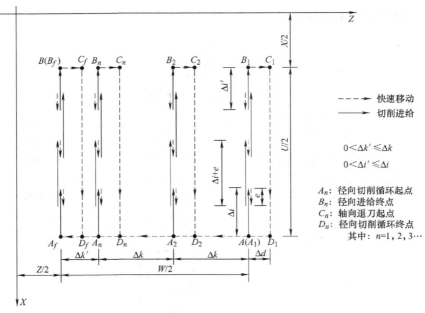

图 3-22　G75 刀具轨迹

任务三　偏心轴套

任务目标：学会 G76 指令格式及应用。加工偏心零件的方法及偏心垫的计算。

实例：偏心轴套加工根据图 3-23 加工偏心轴套零件。

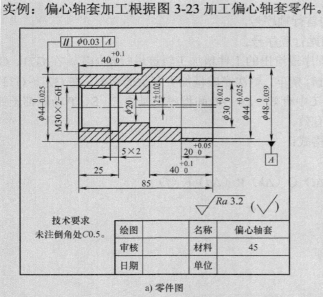

a) 零件图

b) 实体图

图 3-23　偏心轴套

（1）图样分析　根据图 3-23 分析，零件属于偏心零件，轮廓有外圆、内孔、偏心内孔、内沟槽、内螺纹。公差要求较高，表面粗糙度要求一般，有平行度要求。本零件需要划分两道工序加工，毛坯 $\phi50\text{mm}\times86\text{mm}$。

（2）数值计算

外圆$\phi 44_{-0.025}^{\ 0}$ mm 的上极限尺寸$\phi 44$mm，下极限尺寸$\phi 43.975$mm，取值$\phi 43.988$mm。

长度$40_{\ 0}^{+0.1}$ mm 的上极限尺寸 40.1mm，下极限尺寸 40mm，取值 40.05mm。

偏心孔$\phi 44_{\ 0}^{+0.025}$ mm 的上极限尺寸$\phi 44.025$mm，下极限尺寸$\phi 44$mm，取值$\phi 44.01$mm。

长度$20_{\ 0}^{+0.05}$ mm 的上极限尺寸 20.05mm，下极限尺寸 20mm，取值 20.025mm。

偏心孔$\phi 30_{\ 0}^{+0.021}$ mm 的上极限尺寸$\phi 30.021$mm，下极限尺寸$\phi 30$mm，取值$\phi 30.01$mm。

长度$40_{\ 0}^{+0.1}$ mm 的上极限尺寸 40.1mm，下极限尺寸 40mm，取值 40.05mm。

偏心外圆$\phi 48_{-0.039}^{\ 0}$ mm 的上极限尺寸$\phi 48$mm，下极限尺寸$\phi 47.961$mm，取值$\phi 47.98$mm。

其中应用自定心卡盘加垫片加工，垫片选择参照如下公式

$$X = 1.5e \pm K$$
$$K = 1.5\Delta e$$

式中，X 为垫片厚度(mm)，e 为偏心距(mm)，K 为偏心距修正值（正负按实测结果确定）(mm)。

$$1.5 \times 2\text{mm} = 3\text{mm}$$
$$3\text{mm} - 1.5 \times 0.02\text{mm} = 2.97\text{mm}$$

垫厚是 2.97mm，将垫垫好之后用指示表测量偏心距，注意偏心距是 2mm，工件转一周应是 4mm，根据实测的距离再加减垫厚。假如偏心距超差大 0.1mm，垫厚应减 0.05mm，反之，加 0.05mm。

检验偏心距时，可用公式 $e = \dfrac{D}{2} - \dfrac{d}{2} - a$

式中，e 为偏心距(mm)；D 为基准轴实际直径(mm)；d 为偏心轴实际直径(mm)；a 为偏心轴外圆到基准轴外圆之间的最小距离(mm)。

内螺纹 M30×2—6H，公称直径为 30mm，螺距为 2mm，公差等级 6 级，公差带位置 H，级别：中等精度；查附录 A 普通螺纹的基本尺寸，确定螺纹的小径 27.835mm。查表 2-15 内外螺纹的基本偏差表，小径：下极限偏差是 0mm，查表 2-17 内螺纹小径公差表，小径：公差是 0.28mm。

大径：$\phi 30_{\ 0}^{+0.28}$ mm，取值$\phi 30.14$mm

小径：$\phi 27.835_{\ 0}^{+0.28}$ mm，取值$\phi 27.98$mm，对于中等精度螺纹，可用经验公式 D-P

牙型高度：0.5413P=1.083mm

加工的零件尺寸，只要在公差范围内即合格。

（3）加工方案　根据图样分析，零件采用数控车床 CKA6140，先粗后精的加工方案。

（4）工序划分

第一道工序（加工图样左侧）：

1）平端面。

2）用 A 型$\phi 3$mm 中心钻，钻中心孔。

3）用$\phi 20$mm 钻头，钻通孔。

4）粗加工内孔$\phi 27$mm×25mm，留精车余量 1mm。

5）精加工内孔$\phi 28$mm×25mm，倒角。

6）车槽 5mm×2mm。

7）加工内螺纹 M30×2—6H。

8）粗加工外圆 ϕ45mm×40mm，留精车余量 1mm。

9）精加工外圆 ϕ44 $_{-0.025}^{0}$ mm×40 $_{0}^{+0.1}$ mm，倒角。

第二道工序（加工图样右侧）：

10）调头装夹，垫好垫片，平端面，必须控制外圆长度 44.95mm。

11）粗加工偏心内孔 ϕ43mm×20mm，ϕ29mm×40mm，留精车余量 1mm。

12）精加工偏心内孔 ϕ44 $_{0}^{+0.025}$ mm×20 $_{0}^{+0.05}$ mm，ϕ30 $_{0}^{+0.021}$ mm×40 $_{0}^{+0.1}$ mm，倒角。

13）粗加工偏心外圆 ϕ49mm×45mm，留精车余量 1mm。

14）精加工偏心外圆 ϕ48 $_{-0.039}^{0}$ mm×45mm，倒角。

第三道工序：

15）检验工件是否符合图样技术要求。量具：游标卡尺 0.02mm/0～150mm，游标深度卡尺 0.02mm/0～200mm，外径千分尺 0.01mm/25～50mm，内径指示表 0.01mm/18～35mm，0.01mm/35～50mm。

16）清点工具、量具，保养机床，清扫环境卫生。

依据工序、工步划分，制订数控加工工艺卡见表 3-11。

表 3-11　数控加工工艺卡

单位名称		产品名称			零件名称		偏心轴套
材料	45 钢	毛坯尺寸		ϕ50mm×86mm	图号		
夹具		自定心卡盘		设备	CKA6140	共　页	第　页
工序	工步	工步内容	刀具号	刀具规格	背吃刀量/mm	进给量/(mm/r)	主轴转速/(r/min)
1	1	平左端面	T0101	20mm×20mm	0.5	0.1	450
	2	钻中心孔	中心钻	A 型ϕ3mm	1.5	0.1	450
	3	钻通孔	钻头	ϕ20mm	10	0.3	350
	4	粗车内轮廓	T0202	20mm×20mm	2	0.2	700
	5	精车内轮廓	T0202	20mm×20mm	0.5	0.1	1000
	6	车退刀槽	T0303	20mm×20mm	5	0.1	450
	7	加工内螺纹	T0404	20mm×20mm		2	450
	8	粗车外轮廓	T0101	20mm×20mm	2	0.3	450
	9	精车外轮廓	T0101	20mm×20mm	0.5	0.15	650
2	调头装夹，垫好垫片，保证长度 44.95mm						
	10	平端面	T0101	20mm×20mm	0.5	0.1	450
	11	粗车内轮廓	T0202	20mm×20mm	2	0.2	700
	12	精车内轮廓	T0202	20mm×20mm	0.5	0.1	1000
	13	粗车外轮廓	T0101	20mm×20mm	2	0.3	450
	14	精车外轮廓	T0101	20mm×20mm	0.5	0.15	650
3	15	检验工件是否符合图样技术要求，涂防锈油，入库					
	16	清点工具、量具，保养机床，清扫环境卫生					
编制		审核			日期		

（5）加工路线

工序一：平端面→加工内孔→倒角→车内槽→内螺纹→外圆→倒角。

工序二：调头装夹→平端面→加工偏心内孔→倒角→偏心外圆→倒角。

（6）装夹定位　单件、小批量生产，可用单动卡盘加工，或自定心卡盘加装垫片加工。大批量生产，应用自定心卡盘，使用偏心开口套装夹。本例采用自定心卡盘，垫垫片装夹。工序一以毛坯外圆定位，工序二以 $\phi44mm$ 外圆定位。

（7）加工余量　精车余量 1mm。螺纹精车余量 0.2mm。

（8）刀具选择　选择 A 型 $\phi3mm$ 中心钻、$\phi20mm$ 钻头、硬质合金车刀 P10(YT15)：90° 外圆车刀、92° 内孔车刀、5mm 内车槽刀、60° 内螺纹车刀，刀尖圆弧半径根据经验公式 0.125P=0.25mm，数控加工刀具卡见表 3-12。

表 3-12　数控加工刀具卡

工序	刀具号	刀具名称	加工内容	刀尖圆弧半径/mm	备注
1	中心钻	A 型 $\phi3mm$	钻中心孔		手动
	钻头	$\phi20mm$	钻通孔		手动
	T0101	90° 外圆车刀	平端面	0.2	手动
	T0101	90° 外圆车刀	粗精车外轮廓	0.2	自动
	T0202	92° 内孔车刀	粗精车内轮廓	0.2	自动
	T0303	5mm 内车槽刀	车槽 5mm×2mm	0.1	自动
	T0404	60° 内螺纹车刀	内螺纹 M30×2	0.25	自动
2	T0101	90° 外圆车刀	平端面	0.2	手动
	T0101	90° 外圆车刀	粗精车外轮廓	0.2	自动
	T0202	92° 内孔车刀	粗精车内轮廓	0.2	自动

（9）切削用量

1）背吃刀量（a_p）的选择：粗车 2mm，精车 0.5mm。

2）进给量（f）的选择：外轮廓，粗车 0.3mm/r，精车 0.15mm/r。内轮廓，粗车 0.2mm/r，精车 0.1mm/r。

3）切削速度（v_c）的选择：粗车 70m/min，精车 100m/min。

4）主轴转速（n）的选择：外轮廓，粗车约为 445r/min，精车约为 662r/min。内轮廓，粗车约为 740r/min，精车约为 1060r/min。加工螺纹主轴转速 450r/min。

（10）程序编写　依据工艺分析、数值计算，编写程序。

第一道工序：

O0001；	程序名
N0010　G99　T0202；	转进给，调 2 号刀，92° 内孔车刀，开单段
N0020　M03　S700；	主轴正转，转速 700r/min
N0030　G00　X18　Z5；	快速定位，定位之后关单段，自动运行
N0040　G71　U2　R1；	U：粗车背吃刀量 2mm（半径值），R：退刀量 1mm（半径值）
N0050　G71　P60　Q100　U−1　F0.2；	U：X 轴精车余量 1mm（直径值）F：粗车进给量 0.2mm/r
N0060　G01　X32　F0.1　S1000；	定位，精车进给量 0.1mm/r，转速 1000r/min

（续）

N0070	Z0；	定位
N0080	X28　Z−2；	倒角
N0090	Z−25；	直线
N0100	X18；	退刀
N0110	G70　P60　Q100；	精加工
N0120	G00　X100　Z50；	快速退刀
N0130	T0303；	调3号刀，5mm内车槽刀
N0140	G00　X18；	定位
N0150	G01　Z−25　F0.3　S450；	定位，转速450r/min
N0160	G01　X34　F0.1；	车5mm×2mm内槽
N0170	X18；	退刀
N0180	Z5；	退刀
N0190	G00　X100　Z50；	快速退刀
N0200	T0404；	调4号刀，内螺纹车刀
N0210	G00　X26　Z4；	定位
N0220	G76　P020060　Q100　R0.1；	P：精加工次数2次，刀尖角度60°，Q：粗车最小背吃刀量0.1mm，R：精车余量0.1mm（半径值）
N0230	G76　X30.1　Z−22　P1083　Q400　F2；	终点坐标X30.1　Z−22，P：牙型高度1.083mm，Q：粗车第一刀背吃刀量0.4mm，F：螺距2mm
N0240	G00　X100　Z50；	快速退刀
N0250	T0101；	调1号刀，90°外圆车刀
N0260	G00　X52　Z5；	快速定位，定在毛坯外
N0270	G71　U2　R1；	U：粗车背吃刀量2mm（半径值），R：退刀量1mm（半径值）
N0280	G71　P290　Q330　U1　F0.3；	U：X轴精车余量1mm（直径值），F：粗车进给量0.3mm/r
N0290	G01　X43　F0.15　S650；	定位，精车进给量0.15mm/r，转速650r/min
N0300	Z0；	定位
N0310	X43.988　Z−0.5；	倒角
N0320	Z−40.05；	直线
N0330	X52；	退刀
N0340	G70　P290　Q330；	精加工
N0350	G00　X100　Z100；	快速退刀
N0360	M30；	程序结束并返回首行
N0370	％	程序结束符

第二道工序：

O0002；		程序名
N0010	G99　T0202；	转进给，调2号刀，92°内孔车刀，开单段
N0020	M03　S700；	主轴正转，转速700r/min
N0030	G00　X18　Z5；	快速定位，定位之后关单段，自动运行
N0040	G71　U2　R1；	U：粗车背吃刀量2mm（半径值），R：退刀量1mm（半径值）
N0050	G71　P60　Q130　U−1　F0.2；	U：X轴精车余量1mm（直径值），F：粗车进给量0.2mm/r

（续）

N0060	G01	X45	F0.1	S1000；	定位，精车进给量 0.1mm/r，转速 1000r/min
N0070		Z0；			定位
N0080		X44.01　Z−0.5；			倒角
N0090		Z−20.025；			直线
N0100		X31；			定位
N0110		X30.01　Z−20.5；			倒角
N0120		Z−40.05；			直线
N0130		X18；			退刀
N0140	G70	P60　Q130；			精加工
N0150	G00	X100　Z50；			快速退刀
N0160	T0101；				调 1 号刀 90°外圆车刀
N0170	G00	X52　Z5；			快速定位，定在毛坯外
N0180	G71	U2　R1；			U：粗车背吃刀量 2mm（半径值），R：退刀量 1mm（半径值）
N0190	G71 P200 Q240 U1 F0.3 S450 ；				U：*X* 轴精车余量 1mm（直径值），F：粗车进给量 0.3mm/r，S：转速 450r/min
N0200	G01	X47	F0.15	S650；	定位，精车进给量 0.15mm/r，转速 650r/min
N0210		Z0；			定位
N0220		X47.98　Z−0.5；			倒角
N0230		Z−46；			直线
N0240		X52；			退刀
N0250	G70	P200　Q240；			精加工
N0260	G00	X100　Z100；			快速退刀
N0270	M30；				程序结束并返回首行
N0280	%				程序结束符

G76 螺纹复合切削循环，效率高。指令格式：

G76 P（*m*）（*r*）（*a*）Q（Δd_{min}）R（*d*）

G76 X（U）__Z（W）__R（*i*）P（*k*）Q（Δd）F/E（I）

指令说明：

m：精加工重复次数为 1～99。

r：螺纹倒角量（可省略）。

a：刀尖的角度（螺纹的角度）可选择 80°、60°、55°、30°、29°、0°六个种类。

m、*r*、*a*：同用地址 P 一次指定。

Δd_{min}：最小背吃刀量。

d：精车余量。

X、U：终点绝对坐标。

Z、W：终点相对坐标。

i：螺纹部分起点与终点半径差，带方向。

k：牙型高度。

Δd：第一次的背吃刀量。

F：米制螺纹螺距（导程）。

E（I）：寸制螺纹（每 in 内的牙数）。

G76 刀具轨迹如图 3-24 所示。

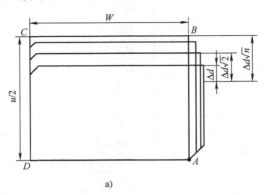

a)

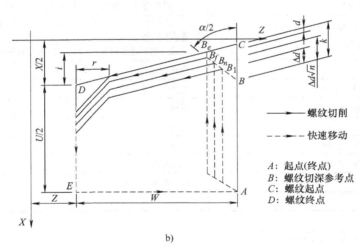

——→ 螺纹切削

- - → 快速移动

A：起点(终点)
B：螺纹切深参考点
C：螺纹起点
D：螺纹终点

b)

图 3-24　G76 刀具轨迹

任务四　槽轮

任务目标：学会 G72 指令格式及应用。用 G75 指令加工等距槽。

实例：槽轮加工零件如图 3-25 所示。

（1）图样分析　根据图 3-25 分析，零件轮廓有外圆、圆锥、圆弧、等距槽。公差要求较高，表面粗糙度要求一般，毛坯ϕ55mm×85mm。

（2）数值计算

外圆$\phi 35^{+0.035}_{0}$mm，上极限尺寸ϕ35.035mm，下极限尺寸ϕ35mm，取值ϕ35.017mm。

外圆$\phi 48^{+0.035}_{0}$mm，上极限尺寸ϕ48.035mm，下极限尺寸ϕ48mm，取值ϕ48.017mm。

（3）加工方案　根据图样分析，零件采用数控车床 CKA6140，先粗后精的加工方案。

（4）工序划分

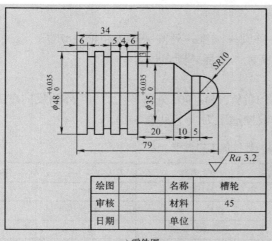

a) 零件图

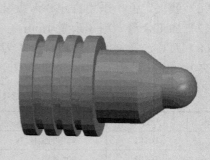

b) 实体图

图 3-25 槽轮

第一道工序:

1）平端面。

2）粗加工外圆 $\phi49$mm×83mm，留 1mm。

3）精加工外圆 $\phi48^{+0.035}_{0}$ mm×83mm。

4）粗加工 *SR*10 圆弧，外圆 $\phi21$mm×5mm，圆锥，外圆 $\phi36$mm×20mm，留 1mm 余量。

5）精加工 *SR*10 圆弧，外圆 $\phi20$mm×5mm，圆锥，外圆 $\phi35^{+0.035}_{0}$ mm×20mm。

6）车等距槽 4mm×3mm。

7）切断。

第二道工序:

8）检验工件是否符合图样技术要求。量具：游标卡尺 0.02mm/0～150mm。

9）清点工具、量具，保养机床，清扫环境卫生。

依据工序、工步划分，制订数控加工工艺卡见表 3-13。

表 3-13 数控加工工艺卡

单位名称			产品名称			零件名称		槽轮
材料	45 钢		毛坯尺寸		$\phi55$mm×85mm	图号		3-24
夹具		自定心卡盘	设备	CKA6140		共 页		第 页
工序	工步	工步内容	刀具号	刀具规格/mm（厚×宽）	背吃刀量/mm	进给量/(mm/r)		主轴转速/(r/min)
1	1	平端面	T0101	20×20	0.5	0.1		450
	2	粗车外圆	T0101	20×20	2	0.3		450
	3	精车外圆	T0101	20×20	0.5	0.15		650
	4	粗车外轮廓	T0202	20×20	2	0.3		450
	5	精车外轮廓	T0202	20×20	0.5	0.15		650
	6	车等距槽	T0303	20×20	4	0.1		450
	7	切断	T0404	20×20	4	0.1		450
2	8	检验工件是否符合图样技术要求，涂防锈油，入库						
	9	清点工具、量具，保养机床，清扫环境卫生						
编制			审核			日期		

（5）加工路线

平端面→外圆→加工凸圆弧 $SR10$→外圆→圆锥→外圆→车等距槽→切断。

（6）装夹定位　采用自定心卡盘装夹，以毛坯外圆定位。

（7）加工余量　精车余量 1mm。

（8）刀具选择　选择硬质合金车刀 P10(YT15)：90°外圆车刀、90°外圆反向车刀（轴向装夹）、4mm 车槽刀、4mm 切断刀，数控加工刀具卡见表 3-14。

表 3-14　数控加工刀具卡

工序	刀具号	刀具名称	加工内容	刀尖圆弧半径/mm	备注
1	T0101	90°外圆车刀	平端面	0.2	手动
	T0101	90°外圆车刀	粗精车外圆	0.2	自动
	T0202	90°外圆反车刀	粗精车外轮廓	0.2	自动
	T0303	4mm 车槽刀	车等距槽	0.1	自动
	T0404	4mm 切断刀	切断	0.1	自动

（9）切削用量

1）背吃刀量（a_p）的选择：粗车 2mm，精车 0.5mm。

2）进给量（f）的选择：粗车 0.3mm/r，精车 0.15mm/r。

3）切削速度（v_c）的选择：粗车 80m/min，精车 100m/min。

4）主轴转速（n）的选择：粗车约为 462r/min，精车约为 662r/min。

（10）编写程序　依据工艺分析、数值计算，编写程序如下：

第一道工序：

O0001；	程序名
N0010　G99　T0101；	转进给，调 1 号刀，90°外圆车刀，开单段
N0020　M03　S450；	主轴正转，转速 450r/min
N0030　G00　X57　Z5；	快速定位，定位之后关单段，自动运行
N0040　G90　X51　Z-83　F0.3；	粗加工外圆
N0050　　　　X49	粗加工外圆，留 1mm 精车余量
N0060　G01　X48.017　F0.15　S650；	精加工
N0070　　　　Z-83；	精加工
N0080　　　　X57；	退刀
N0090　G00　X100　Z50；	快速退刀
N0100　T0202；	调 2 号刀，90°外圆反向车刀
N0110　G00　X50　Z5；	快速定位
N0120　G72　W2　R1；	W：Z 向粗车进刀量 2mm，R：退刀量 1mm
N0130　G72 P140 Q200 U1 W0.5 F0.3 S450；	U：X 轴精车余量 1mm（直径值），W：Z 轴精车余量 0.5mm，S：转速 450r/min
N0140　G01　Z-45　F0.15　S650；	定位，精车进给量 0.15mm/r，转速 650 r/min
N0150　　　　X35.017；	定位

（续）

N0160	Z–25；	直线
N0170	X20　Z–15；	圆锥
N0180	Z–10；	外圆
N0190	G02　X0　Z0　R10；	*SR*10 圆弧
N0200	G01　X50；	退刀
N0210	G70　P140　Q200；	精加工
N0220	G00　X100　Z50；	快速退刀
N0230	T0303；	调 3 号刀，4mm 车槽刀
N0240	S450；	转速 450r/min
N0250	G00　Z–55；	定位
N0260	X52；	定位
N0270	G75　R1；	退刀量为 1mm
N0280 G75 X42 Z–73 P1000 Q9000 F0.1；		终点坐标为 X42 Z–73，P：X 轴每次背吃刀量 1mm，Q：Z 轴向移动量 9mm，进给量 0.1mm/r
N0290	G00　X100　Z50；　；	快速退刀
N0300	T0404；	调 4 号刀，4mm 切断刀
N0310	G00　Z–83；	定位
N0320	X57；	定位
N0330	G01　X–2　F0.1；	切断
N0340	X57；	退刀
N0350	G00　X150　Z100；	快速退刀
N0360	M30；	程序结束并返回首行
N0370	%	程序结束符

G72 端面粗车循环，指令格式：

G72 W（Δd）R（e）

G72 P（ns）Q（nf）U（Δu）W（Δw）F（f）S（s）T（t）

指令说明：

Δd：切削量（Z 向）。

e：退刀量（Z 向）。

ns：精加工形状的程序段组的首行顺序号。

nf：精加工形状的程序段组的尾行顺序号。

Δu：X 方向精加工余量（直径值）。

Δw：Z 方向精加工余量（不留，可省略）。

f：进给速度。

s：主轴转速（可省略）。

t：刀具（可省略）。

G72 刀具轨迹如图 3-26 所示。

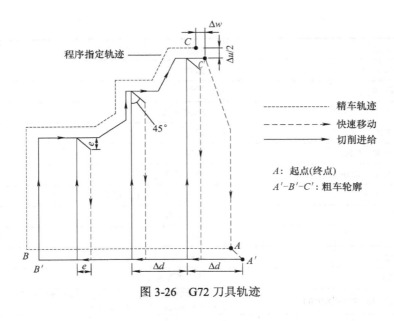

图 3-26　G72 刀具轨迹

任务五　带轮

任务目标：学会加工 V 形槽、坐标点的数值计算。

实例：根据图 3-27 加工带轮零件。

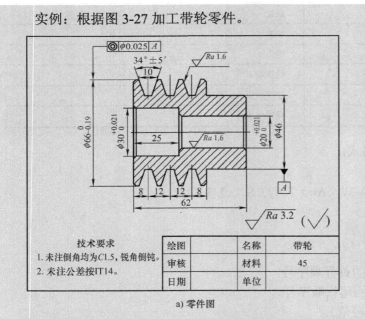

a) 零件图　　　　　　　　　b) 实体图

图 3-27　带轮零件

（1）图样分析　根据图样 3-27 分析，零件轮廓有外圆、V 形槽、台阶孔。公差要求较高，技术要求：表面粗糙度 $Ra3.2\mu m$、$Ra1.6\mu m$，$\phi66mm$ 与 $\phi46mm$，内孔 $\phi30mm$ 与 $\phi20mm$，$\phi66mm$ 与内孔 $\phi30mm$、$\phi20mm$ 有同轴度要求 $\phi0.025mm$。本零件需要划分两道工序加工，毛坯 $\phi70mm\times63mm$。

（2）数值计算　以车槽刀宽 3.88mm 计算，参考图 3-28 第一个 V 形槽示意图。

计算槽底宽度：

$\tan 17° = 0.3057$

66mm–46mm=20mm，20mm/2=10mm

10mm×0.3057=3.057mm≈3.06mm

槽底宽：10mm–3.06mm×2=3.88mm

计算 G75 车槽定位点：

3.88mm/2=1.94mm

定位点：8mm+1.94mm=9.94mm

计算 G75 车槽终点坐标：

终点 8mm+12mm+12mm+1.94mm=33.94mm

计算 34° V 形槽各点坐标：

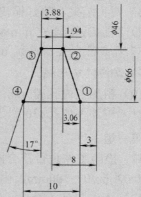

图 3-28　第一个 V 形槽示意图

坐标点①8mm–1.94mm–3.06mm=3mm（让出刀宽 3.88mm）

刀具定位在 3mm+3.88mm=6.88mm

坐标点②3mm+3.06mm=6.06mm

坐标点③8mm+1.94mm=9.94mm

坐标点④3mm+10mm=13mm

同理，第二个 V 形槽：

坐标点⑤12mm+6.88mm=18.88mm

坐标点⑥12mm+6.06mm=18.06mm

坐标点⑦12mm+13mm=25mm

坐标点⑧12mm+9.94mm=21.94mm

第三个 V 形槽：

坐标点⑨24mm+6.88mm=30.88mm

坐标点⑩24mm+6.06mm=30.06mm

坐标点⑪24mm+13mm=37mm

坐标点⑫24mm+9.94mm=33.94mm

外圆 $\phi 66_{-0.19}^{\ 0}$ mm 上极限尺寸 $\phi 66$ mm，下极限尺寸 $\phi 65.81$ mm，取值 $\phi 65.91$ mm。

内孔 $\phi 30_{\ 0}^{+0.021}$ mm 上极限尺寸 $\phi 30.021$ mm，下极限尺寸 $\phi 30$ mm，取值 $\phi 30.01$ mm。

内孔 $\phi 20_{\ 0}^{+0.021}$ mm 上极限尺寸 $\phi 20.021$ mm，下极限尺寸 $\phi 20$ mm，取值 $\phi 20.01$ mm。

（3）加工方案　根据图样分析，零件采用数控车床 CKA6140，先粗后精的加工方案。

（4）工序划分

第一道工序：

1）平端面。

2）用 A 型 $\phi 3$ mm 中心钻，钻中心孔。

3）用 $\phi 18$ mm 钻头，钻通孔。

4）粗加工外圆 $\phi 47$ mm×22mm，留精车余量 1mm。

5）精加工外圆 $\phi 46$ mm×22mm，倒角。

第二道工序：

6）调头装夹，垫好铜皮，平端面，保证长度 40mm。

7）粗加工外圆 $\phi67mm \times 40mm$，留精车余量 1mm。

8）精加工外圆 $\phi66_{-0.19}^{0}mm \times 40mm$，倒角。

9）车 34°V 形槽。

10）粗加工内孔 $\phi29mm \times 25mm$，$\phi19mm \times 37mm$，留精车余量 1mm。

11）精加工内孔 $\phi30_{0}^{+0.021}mm \times 25mm$，$\phi20_{0}^{+0.021}mm \times 37mm$，倒角。

第三道工序：

12）检验工件是否符合图样技术要求。量具：游标卡尺 0.02mm/0～150mm，游标深度卡尺 0.02mm/0～200mm，内径指示表 0.01mm/18～35mm，34°V 形样板。

13）清点工具、量具，保养机床，清扫环境卫生。

依据工序、工步划分，制订数控加工工艺卡见表 3-15。

表 3-15　数控加工工艺卡

单位名称			产品名称			零件名称	带轮
材料	45 钢		毛坯尺寸		$\phi70mm \times 63mm$	图号	
夹具	自定心卡盘		设备	CKA6140		共　页	第　页
工序	工步	工步内容	刀具号	刀具规格	背吃刀量 /mm	进给量 /(mm/r)	主轴转速 /(r/min)
1	1	平端面	T0101	20mm×20mm	0.5	0.1	450
	2	钻中心孔	中心钻	A 型 $\phi3mm$	1.5	0.1	450
	3	钻通孔	钻头	$\phi18mm$	9	0.3	350
	4	粗加工外圆	T0101	20mm×20mm	2	0.3	400
	5	精加工外圆	T0101	20mm×20mm	0.5	0.15	500
2	调头装夹，垫铜皮找正，保证长度 40mm						
	6	平端面	T0101	20mm×20mm	0.5	0.1	450
	7	粗加工外圆	T0101	20mm×20mm	2	0.3	400
	8	精加工外圆	T0101	20mm×20mm	0.5	0.15	500
	9	车槽	T0202	20mm×20mm	3.88	0.1	450
	10	粗车内轮廓	T0303	20mm×20mm	2	0.2	800
	11	精车内轮廓	T0303	20mm×20mm	0.5	0.1	1000
3	12	检验工件是否符合图样技术要求，涂防锈油，入库					
	13	清点工具、量具，保养机床，清扫环境卫生					
编制			审核			日期	

（5）加工路线

工序一：平端面→钻中心孔→钻通孔→加工外圆→倒角。

工序二：调头装夹→平端面→加工外圆→车 34°V 形槽→倒角→台阶孔→倒角。

（6）装夹定位　采用自定心卡盘装夹，工序一以毛坯外圆定位，工序二以 $\phi46mm$ 外圆定位。

（7）加工余量　精车余量 1mm。

（8）刀具选择　选择 A 型 ϕ3mm 中心钻，ϕ18mm 钻头，硬质合金车刀 P10(YT15)：90°外圆车刀、92°内孔车刀，3.88mm 车槽刀，数控加工刀具卡见表 3-16。

表 3-16　数控加工刀具卡

工序	刀具号	刀具名称	加工内容	刀尖圆弧半径/mm	备注
1	中心钻	A 型 ϕ3mm	钻中心孔		手动
	钻头	ϕ18mm	钻通孔		手动
	T0101	90°外圆车刀	平端面	0.2	手动
	T0101	90°外圆车刀	粗精加工外圆	0.2	自动
2	T0101	90°外圆车刀	平端面	0.2	手动
	T0101	90°外圆车刀	粗精加工外圆	0.2	自动
	T0202	车槽刀	车 34°V 形槽	0.1	自动
	T0303	92°内孔车刀	粗精加工内孔	0.2	自动

（9）切削用量

1）背吃刀量（a_p）的选择：粗车 2mm，精车 0.5mm。

2）进给量（f）的选择：外轮廓，粗车 0.3mm/r，精车 0.15mm/r。内轮廓，粗车 0.2mm/r，精车 0.1mm/r。

3）切削速度（v_c）的选择：粗车 80m/min，精车 100m/min。

4）主轴转速（n）的选择：外轮廓，粗车约为 363r/min，精车约为 481r/min。内轮廓，粗车约为 848r/min，精车约为 1060r/min。

（10）编写程序　依据工艺分析、数值计算，编写程序。

第一道工序：

O0001；	程序名
N0010　G99　T0101；	转进给，调 1 号刀，90°外圆车刀，开单段
N0020　M03　S400；	主轴正转，转速 400r/min
N0030　G00　X72　Z5；	快速定位，定位之后关单段，自动运行
N0040　G71　U2　R1；	U：粗车背吃刀量 2mm（半径值），R：退刀量 1mm（半径值）
N0050　G71　P60　Q120　U1　F0.3；	U：*X* 轴精车余量 1mm（直径值），F：粗车进给量 0.3mm/r
N0060　G01　X43　F0.15　S500；	定位，精车进给量 0.15mm/r，转速 500r/min
N0070　　　Z0；	定位
N0080　　　X46　Z−1.5；	倒角
N0090　　　Z−22；	直线
N0100　　　X63；	定位
N0110　　　X65.91　Z−23.5；	倒角
N0120　　　X72；	退刀
N0130　G70　P60　Q120；	精加工
N0140　G00　X100　Z100；	快速退刀
N0150　M30；	程序结束并返回首行
N0160　%	程序结束符

第二道工序：

O0002;	程序名
N0010　G99　T0101;	转进给，调1号刀，90°外圆车刀，开单段
N0020　M03　S400;	主轴正转，转速400r/min
N0030　G00　X72　Z5;	快速定位，定位之后关单段，自动运行
N0040　G71　U2　R1;	U：粗车背吃刀量2mm（半径值），R：退刀量1mm（半径值）
N0050　G71　P60　Q100　U1　F0.3;	U：X轴精车余量1mm（直径值），F：粗车进给量0.3mm/r
N0060　G01　X63　F0.15　S500;	定位，精车进给量0.15mm/r，转速500r/min
N0070　　　Z0;	定位
N0080　　　X65.91　Z−1.5;	倒角
N0090　　　Z−40;	直线
N0100　　　X72;	退刀
N0110　G70　P60　Q100;	精加工
N0120　G00　X100　Z50;	快速退刀
N0130　T0202;	调2号刀，3.88mm宽车槽刀
N0140　S450;	转速450r/min
N0150　G00　Z−9.94;	定位
N0160　　　X68;	定位
N0170　G75　R1;	退刀量为1mm
N0180 G75 X46 Z−33.94 P1000 Q12000 F0.1;	终点坐标X46 Z−33.94，P：X轴每次背吃刀量1mm，Q：Z轴移动量12mm，F：进给量0.1mm/r
N0190　G01　Z−6.88　F0.1;	定位
N0200　　　X65.91;	定位
N0210　　　X46　　Z−9.94;	加工第一个34°槽右侧
N0220　　　X68;	退刀
N0230　　　Z−13;	定位
N0240　　　X65.91;	定位
N0250　　　X46　　Z−9.94;	加工第一个34°槽左侧
N0260　　　X68;	定位
N0270　　　Z−18.88;	定位
N0280　　　X65.91;	定位
N0290　　　X46　　Z−21.94;	加工第二个34°槽右侧
N0300　　　X68;	退刀
N0310　　　Z−25;	定位
N0320　　　X65.91;	定位
N0330　　　X46　　Z−21.94;	加工第二个34°槽左侧
N0340　　　X68;	定位
N0350　　　Z−30.88;	定位
N0360　　　X65.91;	定位
N0370　　　X46　　Z−33.94;	加工第三个34°槽右侧
N0380　　　X68;	退刀

（续）

N0390	Z−37;		定位
N0400	X65.91;		定位
N0410	X46	Z−33.94;	加工第三个 34°槽左侧
N0420	X68;		退刀
N0430	G00 X100	Z50;	快速退刀
N0440	T0303	S800;	调 3 号刀，92°内孔车刀，转速 800r/min
N0450	G00 X18	Z5;	快速定位
N0460	G71 U2	R1;	U：粗车背吃刀量 2mm（半径值），R：退刀量 1mm（半径值）
N0470	G71 P480	Q550 U−1 F0.2;	U：X轴精车余量 1mm（直径值），F：粗车进给量 0.2mm/r
N0480	G01 X33	F0.1 S1000;	定位，精车进给量 0.1mm/r，转速 1000r/min
N0490	Z0;		定位
N0500	X30.01	Z−1.5;	倒角
N0510	Z−25;		直线
N0520	X23;		定位
N0530	X20.01	Z−26.5;	倒角
N0540	Z−64;		直线
N0550	X18;		退刀
N0560	G70 P480	Q550;	精加工
N0570	G00 X100	Z100;	快速退刀
N0580	M30;		程序结束并返回首行
N0590	%		程序结束符

任务六　管接头

任务目标：学会 **G74** 指令格式及应用。**55°密封管锥螺纹加工、配合件加工。公差数值的控制。**

实例：根据图 3-29 加工管接头零件。

（1）图样分析　根据图 3-29 分析，本零件图是由两件组成的配合件，零件轮廓有外圆、锥度、端面槽、55°密封管锥螺纹、锥度比 1：16。本件看似简单，关键是端面槽、孔、轴的配合尺寸要精确。本零件需要划分四道工序加工，毛坯 ϕ55mm×57mm、ϕ55mm×25mm。

（2）数值计算

1）第一道工序、第二道工序：

55°寸制螺纹 R1″−11 基本尺寸：

查表，为了便于应用可从附录 B 确定，55°密封管螺纹的基本尺寸、大径、小径、牙高，大径 ϕ33.249mm　小径 ϕ30.291mm，牙高 1.479mm。

计算：

螺距：$P=\dfrac{25.4}{n}$ mm=25.4mm/11=2.309mm。

牙型高度：$h=0.640327P=0.640327×2.309$mm=1.479mm。

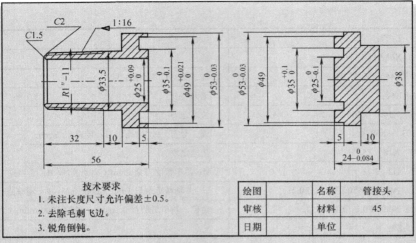

技术要求
1. 未注长度尺寸允许偏差±0.5。
2. 去除毛刺飞边。
3. 锐角倒钝。

绘图		名称	管接头
审核		材料	45
日期		单位	

a) 零件图

b) 实体图

图 3-29 管接头

小径 $d_1=D_1=d-1.280654P=33.249\text{mm}-1.280654\times2.309\text{mm}=30.291\text{mm}$。

刀尖圆弧半径 $r=0.137278P=0.317\text{mm}$。

锥度的计算：$d=D-CL$

由于 Z 轴定位螺纹引入长度 4mm，所以锥度半径差为(32+4)mm/16/2=1.125mm。

内孔 $\phi25^{+0.09}_{0}$ mm，上极限尺寸 $\phi25.09$mm，下极限尺寸 $\phi25$mm，取值 $\phi25.045$mm。

外圆 $\phi53^{0}_{-0.03}$ mm，上极限尺寸 $\phi53$mm，下极限尺寸 $\phi52.97$mm，取值 $\phi52.985$mm。

端面槽 $\phi35^{0}_{-0.1}$ mm，上极限尺寸 $\phi35$mm，下极限尺寸 $\phi34.9$mm，取值 $\phi34.95$mm。

端面槽 $\phi49^{+0.021}_{0}$ mm，上极限尺寸 $\phi49.021$mm，下极限尺寸 $\phi49$mm，取值 $\phi49.011$mm。

2）第三道工序、第四道工序：

外圆 $\phi53^{0}_{-0.03}$ mm，上极限尺寸 $\phi53$mm，下极限尺寸 $\phi52.97$mm，取值 $\phi52.985$mm。

端面槽 $\phi25^{0}_{-0.1}$ mm，上极限尺寸 $\phi25$mm，下极限尺寸 $\phi24.9$mm，取值 $\phi24.95$mm。

端面槽 $\phi35^{+0.1}_{0}$ mm，上极限尺寸 $\phi35.1$mm，下极限尺寸 $\phi35$mm，取值 $\phi35.05$mm。

（3）加工方案 零件用数控车床 CKA6140，先粗后精的加工方案。

（4）工序划分

第一道工序：

1）平端面。

2）用 A 型 ϕ3mm 中心钻钻中心孔。

3）用 ϕ15mm 钻头，钻通孔。

4）用 ϕ23mm 钻头，扩孔。

5）精加工内孔 $\phi25^{+0.09}_{0}$ mm，倒角。

6）粗加工锥、外圆 ϕ34.5mm×42mm，留 1mm 余量。

7）精加工锥、外圆 ϕ33.5mm×42mm，倒角。

8）加工 55° 密封管锥螺纹。

第二道工序：

9）调头装夹，垫好铜皮，平端面，保证长度 14mm。

10）粗加工外圆 ϕ54mm×14mm，留 1mm 余量。

11）精加工外圆 $\phi53^{\ 0}_{-0.03}$ mm×14mm，倒角。

12）车端面槽。

第三道工序：

13）平端面。

14）粗加工外圆 ϕ39mm×10mm，留 1mm 余量。

15）精加工外圆 ϕ38mm×10mm，倒角。

第四道工序：

16）调头装夹，垫好铜皮，平端面，保证长度 14mm。

17）粗加工外圆 ϕ50mm×5mm，ϕ54mm×9mm，留 1mm 余量。

18）精加工外圆 ϕ49mm×5mm，$\phi53^{\ 0}_{-0.03}$ mm×9mm，倒角。

19）车端面槽。

第五道工序：

20）检验工件是否符合图样技术要求，量具，游标卡尺 0.02mm/0～150mm，外径千分尺 0.01mm/50～75mm，55° 螺纹环规，检验两件配合间隙。

21）清点工具、量具，保养机床，清扫环境卫生。

依据工序、工步划分，制订数控加工工艺卡见表 3-17。

表 3-17　数控加工工艺卡

单位名称			产品名称			零件名称	管接头
材料	45 钢		毛坯尺寸		ϕ55mm×57mm ϕ55mm×25mm	图号	
夹具	自定心卡盘		设备		CKA6140	共　页	第　页
工序	工步	工步内容	刀具号	刀具规格	背吃刀量/mm	进给量/(mm/r)	主轴转速/(r/min)
1	1	平端面	T0101	20mm×20mm	0.5	0.1	450
	2	中心钻	中心钻	A 型 ϕ3mm	1.5	0.1	450
	3	钻通孔	钻头	ϕ15mm	7.5	0.3	450
	4	扩孔	钻头	ϕ23mm	11.5	0.3	450
	5	精车内孔	T0202	20mm×20mm	1	0.1	1200
	6	粗加工外圆	T0101	20mm×20mm	2	0.3	400
	7	精加工外圆	T0101	20mm×20mm	0.5	0.15	600

（续）

单位名称			产品名称				零件名称	管接头
材料	45 钢		毛坯尺寸		ϕ55mm×57mm ϕ55mm×25mm		图号	
夹具	自定心卡盘			设备	CKA6140		共 页	第 页
工序	工步	工步内容	刀具号	刀具规格	背吃刀量 /mm	进给量 /(mm/r)	主轴转速 /(r/min)	
1	8	加工外螺纹	T0303	20mm×20mm		I11	450	
2	调头装夹，垫铜皮找正，保证长度 14mm							
	9	平端面	T0101	20mm×20mm	0.5	0.1	450	
	10	粗加工外圆	T0101	20mm×20mm	2	0.3	400	
	11	精加工外圆	T0101	20mm×20mm	0.5	0.15	600	
	12	加工端面槽	T0202	20mm×20mm	4	0.08	450	
3	13	平端面	T0101	20mm×20mm	0.5	0.1	450	
	14	粗加工外圆	T0101	20mm×20mm	2	0.3	400	
	15	精加工外圆	T0101	20mm×20mm	0.5	0.15	600	
4	调头装夹，垫铜皮找正，保总长 25mm							
	16	平端面	T0101	20mm×20mm	0.5	0.1	450	
	17	粗加工外圆	T0101	20mm×20mm	2	0.3	400	
	18	精加工外圆	T0101	20mm×20mm	0.5	0.15	600	
	19	加工端面槽	T0202	20mm×20mm	4	0.08	450	
5	20	检验工件是否符合图样技术要求，涂防锈油，入库						
	21	清点工具、量具，保养机床，清扫环境卫生						
编制			审核			日期		

（5）加工路线

工序一：平端面→钻中心孔→钻孔→扩孔→加工内孔→倒角→圆锥→外圆→倒角→寸制螺纹。

工序二：调头装夹→平端面→加工外圆→倒角→车端面槽。

工序三：平端面→加工外圆→倒角。

工序四：调头装夹→平端面→加工外圆→倒角→车端面槽。

（6）装夹定位　采用自定心卡盘装夹。每件的第一道工序都以毛坯外圆定位装夹，第二道工序以加工后的外圆定位装夹。

（7）加工余量　精车余量 1mm。螺纹精车余量 0.2mm。

（8）刀具选择　工序一、工序二：选择 A 型 ϕ3mm 中心钻、ϕ15mm、ϕ23mm 钻头、硬质合金车刀 P10(YT15)：90°外圆车刀、75°内孔车刀、4mm 端面车槽刀、55°外螺纹车刀，刀尖圆弧半径根据经验公式 $0.125P = 0.25$mm；工序三、工序四：选择硬质合金车刀 P10(YT15)：90°外圆车刀、4mm 端面车槽刀，数控加工刀具卡见表 3-18。

表 3-18　数控加工刀具卡

工序	刀具号	刀具名称	加工内容	刀尖半径/mm	备注
1	T0101	90°外圆车刀	平端面	0.2	手动
	中心钻	A 型 ϕ3mm	钻中心孔		手动
	钻头	ϕ15mm	钻通孔		手动

（续）

工序	刀具号	刀具名称	加工内容	刀尖半径/mm	备注
1	钻头	ϕ23mm	扩孔		手动
	T0101	90°外圆车刀	粗精加工外圆	0.2	自动
	T0202	75°内孔车刀	精加工内孔	0.2	自动
	T0303	55°外螺纹刀	55°密封管锥螺纹	0.25	自动
2	T0101	90°外圆车刀	平端面	0.2	手动
	T0101	90°外圆车刀	粗精加工外圆	0.2	自动
	T0202	4mm 端面车槽刀	车端面槽	0.1	自动
3	T0101	90°外圆车刀	平端面	0.2	手动
	T0101	90°外圆车刀	粗精加工外圆	0.2	自动
4	T0101	90°外圆车刀	平端面	0.2	手动
	T0101	90°外圆车刀	粗精加工外圆	0.2	自动
	T0202	4mm 端面车槽刀	车端面槽	0.1	自动

（9）切削用量

1）背吃刀量（a_p）的选择：外轮廓，粗车 2mm，精车 0.5mm。内轮廓，精车 1mm。

2）进给量（f）的选择：外轮廓，粗车 0.3mm/r，精车 0.15mm/r。内轮廓，精车 0.1mm/r。

3）切削速度（v_c）的选择：粗车 70m/min，精车 100m/min。

4）主轴转速（n）的选择：外轮廓，粗车约为 405r/min，精车约为 600r/min。内轮廓，精车约为 1272r/min。加工螺纹主轴转速 450r/min。

（10）编写程序　依据工艺分析、数值计算，编写程序。

第一道工序：

O0001；	程序名
N0010　G99　T0202；	转进给，调 2 号刀，75°内孔车刀，开单段
N0020　M03　S1200；	主轴正转，转速 1200r/min
N0030　G00　X22　Z5；	快速定位，定位之后关单段，自动运行
N0040　G90　X25.045　Z−58　F0.1；	加工内孔
N0050　G01　X28　F0.1；	定位
N0060　　　Z0；	定位
N0070　　　X25.045　Z−1.5；	倒角
N0080　　　X22；	退刀
N0090　　　Z5；	退刀
N0100　G00　X100　Z50；	快速退刀
N0110　T0101；	选择 1 号刀，执行 1 号刀刀补
N0120　G00　X57　Z5；	快速定位，定在毛坯外
N0130　G71　U2　R1；	U：粗车背吃刀量 2mm（半径值），R：退刀量 1mm（半径值）
N0140　G71　P150　Q220　U1　F0.3 S400；	U：X 轴精车余量 1mm（直径值），F：粗车进给量 0.3mm/r，S：粗车转速 400r/min
N0150　G01　X27.5　F0.15　S600；	定位，精车进给量 0.15mm/r，转速 600 r/min
N0160　　　Z0 ；	定位

（续）

N0170	X31.5 Z-2；	倒角
N0180	X33.5 Z-32；	加工圆锥
N0190	Z-42；	直线
N0200	X52；	定位
N0210	X52.985 Z-42.5；	倒角
N0220	X57；	退刀
N0230	G70 P150 Q220；	精加工
N0240	G00 X100 Z50；	快速退刀
N0250	S450；	转速 450r/min
N0260	T0303；	调 3 号刀，55°外螺纹车刀
N0270	G00 X35 Z4；	定位
N0280	G76 P020055 Q100 R0.1；	P：精加工次数 2 次，刀尖角度 55°，Q：最小背吃刀量 0.1mm，R：精工余量 0.1mm（半径值）
N0290 G76 X30.291 Z-32 P1479 Q400 E11；		终点坐标 X30.291 Z-32，P：牙型高度 1.479mm，Q：第一刀背吃刀量 0.4mm，寸制螺纹导程 11in
N0300	G00 X100 Z100；	快速退刀
N0310	M30；	程序结束并返回首行
N0320	%	程序结束符

第二道工序：

O0002；		程序名
N0010	G99 T0101；	转进给，调 1 号刀，90°外圆车刀，开单段
N0020	M03 S400；	主轴正转，转速 400r/min
N0030	G00 X57 Z5；	快速定位，定位之后关单段，自动运行
N0040	G71 U2 R1；	U：背吃刀量 2mm（半径值），R：退刀量 1mm（半径值）
N0050	G71 P60 Q100 U1 F0.3；	U：X 轴精车余量 1mm（直径值），F：粗车进给量 0.3mm/r
N0060	G01 X52 F0.15 S600；	定位，精车进给量 0.15mm/r，转速 600 r/min
N0070	Z0；	定位
N0080	X52.985 Z-0.5；	倒角
N0090	Z-14；	直线
N0100	X57；	退刀
N0110	G70 P60 Q100；	精加工
N0120	G00 X100 Z50；	快速退刀
N0130	S450；	转速 450r/min
N0140	T0202；	调 2 号刀，4mm 端面车槽刀
N0150	G00 X34.95 Z5；	定位
N0160	G74 R1；	退刀量 1mm
N0170 G74 X41.011 Z-5 P3500 Q1000 F0.08；		终点坐标 X41.011（减两个刀宽）Z-5，P：X 轴移动量 3.5mm，Q：Z 轴切深量 1mm，F：进给量 0.08mm/r
N0180	G00 Z100 X100；	快速退刀
N0190	M30；	程序结束并返回首行
N0200	%	程序结束符

第三道工序：

O0003；	程序名
N0010　G99　T0101；	转进给，调 1 号刀，90°外圆车刀，开单段
N0020　M03　S400；	主轴正转，转速 400r/min
N0030　G00　X57　Z5；	快速定位，定位之后关单段，自动运行
N0040　G71　U2　R1；	U：背吃刀量 2mm（半径值），R：退刀量 1mm（半径值）
N0050　G71　P60　Q120　U1　F0.3；	U：X 轴精车余量 1mm（直径值），F：粗车进给量 0.3mm/r
N0060　G01　X37　F0.15　S600；	定位，精车进给量 0.15mm/r，转速 600 r/min
N0070　　　Z0；	定位
N0080　　　X38　Z−0.5；	倒角
N0090　　　Z−10；	直线
N0100　　　X52；	定位
N0110　　　X52.985　Z−10.5；	倒角
N0120　　　X57；	退刀
N0130　G70　P60　Q120；	精加工
N0140　G00　X100　Z100；	快速退刀
N0150　M30；	程序结束并返回首行
N0160　%	程序结束符

第四道工序：

O0004；	程序名
N0010　G99　T0101；	转进给，调 1 号刀，90°外圆车刀，开单段
N0020　M03　S400；	主轴正转，转速 400r/min
N0030　G00　X57　Z5；	快速定位，定位之后关单段，自动运行
N0040　G71　U2　R1；	U：粗车背吃刀量 2mm（半径值），R：退刀量 1mm（半径值）
N0050　G71　P60　Q130　U1　F0.3；	U：X 轴精车余量 1mm（直径值），F：粗车进给量 0.3mm/r
N0060　G01　X48　F0.15　S600；	定位，精车进给量 0.15mm/r，转速 600 r/min
N0070　　　Z0；	定位
N0080　　　X49　Z−0.5；	倒角
N0090　　　Z−5；	直线
N0100　　　X52；	倒角定位
N0110　　　X52.985　Z−5.5；	倒角
N0120　　　Z−14；	直线
N0130　　　X57；	退刀
N0140　G70　P60　Q130；	精加工
N0150　G00　X100　Z50；	快速退刀
N0160　T0202；	调 2 号刀，4mm 端面车槽刀
N0170　S450；	转速 450r/min
N0180　G00　X24.95　Z5；	定位
N0190　G74　R1；	退刀量 1mm

N0200 G74 X27.05 Z–5 P2000 Q1000 F0.08;	终点坐标 27.05mm（减两个刀宽）Z-5，P：X 方向移动量 2mm，Q：Z 方向背吃刀量 1mm，F：进给量 0.08mm/r
N0210　G00　X100　Z100;	快速退刀
N0220　M30;	程序结束并返回首行
N0230　%	程序结束符

G74 端面切槽循环，也可作为 Z 向钻深孔循环指令应用，指令格式：

G74 R（e）

G74 X（U）__ Z（W）__ P（Δi）Q（Δk）R（Δd）F（f）

钻孔指令编程格式：

G00　X0　Z5；

G74　R1；

G74　Z-30　Q3000　F0.3；

指令说明：

e：Z 向退刀量。

X、U：终点绝对坐标。

Z、W：终点相对坐标。

Δi：X 方向的移动量。

Δk：Z 方向的每次背吃刀量。

Δd：孔底的退刀量，无符号，省略系统默认切削终点后，径向 X 轴退刀量为零。

f：进给速度。

G74 刀具轨迹如图 3-30 所示。

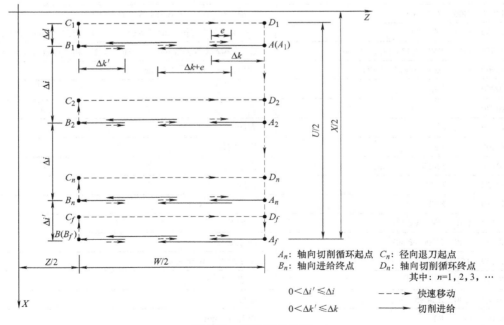

图 3-30　G74 刀具轨迹

任务七　梯形螺纹配合件

任务目标：学会梯形螺纹数值计算。梯形螺纹配合件加工。

实例：根据图 3-31 加工梯形螺纹配合件。

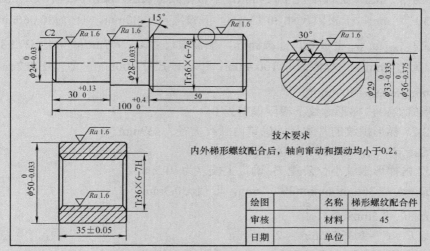

技术要求

内外梯形螺纹配合后，轴向窜动和摆动均小于0.2。

绘图		名称	梯形螺纹配合件
审核		材料	45
日期		单位	

a) 零件图

b) 实体图

图 3-31　梯形螺纹配合件

（1）图样分析　根据图 3-31 分析，零件为梯形螺纹配合。公差要求较高，表面粗糙度要求较高。技术要求：配合间隙不大于 0.2mm。本零件需要划分四道工序加工，毛坯 ϕ40mm×101mm，ϕ55mm×36mm。

（2）数值计算

计算 15° 倒角 Z 轴坐标值，用正切，查表 tan15°=0.2679492。牙高 3.5mm。

3.5mm×0.2679492=0.9378222≈1mm，原则上倒角要超过小径 0.5mm，直径减 1mm。

按 4mm×0.2679492=1.0717968≈1.1mm，Z 轴坐标值−1.1mm。

外梯形螺纹：

为了便于应用，可以通过查表 2-27 确定梯形螺纹的基本尺寸。

查表 2-29 内、外梯形螺纹中径基本偏差，确定外梯形螺纹大径上极限偏差−0.118mm，查表 2-30 外梯形螺纹大径公差 T_d 确定下极限偏差为−0.375mm。

外螺纹公称直径 $\phi 36_{-0.375}^{-0.118}$ mm，取值 ϕ35.7mm。

小径上偏差为 0。查 2-31 外梯形外螺纹小径公差 T_{d_3} 确定下极限偏差为 -0.537mm。

小径 $d_3=d-2h_3=36$mm-2×3.5mm$=29_{-0.537}^{\ 0}$mm，取值 $\phi28.7$mm。

查表 2-28 梯形螺纹的尺寸计算表，确定间隙 $a_c = 0.5$mm。

牙高 $h_3 = 0.5P+a_c = 0.5\times6mm+0.5mm=3.5$mm。

外圆 $\phi24_{-0.03}^{\ 0}$mm，上极限尺寸 $\phi24$mm，下极限尺寸 $\phi23.97$mm，取值 $\phi23.985$mm。

长度 $30_{\ 0}^{+0.13}$mm，上极限尺寸 30.13mm，下极限尺寸 30mm，取值 $\phi30.065$mm。

外圆 $\phi28_{-0.033}^{\ 0}$mm，上极限尺寸 $\phi28$mm，下极限尺寸 $\phi27.967$mm，取值 $\phi27.984$mm。

长度 $100_{\ 0}^{+0.4}$mm，上极限尺寸 100.4mm，下极限尺寸 100mm，取值 100.2mm。

100.2mm$-$50mm$=$50.2mm

内梯形螺纹：内梯形螺纹下极限偏差为 0。

查表 2-27 梯形螺纹的基本尺寸确定内螺纹大径为 $\phi37$mm。

大径 $D_4 = d + 2a_c = 36$mm$+2\times0.5$mm$=37$mm。

表 2-32 内梯形螺纹小径公差 T_{D_1} 确定上偏差为 $+0.5$mm。

小径 $D_1=d-P=36$mm-6mm$=30_{\ 0}^{+0.5}$mm，取值 $\phi30.3$mm。

牙高 $H_4=h_3=3.5$mm。

牙顶宽 $F = F' = 0.366\times6$mm $= 2.196$mm。

牙槽底宽 $W=W'=0.366P-0.536a_c$

$\qquad\qquad =0.366\times6mm-0.536\times0.5$mm

$\qquad\qquad =2.196$mm-0.268mm

$\qquad\qquad =1.928$mm

槽底宽 W 是刃磨梯形螺纹车刀时，决定刀尖宽度的依据，刀尖宽度取 1.9mm。刃磨梯形螺纹车刀时，需计算梯形螺纹升角，计算公式如下

$$\tan\phi=\frac{P}{\pi d_2}=\frac{6\text{mm}}{3.14\times33\text{mm}}=0.0579，查三角函数表，螺纹升角\ \phi= 3°\ 19'。$$

螺纹的升角是刃磨梯形螺纹车刀时，两侧后角的参数。

外梯形螺纹车刀的主后角 8°，两侧后角一般取 3°～5°，左侧后角（3°～5°）$+\phi$，取值 6°～8°，右侧后角(3°～5°)$-\phi$，取值 0°～2°。

内梯形螺纹车刀的主后角 8°～10°，两侧后角一般取 5°，左侧后角 5°$+\phi$，取值 8°，右侧后角 5°$-\phi$，取值 2°。

外圆 $\phi50_{-0.033}^{\ 0}$mm 上极限尺寸 $\phi50$mm，下极限尺寸 $\phi49.967$mm，取值 $\phi49.984$mm。

（3）加工方案　根据图样分析，零件采用数控车床 CKA6140，先粗后精的加工方案。

（4）工序划分

第一道工序：

1）平端面。

2）粗加工外圆 $\phi25$mm$\times30$mm，$\phi29$mm$\times20$mm。

3）精加工外圆 $\phi24_{-0.03}^{\ 0}$mm$\times30_{\ 0}^{+0.13}$mm，$\phi28_{-0.033}^{\ 0}$mm$\times20$mm，倒角。

第二道工序：

4）调头装夹，垫好铜皮，平端面，保证长度 50mm。

5）用 A 型 ϕ4mm 中心钻钻中心孔，采用一夹一顶。

6）粗加工外圆 ϕ36.7mm×50mm，留 1mm 精车余量。

7）精加工外圆 ϕ35.7mm×50mm，倒角。

8）加工外梯形螺纹 Tr36×6，开切削液。

第三道工序：

9）平端面。

10）用 ϕ20mm 钻头钻孔。

11）用 ϕ27mm 钻头扩孔。

12）粗加工 ϕ51mm×35mm 外圆，留 1mm 精车余量。

13）精加工 ϕ50 $_{-0.033}^{0}$ mm×35mm 外圆，倒角。

14）切断。

第四道工序：

15）平端面

16）粗加工 ϕ29mm×38mm 内孔，留 1mm 精车余量。

17）精加工 ϕ30mm×38mm 内孔，倒角。

18）加工内梯形螺纹 Tr36×6，开切削液。

第五道工序：

19）检验工件是否符合图样技术要求，量具，游标卡尺 0.02mm/0～150mm，千分尺 0.01mm/0～25mm、0.01mm/25～50mm、0.01mm/50～75mm，梯形螺纹环规，通止规。

20）清点工具、量具，保养机床，清扫环境卫生。

依据工序、工步划分，制订数控加工工艺卡见表 3-19。

表 3-19　数控加工工艺卡

单位名称		产品名称				零件名称	梯形螺纹
材料	45 钢	毛坯尺寸		ϕ40mm×101mm ϕ55mm×36mm		图号	3-31
夹具		自定心卡盘		设备	CKA6140	共　页	第　页
工序	工步	工步内容	刀具号	刀具规格	背吃刀量 /mm	进给量 /(mm/r)	主轴转速 /(r/min)
1	1	平端面	T0101	20mm×20mm	0.5	0.1	450
	2	粗加工外圆	T0101	20mm×20mm	2	0.3	550
	3	精加工外圆	T0101	20mm×20mm	0.5	0.15	850
2	调头装夹，垫铜皮找正，保证长度 50mm						
	4	平端面	T0101	20mm×20mm	0.5	0.1	450
	5	钻中心孔	中心钻	A 型 ϕ4mm	2	0.1	450
	6	粗加工外圆	T0101	20mm×20mm	2	0.3	550
	7	精加工外圆	T0101	20mm×20mm	0.5	0.15	850
	8	加工外梯形螺纹	T0202	20mm×20mm		6	400
3	9	平端面	T0101	20mm×20mm	0.5	0.1	450
	10	钻孔	钻头	ϕ20mm	10	0.3	450
	11	钻孔	钻头	ϕ27mm	13.5	0.3	350
	12	粗加工外圆	T0101	20mm×20mm	2	0.3	350
	13	精加工外圆	T0101	20mm×20mm	0.5	0.15	650

（续）

单位名称			产品名称			零件名称	梯形螺纹
材料	45钢		毛坯尺寸		ϕ40mm×101mm ϕ55mm×36mm	图号	3-31
夹具		自定心卡盘		设备	CKA6140	共 页	第 页
工序	工步	工步内容	刀具号	刀具规格	背吃刀量 /mm	进给量 /(mm/r)	主轴转速 /(r/min)
3	14	切断	T0202	20mm×20mm	0.5	0.1	450
4	15	平端面	T0101	20mm×20mm	0.5	0.1	450
	16	粗加工内孔	T0202	20mm×20mm	2	0.2	600
	17	精加工内孔	T0202	20mm×20mm	0.5	0.1	1000
	18	加工内梯形螺纹	T0303	20mm×20mm		6	350
5	19	检验工件是否符合图样技术要求，涂防锈油，入库					
	20	清点工具、量具，保养机床，清扫环境卫生					
编制			审核			日期	

（5）加工路线

工序一：平端面→加工外圆→倒角。

工序二：调头装夹→平端面→加工外圆→倒角→加工外梯形螺纹。

工序三：平端面→加工外圆→倒角→切断。

工序四：调头装夹→平端面→加工内孔→倒角→加工内梯形螺纹。

（6）装夹定位　采用自定心卡盘装夹，工序一以毛坯外圆定位，工序二以ϕ24mm外圆定位，一夹一顶方式装夹。工序三以毛坯外圆定位，工序四以ϕ50mm外圆定位。

（7）加工余量　精车余量1mm。螺纹精车余量0.2mm。

（8）刀具选择　工序一、工序二：选择A型ϕ4mm中心钻、硬质合金车刀P10(YT15)：90°外圆车刀、30°外梯形螺纹车刀。工序三、工序四：选择ϕ20mm、ϕ27mm钻头、硬质合金车刀P10(YT15)：90°外圆车刀、4mm切断刀、75°内孔车刀，30°内梯形螺纹车刀。数控加工刀具卡见表3-20。

表 3-20　数控加工刀具卡

工序	刀具号	刀具名称	加工内容	刀尖半径/mm	备注
1	T0101	90°外圆车刀	平端面	0.2	手动
	T0101	90°外圆车刀	加工外圆	0.2	自动
2	中心钻	A型ϕ4mm	钻中心孔		手动
	T0101	90°外圆车刀	平端面	0.2	手动
	T0101	90°外圆车刀	加工外圆	0.2	自动
	T0202	外梯形螺纹车刀	外梯形螺纹 Tr36×6	0.1	自动
3	钻头	ϕ20mm	钻孔		手动
	钻头	ϕ27mm	扩孔		手动
	T0101	90°外圆车刀	平端面	0.2	手动
	T0101	90°外圆车刀	加工外圆	0.2	自动
	T0202	4mm切断刀	切断	0.1	自动
4	T0101	90°外圆车刀	端面	0.2	手动
	T0202	75°内孔车刀	粗精加工内孔	0.2	自动
	T0303	内梯形螺纹车刀	内梯形螺纹 Tr36×6	0.1	自动

（9）切削用量

1）背吃刀量（a_p）的选择：粗车 2mm，精车 0.5mm。

2）进给量（f）的选择：外轮廓，粗车 0.3mm/r，精车 0.15mm/r。内轮廓，粗车 0.2mm/r，精车 0.1mm/r。

3）切削速度（v_c）的选择：螺杆，粗车 70m/min，精车 100m/min。螺母，粗车 60m/min，精车 100m/min。

4）主轴转速（n）的选择：螺杆，粗车约为 557r/min，精车约为 883r/min。螺母、外圆，粗车约为 347r/min，精车约为 636r/min。内孔，粗车约为 636r/min，精车约为 1060r/min。加工梯形螺纹主轴转速，外梯形螺纹 400r/min，内梯形螺纹 350r/min。

（10）编写程序　依据工艺分析、数值计算，编写程序如下。

第一道工序：

O0001；	程序名
N0010　G99　T0101；	转进给，调 1 号刀，90°外圆车刀，开单段
N0020　M03　S550；	主轴正转，转速 550r/min
N0030　G00　X42　Z5；	快速定位，定位之后关单段，自动运行
N0040　G71　U2　R1；	U：粗车背吃刀量 2mm（半径值），R：退刀量 1mm（半径值）
N0050　G71　P60　Q140　U1　F0.3；	U：X轴精车余量 1mm（直径值），F：粗车进给量 0.3mm/r
N0060　G01　X20　F0.15　S850；	定位，精车进给量 0.15mm/r，转速 850 r/min
N0070　　　Z0；	定位
N0080　　　X23.985　Z−2；	倒角
N0090　　　Z−30.065；	直线
N0100　　　X27.984；	定位
N0110　　　Z−50.2；	直线
N0120　　　X29；	定位
N0130　　　X35.7　Z−51.3；	倒角 15°
N0140　　　X42；	退刀
N0150　G70　P60　Q140；	精加工
N0160　G00　X100　Z100；	快速退刀
N0170　M30；	程序结束并返回首行
N0180　%；	程序结束符

第二道工序：

O0002；	程序名
N0010　G99　T0101；	转进给，调 1 号刀，90°外圆车刀，开单段
N0020　M03　S550；	主轴正转，转速 550r/min
N0030　G00　X42　Z5；	快速定位，定位之后关单段，自动运行
N0040　G71　U2　R1；	U：粗车背吃刀量 2mm，R：退刀量 1mm
N0050　G71　P60　Q100　U1　F0.3；	U：X轴精车余量 1mm，F：粗车进给量 0.3mm/r
N0060　G01　X29　F0.1　S850；	定位，精车进给量 0.15mm/r，转速 850 r/min
N0070　　　Z0；	定位

（续）

N0080	X35.7 Z−1.1；	倒角 15°
N0090	Z−50；	直线
N0100	X42；	退刀
N0110	G70 P60 Q100；	精加工
N0120	G00 X150；	X 向退到安全换刀点
N0130	Z20；	Z 向退到安全换刀点
N0140	T0202；	调 2 号刀，外梯形螺纹车刀
N0150	S400；	转速 400 r/min
N0160	M08；	开切削液
N0170	G00 Z12；	定位，引入长度为螺纹 2 倍的导程
N0180	X38；	定位
N0190	G76 P020030 Q50 R0.1；	P：精加工次数 2 次，刀尖角度 30°，Q：最小背吃刀量 0.05mm，R：精工余量 0.1mm（半径值）
N0200	G76 X28.7 Z−56 P3500 Q100 F6；	螺纹切削终点坐标 X28.7 Z−56，P：牙型高度 3.5mm，Q：第一刀背吃刀量 0.1mm，F：导程 6mm
N0210	G00 X150；	X 向退到安全换刀点
N0220	Z20；	Z 向退到安全换刀点
N0230	M09；	关切削液
N0240	M30；	程序结束并返回首行
N0250	%；	程序结束符

第三道工序：

O0003；		程序名
N0010	G99 T0101；	转进给，调 1 号刀，90° 外圆车刀，开单段
N0020	M03 S350；	主轴正转，转速 350r/min
N0030	G00 X57 Z5；	快速定位，定位之后关单段，自动运行
N0040	G90 X51 Z−39 F0.3；	粗车外圆
N0050	G01 X48 F0.15 S650；	定位，精车进给量 0.15mm/r，转速 650 r/min
N0060	Z0；	定位
N0070	X49.984 Z−1；	倒角
N0080	Z−39；	直线
N0090	X57；	退刀
N0100	G00 X100 Z50；	快速退刀
N0110	T0202；	调 2 号刀，4mm 切断刀
N0120	S450；	转速 450 r/min
N0130	G00 Z−39；	定位
N0140	X57；	定位
N0150	G01 X−26 F0.1；	切断
N0160	X57；	退刀
N0170	G00 X100 Z100；	快速退刀
N0180	M30；	程序结束并返回首行
N0190	%；	程序结束符

第四道工序：

O0004；	程序名
N0010　G99　T0202；	转进给，调 2 号刀，75°内孔车刀，开单段
N0020　M03　S600；	主轴正转，转速 600r/min
N0030　G00　X26　Z5；	快速定位，定位之后关单段，自动运行
N0040　G71　U2　R1；	U：粗车背吃刀量 1mm（半径值），R：退刀量 1mm（半径值）
N0050　G71　P60　Q100　U–1　F0.3；	U：X 轴精车余量 1mm（直径值），F：粗车进给量 0.3mm/r
N0060　G01　X37　F0.15　S1000；	定位，精车进给量 0.15mm/r，转速 1000 r/min
N0070　　Z0；	定位
N0080　　X30.3　Z–1.1；	倒角 15°
N0090　　Z–38；	直线
N0100　　X26；	退刀
N0110　G70　P60　Q100；	精加工
N0120　G00　X100　Z100　；	快速退刀
N0130　T0303　S350；	调 3 号刀，内梯形螺纹车刀，转速 350r/min
N0140　M08；	开切削液
N0150　G00　X28；	定位
N0160　　Z12；	定位，引入长度为螺纹 2 倍的导程
N0170　G76　P020030　Q50　R0.1；	P：精加工次数 2 次，刀尖角度 30°，Q：最小背吃刀量 0.05mm，R：精工余量 0.1mm（半径值）
N0180　G76 X37 Z–41 P3500 Q100 F6；	螺纹切削终点坐标 X37 Z–41，P：牙型高度 3.5mm，Q：第一刀背吃刀量 0.1mm，F：导程 6mm
N0190　G00　X100　Z100；	快速退刀
N0200　M09；	关切削液
N0210　M30；	程序结束并返回首行
N0220　%	程序结束符

任务八　椭圆手柄

任务目标：学会利用三角函数及方程式编写宏程序。

FANUC 0*i* 系统采用 B 类宏程序代码。变量的类型分为：

空变量：#0 总是空，没有值能赋给该变量。

局部变量：#1～#33，是在宏程序中局部使用的变量号。

公共变量：#100～#199，#500～#999，在不同的宏程序中的意义相同。

系统变量：#1000～，是指固定用途的变量，它的值决定系统的状态。

1．赋值与变量

赋值是指将一个数据赋予一个变量，；例如#1=20，表示#1 的值是 20。其中#1 代表变量，20 就是给变量#1 赋的值。这里"="是赋值符号，起语句定义作用。

1）赋值号"="两边内容不能随意互换，左边只能是变量，右边可以是表达式、数值或变量。

2）一个赋值语句只能给一个变量赋值。

3）可以多次给一个变量赋值，新变量值将取代原变量值（即最后赋的值生效）。

4）赋值语句具有运算功能，它的一般形式为：变量=表达式。

5）赋值表达式的运算与数学运算顺序相同。

2．运算指令

宏程序具有赋值、算数运算、逻辑运算、函数运算等功能。运算指令见表 3-21。

表 3-21　运算指令

算数运算	表达形式
变量的定义与替换	$\#i=\#j$
加法	$\#i=\#j+\#k$
减法	$\#i=\#j-\#k$
乘法	$\#i=\#j*\#k$
除法	$\#i=\#j/\#k$
正弦	$\#i=\mathrm{SIN}\,[\#j]$　单位：°
余弦	$\#i=\mathrm{COS}\,[\#j]$　单位：°
正切	$\#i=\mathrm{TAN}\,[\#j]$　单位：°
反正切	$\#i=\mathrm{ATAN}\,[\#j]/[\#k]$　单位：°
平方根	$\#i=\mathrm{SQRT}\,[\#j]$
绝对值	$\#i=\mathrm{ABS}\,[\#j]$
取整	$\#i=\mathrm{ROUND}\,[\#j]$

控制指令：

1）无条件转移 GOTO。

GOTO n

转移（跳转）到标有顺序号 n 的程序段。

2）条件判别 IF。

IF [条件表达式]　GOTO n

当条件满足时，程序就跳转到同一程序中，语句标号为 n 的语句上继续执行。当条件不满足时，程序执行下一条语句。

3）条件循环 WHILE。

WHILE　[条件表达式]　DO m

…

…

END m

当条件满足时，从 DO m 到 END m 之间的程序就重复执行。当条件不满足时，程序就执行 ENDm 下一条语句。

3．运算符

宏程序运算符由两个字母组成，用于两个值的比较，以决定他们是相等还是一个值小于或大于另一个值，注意，不能使用不等号，运算符见表 3-22。

表 3-22　运算符

运算符	含义	格式
等于	EQ（=）	#*j* EQ #*k*
不等于	NE（≠）	#*j* NE #*k*
大于	GT（>）	#*j* GT #*k*
小于	LT（<）	#*j* LT #*k*
大于等于	GE（≥）	#*j* GE #*k*
小于等于	LE（≤）	#*j* LE #*k*

实例一：如图 3-32 所示利用三角函数编写宏程序如下，其中椭圆三角函数表达式：$X=10 \times SIN\alpha$，$Z=20 \times COS\alpha$。

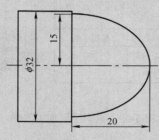

图 3-32　宏程序示例

加工程序：

O0001；	程序名
N0010　G99　T0101；	转进给，调 1 号刀，90°外圆车刀，开单段
N0020　M03　S500；	主轴正转，转速 500r/min
N0030　G00　X35　Z5；	快速定位，定位之后关单段，自动运行
N0040　G71　U2　R1；	U：粗车背吃刀量 2mm，R：退刀量 1mm
N0050　G71　P60　Q140　U1　F0.3；	U：X 轴精车余量 1mm，F：粗车进给量 0.3
N0060　G01　X0　F0.15　S800；	定位，精车进给量 0.15mm/r，转速 800 r/min
N0070　　　Z0；	定位
N0080　#1=0；	初始赋值角度 α =0°
N0090　#2=15*SIN[#1]；	计算短轴变量#2 为 X 方向半径值
N0100　#3=20*COS[#1]；	计算长轴变量#3 为 Z 值
N0110　G01　X[#2*2]　Z[#3−20]；	直线轨迹拟合，加工椭圆
N0120　#1=#1+1；	角度增量为 1°
N0130　IF [#1LE90] GOTO 90；	条件判断，α ≤90°，跳转到 N0090 程序段
N0140　G01　X35；	退刀
N0150　G70　P60　Q140；	精加工
N0160　G00　X100　Z100；	快速退刀
N0170　M30；	程序结束并返回首行
N0180　%	程序结束符

实例二： 根据图 3-33 制订加工工艺、数控加工工艺卡、数控加工刀具卡、数值计算、编写程序。利用椭圆方程式编写宏程序。椭圆方程式：$\dfrac{X^2}{10^2}+\dfrac{Z^2}{20^2}=1$。

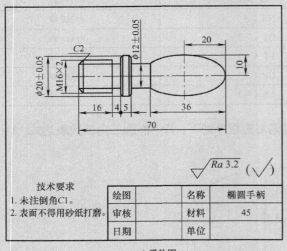

a) 零件图　　　　　　　　　　　　　　　　b) 实体图

图 3-33　椭圆手柄加工零件

（1）**图样分析**　根据图 3-33 分析，零件轮廓有外圆、椭圆、螺纹。公差要求一般，表面粗糙度要求一般。本零件需要划分两道加工工序，毛坯 $\phi25$mm×71mm。

（2）**数值计算**

外圆 $\phi20\pm0.05$mm，上极限尺寸 $\phi20.05$mm，下极限尺寸 $\phi19.95$mm，取值 $\phi20$mm。

外圆 $\phi12\pm0.05$mm，上极限尺寸 $\phi12.05$mm，下极限尺寸 $\phi11.95$mm，取值 $\phi12$mm。

椭圆终点 Z 向值=36–20=16mm。

（3）**加工方案**　根据图样分析，零件采用数控车床 CKA6140，先粗后精的加工方案。

（4）**工序划分**

第一道工序（加工图样左侧）：

1）平端面。

2）粗加工外圆 $\phi17$mm×20mm，$\phi21$mm×5mm，留 1mm 余量。

3）精加工外圆 $\phi15.74$mm×20mm，$\phi(20\pm0.05)$mm×5mm。

4）车退刀槽 4mm×2mm。

5）加工 M16×2 螺纹。

第二道工序（加工图样右侧）：

6）调头装夹，垫铜皮夹螺纹，平端面。

7）粗加工椭圆，外圆 $\phi13$mm，留 1mm 余量。

8）精加工椭圆，外圆 $\phi(12\pm0.05)$mm。

第三道工序：

9）检验工件是否符合图样技术要求，量具，游标卡尺 0.02mm/0～150mm。

10）清点工具、量具，保养机床，清扫环境卫生。

依据工序、工步划分，制订数控加工工艺卡见表 3-23。

表 3-23　数控加工工艺卡

单位名称			产品名称				零件名称	椭圆手柄
材料		45 钢	毛坯尺寸		$\phi25mm\times71mm$		图号	
夹具		自定心卡盘		设备	CKA6140	共　　页		第　　页
工序	工步	工步内容	刀具号	刀具规格/mm（厚×宽）	背吃刀量/mm	进给量/(mm/r)	主轴转速/(r/min)	
1	1	平端面	T0101	20×20	0.5	0.1	450	
	2	粗加工外圆	T0101	20×20	2	0.3	750	
	3	精加工外圆	T0101	20×20	0.5	0.15	1200	
	4	加工退刀槽	T0202	20×20	4	0.1	450	
	5	加工螺纹	T0303	20×20		2	450	
2		调头装夹，垫铜皮找正						
	6	平端面	T0101	20×20	0.5	0.1	450	
	7	粗车外轮廓	T0101	20×20	2	0.3	750	
	8	精车外轮廓	T0101	20×20	0.5	0.15	1200	
3	9	检验工件是否符合图样技术要求，涂防锈油，入库						
	10	清点工具、量具，保养机床，清扫环境卫生						
编制			审核			日期		

（5）加工路线

工序一：平端面→加工外圆→倒角→车退刀槽→螺纹。

工序二：调头装夹→平端面→加工椭圆→外圆。

（6）装夹定位　采用自定心卡盘装夹，工序一以毛坯外圆定位，工序二单件生产时，垫铜皮以 M16×2 螺纹定位。批量生产时，可拧在 M16×2 螺母上定位装夹。

（7）加工余量　精车余量 1mm。螺纹精车余量 0.1mm。

（8）刀具选择　选择硬质合金车刀 P10(YT15)：90°外圆车刀、副偏角 35°，4mm 车切槽刀，60°外螺纹车刀、刀尖圆弧半径根据经验公式 0.125×螺距=0.25mm，数控加工刀具卡见表 3-24。

表 3-24　数控加工刀具卡

工序	刀具号	刀具规格、名称	加工内容	刀尖圆弧半径/mm	备注
1	T0101	90°外圆车刀	平端面	0.2	手动
	T0101	90°外圆车刀	粗精车外轮廓	0.2	自动
	T0202	4mm 车槽刀	车槽 4mm×2mm	0.1	自动
	T0303	60°外螺纹车刀	加工 M16×2 螺纹	0.25	自动
2	T0101	90°外圆车刀	平端面	0.2	手动
	T0101	90°外圆车刀	粗精车外轮廓	0.2	自动

（9）切削用量

1）背吃刀量（a_p）的选择：粗车 2mm，精车 0.5mm。

2）进给量（f）的选择：粗车 0.3mm/r，精车 0.15mm/r。

3）切削速度（v_c）的选择：粗车 60m/min，精车 100m/min。

4）主轴转速（n）的选择：粗车约为 763r/min，精车约为 1272r/min。加工螺纹主轴转速 450r/min。

（10）编写程序 依据工艺分析、数值计算，编写程序。

第一道工序：

O0001；	程序名
N0010　G99　T0101；	转进给，调 1 号刀，90°外圆车刀，开单段
N0020　M03　S750；	主轴正转，转速 750r/min
N0030　G00　X24　Z5；	快速定位，定位之后关单段，自动运行
N0040　G71　U2　R1；	U：粗车背吃刀量 2mm（半径值），R：退刀量 1mm（半径值）
N0050　G71　P60　Q130　U1　F0.3；	U：X 轴精车余量 1mm（直径值），F：粗车进给量 0.3mm/r
N0060　G00　X12　F0.15　S1200；	定位，精车进给量 0.15r/min，转速 1200r/min
N0070　　　Z0；	倒角定位
N0080　　　X15.74　Z-2；	倒角
N0090　　　Z-20；	直线
N0100　　　X18；	定位
N0110　　　X20　Z-21；	倒角
N0120　　　Z-25；	直线
N0130　　　X24；	退刀
N0140　G70　P60　Q130；	精加工
N0150　G00　X100　Z50；	快速退刀
N0160　T0202；	调 2 号刀，4mm 车槽刀
N0170　G00　Z-20；	定位
N0180　　　X24；	定位
N0190　G01　X12　F0.1　S450；	切槽
N0200　　　X24；	退刀
N0210　G00　X100　Z50；	快速退刀
N0220　T0303；	调 3 号刀，60°外螺纹车刀
N0230　G00　X18　Z4；	定位
N0240　G76　P020060　Q100　R0.1；	P：精加工次数 2 次，刀尖角度 60°，Q：最小背吃刀量 0.1mm，R：精工余量 0.1mm（半径值）
N0250 G76 X13.835 Z-18 P1083 Q400 F2；	螺纹切削终点坐标 X13.835 Z-18，P：牙型高度 1.083mm，Q：第一刀背吃刀量 0.4mm，F：螺距 2mm
N0260　G00　X100　Z100；	快速退刀
N0270　M30；	程序结束并返回首行
N0280　%	程序结束符

第二道工序：

O0002；	程序名
N0010　G99　T0101；	转进给，调 1 号刀，90°外圆车刀，开单段
N0020　M03　S750；	主轴正转，转速 750r/min

（续）

N0030	G00 X24 Z5;	快速定位，定位之后关单段，自动运行
N0040	G73 U11 R5;	U：毛坯半径减零件轮廓的半径 11mm（半径值），R：粗车 5 次
N0050	G73 P60 Q150 U1 F0.3;	U：X 轴精车余量 1mm（直径值），F：粗车进给量 0.3mm/r
N0060	G01 X0 F0.15 S1200;	定位，精车进给量 0.15r/min，转速 800r/min
N0070	Z0;	定位
N0080	#1=20;	变量赋值，#1 是长半轴
N0090	WHILE[#1GE−16] DO1;	条件判断，如果#1≥−16，循环开始，执行 END1 以上的程序段
N0100	#2=10*SQRT[1−#1*#1/400];	根据椭圆公式，#2 是短半轴
N0110	G01 X[#2*2] Z[#1−20];	加工椭圆
N0120	#1=#1−1;	再次赋值
N0130	END1;	如果#1<−16，循环结束，执行下面的程序段
N0140	G01 Z−45;	加工ϕ12mm 外圆
N0150	X24;	退刀
N0160	G70 P60 Q150;	精加工
N0170	G00 X100 Z100;	X 向退到安全换刀点
N0180	M30;	程序结束并返回首行
N0190	%	程序结束符

应 会 训 练

根据上面所学到的编程知识，对图 3-34、图 3-35 进行工艺分析、数值计算、填写工艺过程卡、刀具卡、自己编写加工程序。

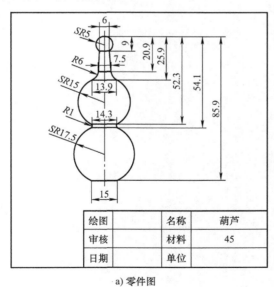

a) 零件图

b) 实体图

图 3-34 葫芦

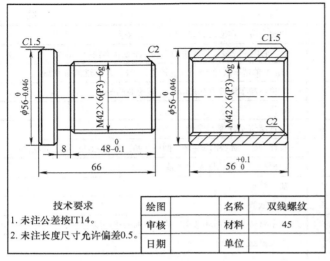

技术要求
1. 未注公差按IT14。
2. 未注长度尺寸允许偏差0.5。

绘图		名称	双线螺纹
审核		材料	45
日期		单位	

a) 零件图　　　　　　　　b) 实体图

图 3-35　双线螺纹零件

项目四　CAXA 数控车 2013 自动编程

四

随着计算机软件技术的发展，计算机辅助设计与制造（CAD/CAM）技术逐渐走向成熟。目前以 CAD/CAM 一体化集成形式的软件已成为数控加工自动编程系统的主流。CAXA 数控车是在全新的数控加工平台上开发的数控车床加工编程和二维图形设计软件。CAXA 数控车具有 CAD 软件的强大绘图功能和完善的外部数据接口，可以绘制任意复杂的图形，可通过 DXF、IGES（初始化图形交换规范）等数据接口与其他系统交换数据。CAXA 数控车具有轨迹生成及通用后置处理功能。该软件提供了功能强大、使用简洁的轨迹生成手段，可按加工要求生成各种复杂图形的加工轨迹。通用的后置处理模块使 CAXA 数控车可以满足各种机床的代码格式，可输出 G 代码，并对生成的代码进行校验及仿真加工。

对于复杂表面轮廓的数控编程要借助 CAD/CAM 软件，根据确定的工艺参数，后置设置，自动生成刀具轨迹及加工程序。

第一部分　学习内容

CAXA 数控车 2013 新增视图转换功能：视图转换功能，如图 4-1 所示。可将 CAXA 实体设计数据文件、Parasolid 文件、三维图版数据文件或制造工程师数据文件转换为二维文件。

图 4-1　视图转换功能

上述功能键从左至右依次为：读入标准视图、读入自定义视图、视图移动、视图打散、视图删除、生成剖视图、生成断面图、生成局部剖视图、视图更新。

下面以制造工程师数据文件为例，介绍读入标准视图功能。

1）打开 CAXA 数控车 2013，如图 4-2 所示。

2）单击视图管理中的"读入标准视图"按钮，出现对话框如图 4-3 所示，单击"三维图版数据文件"或"制造工程师数据文件"，单击确定。

3）选择文件类型"制造工程师数据文件（*.mxe）"，如图 4-4 所示。

4）选择需要转换的文件，如图 4-5 所示，单击"打开"，弹出的对话框如图 4-6 所示。

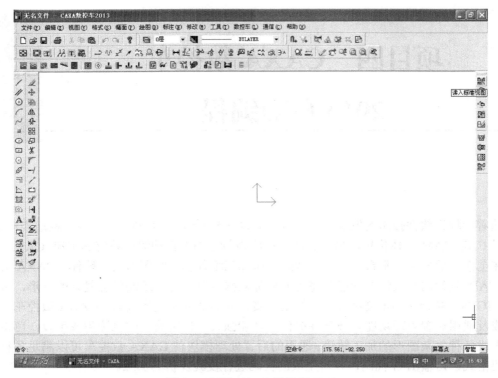

图 4-2　打开 CAXA 数控车 2013

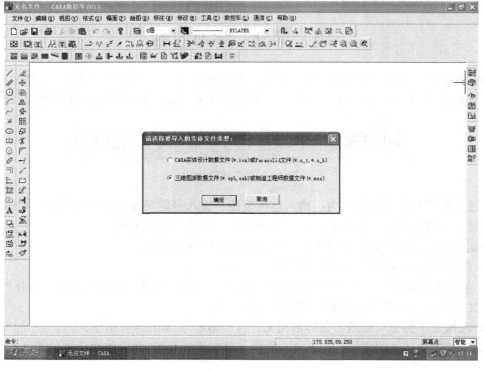

图 4-3　选择导入实体文件类型

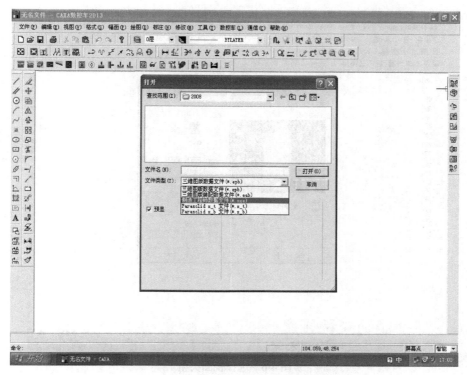

图 4-4 选择文件类型

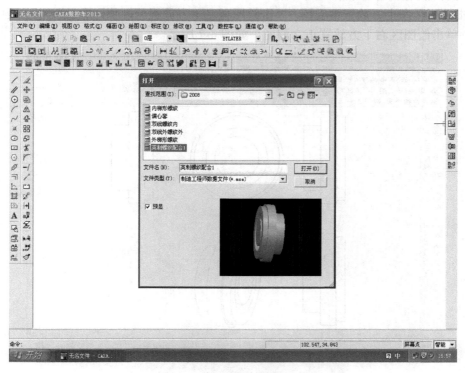

图 4-5 选择需要转换的文件

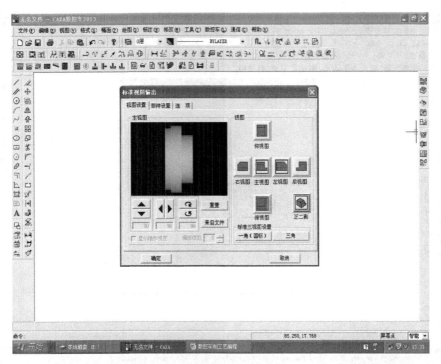

图 4-6 选择视图类型

5）选择需要的视图类型，本例选择：主视图、俯视图、左视图、正二测图，单击"确定"，单击绘图区左上方放置主视图，单击绘图区左下方放置俯视图，单击绘图区右上方放置左视图，单击绘图区右下方放置正二测图，如图 4-7 所示。

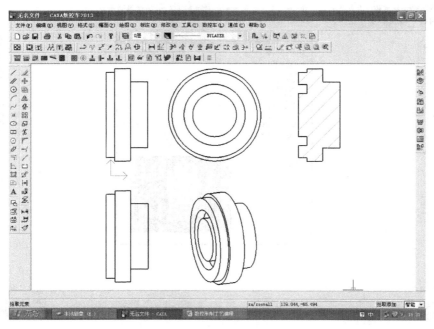

图 4-7 视图的放置

6）进行尺寸标注，如图 4-8 所示。

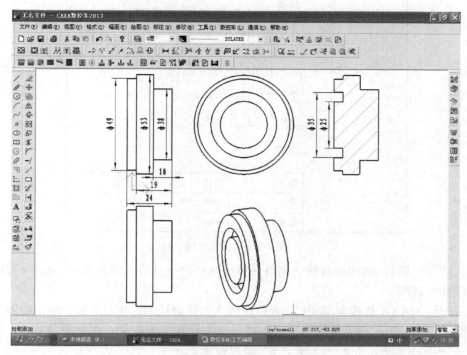

图 4-8　尺寸标注

第二部分　技能实训

任务一　过渡轴的自动编程与加工

数控加工就是将加工数据和工艺参数输入到机床，机床的控制系统对输入信息进行运算与控制，然后由传动机构驱动机床，从而加工零件。所以，数控加工的关键是加工数据和工艺参数的获取，即数控编程。数控加工一般包括以下几个内容：

1）连接好数控机床，设置好通信参数，这是正确输出代码的关键。

2）对图样进行分析，确定需要数控加工的部分，利用图形软件对需要数控加工的部件造型。

3）根据加工条件，选择合适加工参数，生成加工轨迹（包括粗加工、半精加工、精加工轨迹）。

4）轨迹的仿真检验。机床后置处理，选择机床和系统，生成 G 代码。

5）传给机床加工。

实例：根据如图 4-9 所示定位过渡轴进行几何造型自动编程。

1. 几何造型

加工工序：粗加工→精加工→切槽→车螺纹→切断。

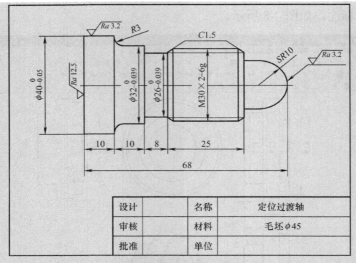

设计		名称	定位过渡轴
审核		材料	毛坯φ45
批准		单位	

图 4-9 定位过渡轴

加工顺序：圆弧 SR10→直线→倒角→直线→台阶→直线→圆弧 R3→台阶→直线→切槽→车螺纹→切断。

1）打开"CAXA 数控车 2013"，进行曲线几何轮廓造型。作水平线，单击绘图工具栏的"直线"图标 ✎，右下角的工具状态栏选择"智能" 智能 ▾。在立即菜单中，选择两点线中的"连续"、"正交"、"点方式"，根据状态栏提示，第一点（切点、垂足点），捕捉坐标系原点，根据状态栏提示，第二点（切点、垂足点）或长度，输入长度"68"，如图 4-10a 所示。回车，如图 4-10b 所示，生成直线。

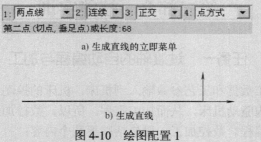

a) 生成直线的立即菜单

b) 生成直线

图 4-10 绘图配置 1

2）单击绘图工具栏的"等距线"按钮 ⌐，在距离栏中输入"10"，如图 4-11a 所示，回车，状态栏生成栏提示"取直线"，用鼠标单击"直线"，状态栏提示"请选取所需的方向"，如图 4-11b 所示，用鼠标单击"向上箭头"，生成直线，如图 4-11c 所示。

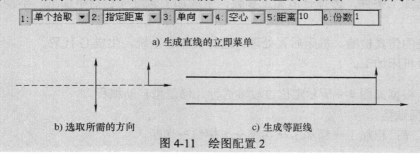

a) 生成直线的立即菜单

b) 选取所需的方向   c) 生成等距线

图 4-11 绘图配置 2

3）用同样的方法在该直线上方按图样要求生成距离为"13""14.875""16""20"其余四条直线，如图 4-12 所示（14.875mm：根据图中螺纹大径尺寸公差等级计算所得）。

4）作垂直线，单击绘图工具栏的"直线"图标 ✏，第一点：左端点，第二点：距离第一条直线 20 的直线左侧端点，生成垂直线，如图 4-13 所示。

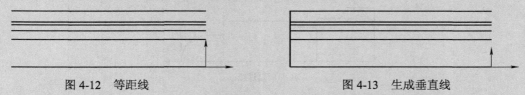

　　　　图 4-12　等距线　　　　　　　　　　　　　图 4-13　生成垂直线

5）点等距线 ⊓，用生成等距线的方法生成距垂直线距离为"10""20""28""53""68"五条等距线，如图 4-14 所示。

6）曲线裁剪，单击编辑工具栏中"裁剪"功能 ✂ 或"删除"功能 ✐，对图 4-14 进行裁剪后的图形，如图 4-15 所示。

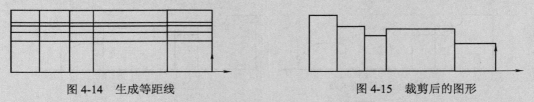

　　　　图 4-14　生成等距线　　　　　　　　　　图 4-15　裁剪后的图形

7）曲线过渡，单击编辑工具栏中"过渡"功能 ⌐，在立即菜单中选择"圆角""裁剪"半径输入"10"，如图 4-16a 所示，选取第一条直线，如图 4-16b 所示，选取第二条直线如图 4-16c 所示。生成 $SR10$ 圆弧，如图 4-16d 所示。

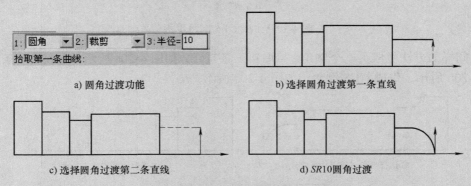

a) 圆角过渡功能　　　　　　　　　b) 选择圆角过渡第一条直线

c) 选择圆角过渡第二条直线　　　　d) $SR10$ 圆角过渡

图 4-16　$SR10$ 曲线过渡

用同样的方法。选取第一条直线，如图 4-17a 所示，选取第二条直线，如图 4-17b 所示，输入半径"3"，生成 $R3$ 的圆弧，如图 4-17c 所示。

8）在立即菜单选择"倒角""裁剪"，长度输入"1.5"、倒角"45°"，如图 4-18 所示。拾取第一条直线，如图 4-19a 所示，拾取第二条直线，如图 4-19b 所示，生成 $C1.5$ 倒角，如图 4-19c 所示。

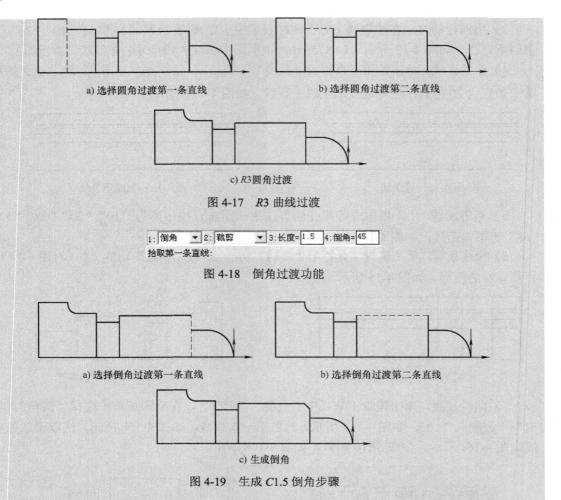

a) 选择圆角过渡第一条直线　　　　　b) 选择圆角过渡第二条直线

c) R3 圆角过渡

图 4-17　R3 曲线过渡

图 4-18　倒角过渡功能

a) 选择倒角过渡第一条直线　　　　　b) 选择倒角过渡第二条直线

c) 生成倒角

图 4-19　生成 C1.5 倒角步骤

用同样的方法生成另一个倒角，拾取第一条直线，如图 4-20a 所示，选取第二条直线，如图 4-20b 所示，生成 C1.5 倒角，如图 4-20c 所示。

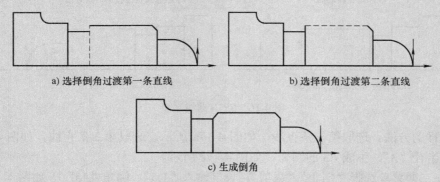

a) 选择倒角过渡第一条直线　　　　　b) 选择倒角过渡第二条直线

c) 生成倒角

图 4-20　生成另一倒角步骤

9）曲线裁剪，单击编辑工具栏中"删除"功能 和"裁剪"功能 ，对图 4-20c 进行裁剪，裁剪的结果，如图 4-21 所示。

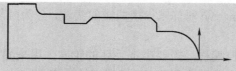

图 4-21　剪裁的结果图形

10）曲线拉伸，单击编辑工具栏中"拉伸"功能 ✏，选中图 4-22a 中的直线，拉伸，将槽封闭，形成图 4-22b 所示的图形。

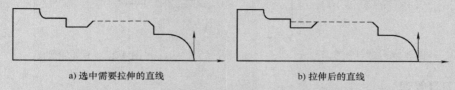

a) 选中需要拉伸的直线　　　　　　　　　　　b) 拉伸后的直线

图 4-22　曲线拉伸

11）曲线打断，单击编辑工具栏"打断"功能 ✂，选取需要打断的直线，如图 4-23a 所示。选择打断点，如图 4-23b 所示。

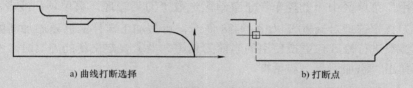

a) 曲线打断选择　　　　　　　　　　　　　b) 打断点

图 4-23　曲线打断

12）绘制毛坯，图 4-9 所示毛坯直径为 ϕ45mm，长度为 68mm，单击编辑工具栏"拉伸"功能 ✏，选中如图 4-24a 所示直线，拉伸到 22.5，如图 4-24b 所示。然后单击编辑工具栏"直线"功能 ✏ 选择"正交"方式 [正交 ▼]，选择拉伸的直线的端点，长度输入"68"，如图 4-24c 所示，再向下捕捉坐标点，结束，如图 4-24d 所示，毛坯绘制完成。

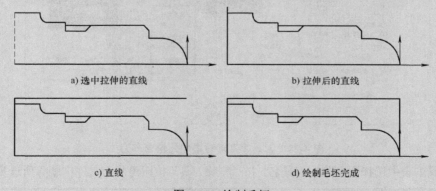

a) 选中拉伸的直线　　　　　　　　　　　b) 拉伸后的直线

c) 直线　　　　　　　　　　　　　　d) 绘制毛坯完成

图 4-24　绘制毛坯

生成刀具轨迹时，只需要保留零件的外轮廓和毛坯轮廓的上半部分组成的封闭区域（要切除的部分）即可，其余线条可以删除，如图 4-25 所示。

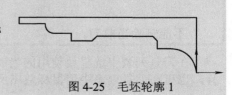

图 4-25　毛坯轮廓 1

零件轮廓：零件轮廓是一系列首尾相接曲线的集合，分为外轮廓、内轮廓和端面轮廓，如图 4-26 所示。

毛坯轮廓：在进行数控编程，需要指定毛坯的轮廓，用来界定被加工的表面或被加工的毛坯本身。如果毛坯轮廓是用来界定被加工表面的，则要求指定的轮廓是闭合的；如果加工的是毛坯轮廓本身，则毛坯轮廓也可以不闭合。如图 4-27 所示。

图 4-26　零件轮廓　　　　　　　　　　图 4-27　毛坯轮廓 2

2. 刀具管理

刀具管理功能定义、确定刀具的有关数据，以便于从刀具库中获取刀具信息和对刀具库进行维护。刀具库管理功能包括轮廓车刀、切槽刀具、螺纹车刀、钻孔刀具四种刀具类型的管理。

在"应用"菜单区中"数控车"子菜单区选取"刀具管理"菜单项，或者单击 ，系统弹出"刀具库管理对话框"，如图 4-28 所示，可按加工零件的需要添加新的刀具，对已有刀具的参数进行修改，更换使用的当前刀具等。当需要定义新的刀具时，按"增加刀具"按钮可弹出"添加刀具"对话框。

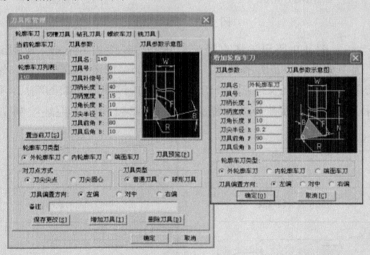

图 4-28　刀具库管理与增加外轮廓车刀

在刀具列表中选择要删除的刀具名，按"删除刀具"按钮可从刀具库中删除所选择的刀具。

注 意 事 项

不能删除当前刀。

在刀具列表中选择要使用的当前刀具名，按"置当前刀"可将选择的刀具设为当前刀具，也可在刀具列表中用鼠标双击所选的刀具。

改变参数后，单击"保存更改"按钮即可对刀具参数进行修改。

注 意 事 项

刀具库中的各种刀具只是同一类刀具的抽象描述，并非符合国家标准或其他标准的详细刀具库。所以只列出了对轨迹生成有影响的部分参数，其他与具体加工工艺相关的刀具参数并未列出。例如，将各种外轮廓、内轮廓、端面粗，精车刀均归为轮廓车刀，对轨迹生成没有影响。其他补充信息可在"备注"栏中输入。

相关知识：轮廓车刀参数说明

刀具名：刀具的名称，用于刀具标识和列表。刀具名是唯一的。

刀具号：刀具的系列号，用于后置处理的自动换刀指令。刀具号是唯一的，并对应机床的刀具库。

刀具补偿号：刀具补偿值的序列号，其值对应于机床的数据库。

刀柄长度：刀具可夹持段的长度。

刀柄宽度：刀具可夹持段的宽度。

刀角长度：刀具可切削段的长度。

刀尖半径：刀尖部分用于切削的圆弧半径。

刀具前角：刀具前刃与工件旋转轴的夹角。

当前轮廓车刀：显示当前使用的刀具的刀具名。当前刀具就是在加工中要使用的刀具，在加工轨迹的生成中要使用当前刀具的刀具参数。

轮廓车刀列表：显示刀具库中所有同类型刀具的名称，可通过鼠标或键盘的上下键选择不同的刀具名，刀具参数表中将显示所选刀具的参数。用鼠标双击所选的刀具还能将其置为当前刀具。

根据图 4-9 的加工轮廓，将选择的刀具添加在刀具库中，第一把刀具外轮廓车刀，如图 4-29 所示。

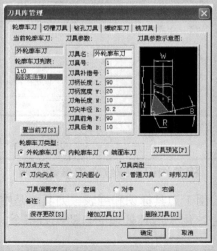

图 4-29　外轮廓车刀参数设置

相关知识：切槽刀具参数说明

刀具名：刀具的名称，用于刀具标识和列表。刀具名是唯一的。

刀具号：刀具的系列号，用于后置处理的自动换刀指令。刀具号是唯一的，并对应机床的刀具库。

刀具补偿号：刀具补偿值的序列号，其值对应于机床的数据库。

刀具长度：刀具的总体长度。

刀柄宽度：刀具夹持段的宽度。

刀刃宽度：刀具切削刃的宽度。

刀尖半径：刀具切削刃两端圆弧半径。

刀具引角：刀具切削段两侧边与垂直于切削方向的夹角。

当前切槽刀具：显示当前使用的刀具的刀具名。当前刀具就是在加工中要使用的刀具，在加工轨迹的生成中要使用当前刀具的刀具参数。

切槽刀具列表：显示刀具库中所有同类型刀具的名称，可通过鼠标或键盘的上下键选择不同的刀具名，刀具参数表中将显示所选刀具的参数。用鼠标双击所选的刀具还能将其置为当前刀具。

根据图 4-9 的加工轮廓，将选择的刀具添加在刀具库中，第二把刀具外切槽刀，如图 4-30 所示。

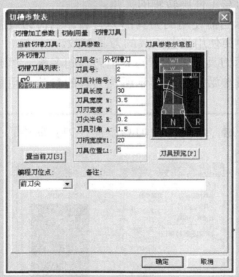

图 4-30　外切槽刀参数设置

相关知识：螺纹车刀参数说明

刀具名：刀具的名称，用于刀具标识和列表。刀具名是唯一的。

刀具号：刀具的系列号，用于后置处理的自动换刀指令。刀具号是唯一的，并对应机床的刀具库。

刀具补偿号：刀具补偿值的序列号，其值对应于机床的数据库。

刀柄长度：刀具可夹持段的长度。

刀柄宽度：刀具可夹持段的宽度。

刀刃（切削刃）长度：刀具切削刃顶部的宽度。对于三角形螺纹车刀，切削刃宽度等于 0。

刀具角度：刀具切削段两侧边与垂直于切削方向的夹角，该角度决定了车削出的螺纹角度。

刀尖宽度：螺纹齿底宽度。刀尖宽度的计算公式常数 0.125×螺距 P 等于刀尖宽度。

当前螺纹车刀：显示当前使用的刀具的刀具名。当前刀具就是在加工中要使用的刀具，在加工轨迹的生成中要使用当前刀具的刀具参数。

螺纹车刀列表：显示刀具库中所有同类型刀具的名称，可通过鼠标或键盘的上下键选择不同的刀具名，刀具参数表中将显示所选刀具的参数。用鼠标双击所选的刀具还能将其置为当前刀具。

根据图 4-9 的加工轮廓，将选择的刀具添加在刀具库中，第三把刀具外螺纹车刀，如图 4-31 所示。

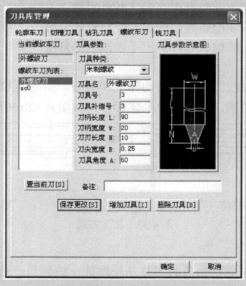

图 4-31　外螺纹刀参数设置

3. 轮廓粗车

轮廓粗车功能用于实现对工件外轮廓表面、内轮廓表面和端面的粗车加工，用来快速清除毛坯的多余部分。

轮廓粗车时要确定被加工轮廓和毛坯轮廓，被加工轮廓就是加工结束后的工件表面轮廓，毛坯轮廓就是加工前毛坯的表面轮廓。被加工轮廓和毛坯轮廓两端点相连，两轮廓共同构成一个封闭的加工区域，在此区域的材料将被加工去除。被加工轮廓和毛坯轮廓不能单独闭合或自相交。

相关知识：加工参数

加工参数主要用于对粗车加工中的各种工艺条件和加工方式进行限定。各加工参数含义说明如下：

（1）加工参数

1）加工表面类型。

外轮廓：采用外轮廓车刀加工外轮廓，此时缺省加工方向角度为180°。

内轮廓：采用内轮廓车刀加工内轮廓，此时缺省加工方向角度为180°。

端面：此时缺省加工方向应垂直于系统 X 轴，即加工角度为 $-90°$ 或 $270°$。

2）加工参数含义。

切削行距：行间背吃刀量，两相邻切削行之间的距离。

加工精度：可按需要来控制加工的精度。对轮廓中的直线和圆弧，机床可以精确加工；对由样条曲线组成的轮廓，系统将按给定的精度把样条转化成直线段来满足所需的加工精度。

径向余量：机床 X 轴方向应留精加工余量。

轴向余量：机床 Z 轴方向应留精加工余量。

加工角度：刀具切削方向与机床 Z 轴（软件系统 X 正方向）正方向的夹角。

干涉后角：做底切干涉检查时，确定干涉检查的角度。

干涉前角：做前角干涉检查时，确定干涉检查的角度。

3）加工方式。

行切方式：沿工件轴线方向，逐层切除毛坯部分，如图4-32a所示。

等距方式：沿工件轮廓，逐层切除毛坯部分，如图4-32b所示。

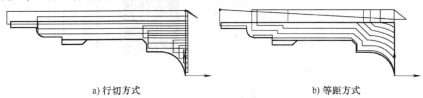

a) 行切方式　　　　　　　　　　　　b) 等距方式

图4-32　加工方式

4）拐角过渡方式。

圆弧：在切削过程中遇到拐角时刀具从轮廓的一边到另一边的过程中，以圆弧的方式过渡。

尖角：在切削过程中遇到拐角时刀具从轮廓的一边到另一边的过程中，以尖角的方式过渡。

5）反向走刀。

否：刀具按缺省方向走刀，即刀具从机床 Z 轴正向向 Z 轴负向移动。

是：刀具按与缺省方向相反的方向走刀。

6）详细干涉检查。

否：假定刀具前后干涉角均0°，对凹槽部分不做加工，以保证切削轨迹无前角及底切干涉。

是：加工凹槽时，用定义的干涉角度检查加工中是否有刀具前角及底切干涉，并按定义的干涉角度生成无干涉的切削轨迹。

7）退刀时沿轮廓走刀。

否：刀位行首末直接进退刀，不加工行与行之间的轮廓。

是：两刀位行之间如果有一段轮廓，在后一刀位行之前、之后增加对行间轮廓的加工。

8）刀尖圆弧半径补偿。编程时考虑半径补偿：在生成加工轨迹时，系统根据当前所用刀具的刀尖圆弧半径进行补偿计算（按假想刀尖点编程）。所生成代码即为已考虑半径补偿的代码，无须机床再进行刀尖圆弧半径补偿。

由机床进行半径补偿：在生成加工轨迹时，假设刀尖圆弧半径为 0，按轮廓编程，不进行刀尖圆弧半径补偿计算。所生成代码在用于实际加工时应根据实际刀尖圆弧半径由机床指定补偿值。

（2）进退刀方式

1）进刀方式。相对毛坯进刀方式用于指定对毛坯部分进行切削时的进刀方式，相对加工表面进刀方式用于指定对加工表面部分进行切削时的进刀方式。

与加工表面成定角：在每一切削行前加入一段与轨迹切削方向夹角成一定角度的进刀段，刀具垂直进刀到该进刀段的起点，再沿该进刀段进刀至切削行。角度定义该进刀段与轨迹切削方向的夹角，长度定义该进刀段的长度（根据刀头形状，主偏角设置）。

垂直：刀具直接进刀到每一切削行的起始点。

矢量：在每一切削行前加入一段与系统 X 轴（机床 Z 轴）正方向成一定夹角的进刀段，刀具进刀到该进刀段的起点，再沿该进刀段进刀至切削行。角度定义矢量（进刀段）与系统 X 轴正方向的夹角，长度定义矢量（进刀段）的长度。

2）退刀方式。相对毛坯退刀方式用于指定对毛坯部分进行行切削时的退刀方式，相对加工表面退刀方式用于指定对加工表面部分进行切削时的退刀方式。

与加工表面成定角：在每一切削行后加入一段与轨迹切削方向夹角成一定角度的退刀段，刀具先沿该退刀段退刀，再从该退刀段的末点开始垂直退刀。角度定义该退刀段与轨迹切削方向的夹角，长度定义该退刀段的长度。（根据零件轮廓形状设置）

垂直：刀具直接进刀到每一切削行的起始。

矢量：在每一切削行后加入一段与系统 X 轴（机床 Z 轴）正方向成一定夹角的退刀段，刀具先沿该退刀段退刀，再从该退刀段的末点开始垂直退刀。角度定义矢量（退刀段）与系统 X 轴正方向的夹角，长度定义矢量（退刀段）的长度快速退刀距离：以给定的退刀速度回退的距离（相对值），在此距离上以机床允许的最大进给速度 G00 退刀。

（3）切削用量　在每种刀具轨迹生成时，都需要设置一些与切削用量及机床加工相关的参数。单击"切削用量"标签可进入切削用量参数设置页。

1）速度设定。

进退刀时快速走刀：

是：以机床设定的速度进退刀。

否：按照自己设定的速度进退刀。

接近速度：刀具接近工件时的进给速度。

退刀速度：刀具离开工件的速度。

进给量：mm/min，切削速度：mm/r。

2）主轴转速选项。

恒转速：切削过程中按指定的主轴转速保持主轴转速恒定，直到下一指令改变该速度。

恒线速度：切削过程中按指定的线速度值保持线速度恒定。

样条拟合方式：

直线拟合：对加工轮廓中的样条线根据给定的加工精度用直线段进行拟合。

圆弧拟合：对加工轮廓中的样条线根据给定的加工精度用圆弧段进行拟合。

1）在"应用"菜单区中的"数控车"子菜单区中选取"轮廓粗车"菜单项，或者单击数控车工具栏中"轮廓粗车"按钮 ，弹出"粗车参数表"对话框。

2）加工参数设定如图 4-33a 所示；进退刀方式设定如图 4-33b 所示；切削用量设定如图 4-33c 所示；选择轮廓车刀如图 4-33d 所示；单击"确定"。

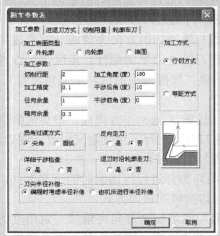

a）加工参数设定

b）进退刀方式设定

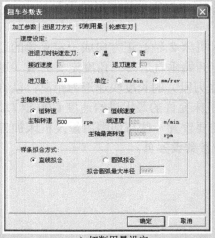

c）切削用量设定

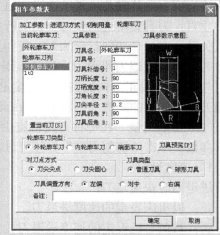

d）选择轮廓车刀

图 4-33　粗车参数表对话框

3）选择拾取方式"单个拾取"， 1: 单个拾取 ▼ 2:链拾取精度 0.0001 。拾取零件轮廓，当拾取第一
拾取被加工工件表面轮廓：
条轮廓线后，此轮廓线变为虚线，如图 4-34a 所示。系统提示：请拾取所需方向，选择一
个方向，此方向只表示拾取轮廓线的方向，与刀具的加工方向无关。如图 4-34b 所示，单
击鼠标右键确定，系统提示：拾取毛坯轮廓，如图 4-35a 所示，拾取毛坯轮廓方式，拾取
方法与拾取零件轮廓相似，拾取结束，如图 4-35b 所示。单击鼠标右键确定，系统提示：
输入进退刀点，方法一：在英文状态下 ✓ EN 英语(英国)，输入进退刀点（5,23.5），回车
确定。方法二：将鼠标放在毛坯轮廓外，单击鼠标左键确定进退刀点。即生成刀具轨迹，
如图 4-36 所示。生成刀具轨迹后，保存文件。

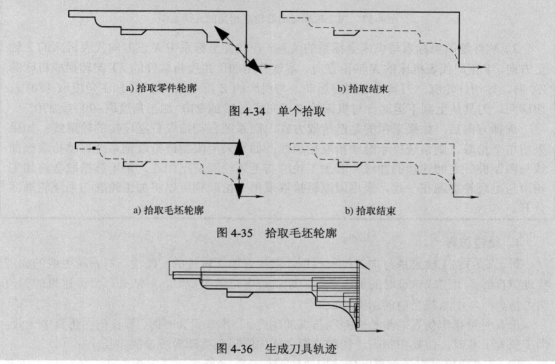

a) 拾取零件轮廓　　　　　　　　b) 拾取结束

图 4-34　单个拾取

a) 拾取毛坯轮廓　　　　　　　　b) 拾取结束

图 4-35　拾取毛坯轮廓

图 4-36　生成刀具轨迹

相关知识：轮廓拾取工具

由于在生成轨迹时经常需要拾取轮廓，在此对轮廓拾取方式进行专门介绍。

轮廓拾取工具提供三种拾取方式：单个拾取、链拾取和限制链拾取。

"单个拾取"需单个拾取需批量处理的各条曲线。适合于曲线条数不多且不适合于"链拾取"的情形。

"链拾取"需指定起始曲线及链搜索方向，系统按起始曲线及搜索方向自动寻找所有首尾搭接的曲线。适合于需批量处理的曲线数目较大且无两根以上曲线搭接在一起的情形。

"限制链拾取"需指定起始曲线、搜索方向和限制曲线，系统按起始曲线及搜索方向自动寻找首尾搭接的曲线至指定的限制曲线。适用于避开有两根以上曲线搭接在一起的情形，以正确地拾取所需要的曲线。

1）加工轮廓与毛坯轮廓必须构成一个封闭区域，被加工轮廓和毛坯轮廓不能单独闭合或自相交。

2）为便于采用链拾取方式，可以将加工轮廓与毛坯轮廓绘成相交，系统能自动求出其封闭区域，如图 4-37 所示。

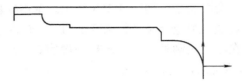

图 4-37　加工轮廓与毛坯轮廓相交的几何造型

3）软件绘图坐标系与机床坐标系的关系。在软件坐标系中 X 正方向代表机床的 Z 轴正方向，Y 正向代表机床的 X 轴正方向。本软件用加工角度将软件的 XY 向转换成机床的 ZX 向，如切外轮廓，刀具由右到左运动，与机床的 Z 正向成 $180°$，加工角度取 $180°$。切端面，刀具从上到下运动，与机床的 Z 正向成 $-90°$ 或 $270°$ 加工角度取 $-90°$ 或 $270°$。

选择方向后，如果采用的是链拾取方式，则系统自动拾取首尾连接的轮廓线；如果采用单个拾取，则系统提示继续拾取轮廓线；如果采用限制链拾取则系统自动拾取该曲线与限制曲线之间连接的曲线。若加工轮廓与毛坯轮廓首尾相连，采用链拾取会将加工轮廓与毛坯轮廓混在一起，采用限制链拾取或单个拾取则可以将加工轮廓与毛坯轮廓区分开。

4. 轨迹仿真

对已有的加工轨迹进行加工过程模拟，以检查加工轨迹的正确性。对系统生成的加工轨迹仿真时，用生成轨迹时的加工参数，即轨迹中记录的参数。对从外部反读进来的刀位轨迹仿真时，用系统当前的加工参数。

仿真时可指定仿真的步长来控制仿真的速度。当步长设为 0 时，步长值在仿真中无效；当步长大于 0 时，仿真中每一个切削位置之间的间隔距离即为所设的步长。

1）在"数控车"子菜单区中选取"轨迹仿真"功能项，同时指定仿真的步长，或者单击"轨迹仿真"按钮 ➤。

2）拾取要仿真的加工轨迹。将鼠标放在加工轨迹上，单击鼠标左键，单击鼠标右键结束拾取。

3）单击 ▶，系统即开始仿真。仿真过程中可按键盘右上角的 ■ 键终止仿真。仿真过程中，拖动轨迹仿真控制条，可控制仿真速度 ▭ 。仿真方式有三种，动态仿真、静态仿真、二维实体仿真。

动态仿真：仿真时模拟动态的切削过程，不保留刀具在每一个切削位置的图像，如图 4-38a 所示。

静态仿真：仿真过程中保留刀具在每一个切削位置的图像，直至仿真结束，如图 4-38b 所示。

二维实体仿真：仿真时以二维实体动态模拟切削过程，直至仿真结束，如图 4-38c 所示。

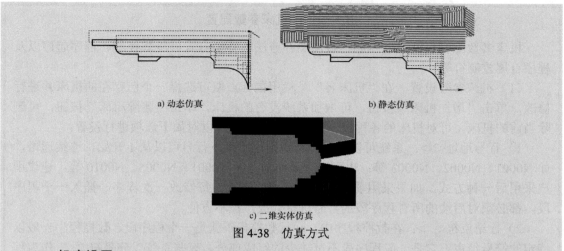

a) 动态仿真　　　　　b) 静态仿真

c) 二维实体仿真

图 4-38　仿真方式

5．机床设置

机床设置就是针对不同的机床，不同的数控系统，设置特定的数控代码、数控程序格式及参数，并生成配置文件。生成数控程序时，系统根据该配置文件的定义生成所需要的特定代码格式的加工指令。

机床配置提供了一种灵活方便的设置系统配置的方法。对不同的机床进行适当的配置，具有重要的实际意义。通过设置系统配置参数，后置处理所生成的数控程序可以直接输入数控机床进行加工，而无须进行修改。如果已有的机床类型中没有所需的机床，可增加新的机床类型以满足使用需求，并可对新增的机床进行设置。

在"数控车"子菜单区中选取"机床设置"功能项，或单击 ▇，系统弹出机床配置参数对话框。可按自己的需求增加新的机床或更改已有的机床设置，如图 4-39 所示。机床配置参数设置好后单击"确定"按钮可将更改保存，"取消"则放弃已做的更改。如以广州数控系统 GSK 参数配置为例，具体配置如图 4-40 所示。

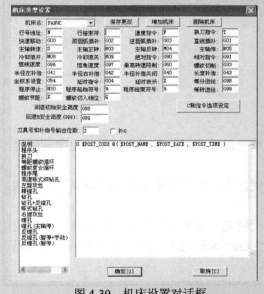

图 4-39　机床设置对话框

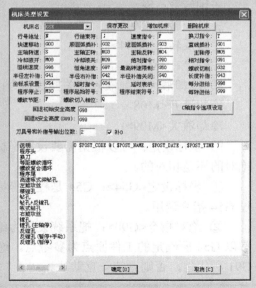

图 4-40　GSK 机床代码的设置

相关知识：机床参数配置

机床参数配置包括主轴控制、数值插补方法、补偿方式、冷却控制、程序起停以及程序首尾控制符等。

（1）机床参数设置　在"机床名"一栏用鼠标点取可选择一个已存在的机床并进行修改。单击"增加机床"按钮，可增加系统没有的机床，单击"删除机床"按钮，可删除当前的机床，可对机床的各种指令地址进行设置。可以对如下选项进行设置：

1）行号地址<N>：系统可以根据行号识别程序段。行号可以从 1 开始，连续递增，如 N0001、N0002、N0003 等；也可以间隔递增，如 N0001、N0005、N0010 等。建议用户采用后一种方式。如果采用前一种连续递增的方式，每修改一次程序，插入一个程序段，都必须对后续的所有程序段的行号进行修改，很不方便。

2）行结束符<；>：在数控程序中，一行数控代码就是一个程序段。数控程序一般以特定的符号结束，它是一段程序段不可缺少的组成部分。有些系统以分号符"；"作为程序段结束符，系统不同，程序段结束符一般不同，如有的系统结束符是"*"、"#"或"CR、L_F"等不尽相同。

3）速度指令<F>。

4）换刀指令<T>。

5）快速移动<G00>。

6）插补方式控制：数控系统都提供直线插补和圆弧插补，其中圆弧插补又分为顺圆插补和逆圆插补。

① 直线插补<G01>：系统以直线段的方式逼近该点。

② 顺圆插补<G02>：系统以半径一定的圆弧方式，按顺时针的方向逼近该点。

③ 逆圆插补<G03>：系统以半径一定的圆弧方式，按逆时针的方向逼近该点。

7）主轴控制指令：

主轴转数：S；

主轴正转：<M03>；

主轴反转：<M04>；

主轴停：<M05>；

8）冷却液（切削液）开关控制指令：

冷却液开<M08>；

冷却液关<M09>；

9）坐标设定：可以根据需要设置坐标系，系统根据设置的参照坐标系确定坐标值是绝对的还是相对的。

① 坐标设定<G54>：G54 是程序坐标系设置指令。程序中不设置此坐标系，而是通过 G54 指令调用。

② 绝对指令<G90>：把系统设置为绝对编程模式。以绝对模式编程的指令，坐标值都以 G54 所确定的工件原点为参考点。绝对指令 G90 也是模态代码，除非被同类型代码 G91 所代替，否则系统一直默认。

③ 相对指令<G91>：把系统设置为相对编程模式。以相对模式编程的指令，坐标值都以该点的前一点为参考点，指令值以相对递增的方式编程。同样 G91 也是模态代码指令。

④ 设置当前点坐标<G92>：把随后跟着的 X、Y 值作为当前点的坐标值。

10）恒线速度<G96>：切削过程中按指定的线速度值保持线速度恒定。

11）恒角速度<G97>：切削过程中按指定的主轴转速保持主轴转速恒定，直到下一指令改变该指令为止。

12）最高转速<G50>：限制机床主轴的最高转速，常与恒线速度<G96>通用匹配。

13）螺纹切削<G32>。

14）补偿：补偿包括左补偿和右补偿及补偿关闭。有了补偿后，编程时可以直接根据曲线轮廓编程。

① 半径左补偿<G41>：加工轨迹沿着刀具运动的方向看，沿轮廓线左边让出一个刀具半径。

② 半径右补偿<G42>：加工轨迹沿着刀具运动的方向看，沿轮廓线右边让出一个刀具半径。

③ 半径补偿关闭<G40>：补偿的关闭是通过代码 G40 来实现的。左右补偿指令代码都是模态代码，所以，也可以通过开启一个补偿指令代码来关闭另一个补偿指令代码。

对于半径补偿 G41 和 G42，前刀座和后刀座之分，后刀座 G41 刀具在工件左侧，G42 刀具在工件右侧；前刀座 G41 刀具在工件右侧，G42 在工件左侧，应特别注意！

15）延时控制：

延时指令<G04>：程序执行延时指令时，刀具将在当前位置停留给定的延时时间。

延时表示<X>：其后跟随的数值表示延时的时间。

16）程序停止<M30>：程序结束指令 M02、M30 两种方式将结束整个程序的运行。

17）程序起始符< O >：程序名地址符，如 O、%、AA 系统不同地址符也不同。西门子是任意两个英文字符：AA、BB，北京系统 DTM（帝特马）是%，广数 GSK 和 FANUC 可以不填写。

18）程序结束符<%>：程序结束符号。

19）每分进给<G98>：每分钟进给 mm/min。

20）每转进给<G99>：每转进给 mm/r。

21）螺纹螺距<F>：F 是米制螺纹螺距，单位是 mm。I 是寸制螺纹螺距，单位是 in。

22）螺纹切入相位<Q>。

（2）程序格式设置　程序格式设置就是对 G 代码各程序段格式进行设置。可以对程序段、程序起始符号、程序结束符号、程序说明、程序头、程序尾换刀段进行格式设置。

1）设置方式：字符串或宏指令@字符串或宏指令。其中宏指令为：$宏指令串，系统提供的宏指令串有：

当前后置文件名：POST_NAME

当前日期：POST_DATE

当前时间：POST_TIME

当前 X 坐标值：COORD_Y

当前 Z 坐标值：COORD_X

当前程序号：POST_CODE

以下宏指令内容与图 4-39a 中的设置内容一致：

行号指令：LINE_NO_ADD

行结束符：BLOCK_END

直线插补：G01

顺圆插补：G02

逆圆插补：G03

绝对指令：G90

相对指令：G91

指定当前点坐标：G92

冷却液（切削液）开：COOL_ON

冷却液（切削液）关：COOL_OFF

程序止：PRO_STOP

左补偿：DOMP_LFT

右补偿：DOMP_RGH

补偿关闭：DOMP_OFF

@号为换行标志。若是字符串则输出它本身。

$号输出空格。

2）程序说明：说明部分是对程序的名称，与此程序对应的零件名称编号、编制日期和时间等有关信息的记录。程序说明部分是为了管理的需要而设置的。有了这个功能项目，可以很方便地进行管理。比如要加工某个零件时，只需要从管理程序中找到对应的程序编号即可，而不需要从复杂的程序中去一个一个地寻找需要的程序。

例如：O $POST_CODE @($POST_NAME , $POST_DATE , $POST_TIME)，在后置文件中的输出内容为：

O0001;

（NC0001,05/07/14,18:17:49）

N10 G50 S10000;

N12 G00 G97 S500 T0101;

N14 M03;

N16 M08;

N18 G00 X47.000 Z5.000 ;

N20 G00 X45.828 ;

N22 G00 X43.000 Z1.000 ;

N24 G99 G01 Z-68.000 F0.300;

程序中的程序说明部分输出如下说明：

针对特定的数控机床来说，其数控程序开头部分都是相对固定的，包括一些机床信息，如机床回零、工件原点设置、开始车削螺纹，以及切削液开启等。例如：直线插补指令内容为 G01，那么，$G1 的输出结果为 G01，同样$COOL_ON 的输出结果为 M08，$ PRO_STOP 为 M02。以此类推。

程序头：CAXA 数控车 2013 自动编程软件提供了多种格式，如程序头 $G50 $ $SPN_F $MAX_SPN_SPEED @G00 $ $IF_CONST_VC $ $SPN_F $CONST_VC $ $CHANGE_TOOL $TOOL_NO $COMP_NO@$SPN_CW@$COOL_ON

换刀：M01@ $G50 $ $SPN_F $MAX_SPN_SPEED @G00 $ $IF_CONST_VC $ $SPN_F $CONST_VC $ $CHANGE_TOOL $TOOL_NO $COMP_NO@$SPN_CW@$COOL_ON

等距螺纹循环：$SCREW_32 X $END_X Z $END_Z $SCREW_PITCH_CODE $SCREW_ PITCH $SCREW_PHASIC $START_ANGLE

螺纹复合循环：G76 P $RGH_CUTTIMES $RTR_DIS_Z $TOOL_ANGLE Q $MIN_ DEEPTH R $FSH_STOCK @ G76 X $END_X Z $END_Z R $RADIO_DIF P $THREAD_DEEPTH Q $FIRST_DEEPTH $SCREW_PITCH_CODE $SCREW_PITCH

程序尾：$COOL_OFF@$PRO_STOP 等。

6. 后置处理设置

后置处理设置就是针对特定的机床，结合已经设置好的机床配置，对后置输出的数控程序的格式如程序段行号、程序大小、数据格式、编程方式、圆弧控制方式等进行设置。本功能可以设置缺省机床及 G 代码输出选项。机床名选择已存在的机床名作为缺省机床。

在"数控车"子菜单区中选取"后置处理设置"功能项，或者单击 ，系统弹出后置处理设置参数对话框，如图 4-41 所示。可按需要更改已有机床的后置处理设置。单击"确定"按钮可将更改保存，"取消"则放弃更改。

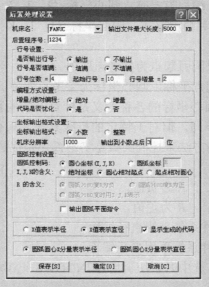

图 4-41　后置处理设置对话框

相关知识：后置处理设置参数

1）机床系统：首先，数控程序必须针对特定的数控机床。特定的配置才具有加工的实际意义，所以后置设置必须先调用机床配置。在图 4-41 中，用鼠标选取机床名一栏就可以很方便地从配置文件中调出机床的相关配置。图中调用的为 FANUC 数控系统的相关配置。

2）输出文件最大长度：输出文件长度可以对数控程序的大小进行控制，文件大小控制以 k（字节）为单位。当输出的代码文件长度大于规定长度时系统自动分割文件。例如：当输出的 G 代码文件 post．ISO 超过规定的长度时，就会自动分割为 post0001．ISO，post0002．ISO，post0003．ISO，post0004．ISO 等。

3）行号设置：程序段行号设置包括行号的位数、行号是否输出、行号是否填满、起始行号以及行号递增数值等。是否输出行号：选中行号输出则在数控程序中的每一个程序段前面输出行号，反之亦然。行号是否填满：是指行号不足规定的行号位数时是否用 0填充。行号填满就是不足所要求的行号位数的前面补零，如 N0028；反之亦然，如 N28。行号递增数值：就是程序段行号之间的间隔，如 N0020 与 N0025 之间的间隔为 5，建议选取比较适中的递增数值，这样有利于程序的管理。

4）编程方式设置：有绝对编程 G90 和相对编程 G91 两种方式。

5）坐标输出格式设置：决定数控程序中数值的格式，小数输出还是整数输出；机床分辨率就是机床的加工精度，如果机床精度为 0.001mm，则分辨率设置为 1000。输出小数位数可以控制加工精度。但不能超过机床精度，否则是没有实际意义的。

"优化坐标值"指输出的 G 代码中，若坐标值的某分量与上一次相同，则此分量在 G代码中不出现。

6）圆弧控制设置：主要设置控制圆弧的编程方式。即是采用圆心编程方式还是采用半径编程方式。当采用圆心编程方式时，圆心坐标（I，J，K）有三种含义。

7）绝对坐标：采用绝对编程方式，圆心坐标（I，J，K）的坐标值为相对于工件原点绝对坐标系的绝对值。

相对起点：圆心坐标以圆弧起点为参考点取值。

起点相对圆心：圆弧起点坐标以圆心坐标为参考点取值。

按圆心坐标编程时，圆心坐标的各种含义是针对不同的数控机床而言。不同机床之间其圆心坐标编程的含义不同，但对于特定的机床其含义只有其中一种。当采用半径编程时，采用半径正负区别的方法来控制圆弧是劣圆弧还是优圆弧。圆弧半径 R 的含义即表现为以下两种：

优圆弧：圆弧大于 180°，R 为负值。

劣圆弧：圆弧小于 180°，R 为正值。

8）X 值表示直径：软件系统采用直径编程。

9）X 值表示半径：软件系统采用半径编程。

10）显示生成的代码：选中时系统调用 WINDOWS 记事本显示生成的代码，如代码太长，则提示用写字板打开。

11）扩展文件名控制和后置程序号：后置文件扩展名是控制所生成的数控程序文件名的扩展名。有些机床对数控程序要求有扩展名，有些机床没有这个要求，应视不同的机床而定。后置程序号是记录后置设置的程序号，不同的机床其后置设置不同，所以采用程序号来记录这些设置，以便于日后查找使用。

按 GSK 广州数控设置的后置参数如图 4-42 所示。

图 4-42　GSK 后置处理设置

7. 生成代码

生成代码就是按照当前机床类型的配置要求，把已经生成的加工轨迹转化成 G 代码数据文件，即数控程序，有了数控程序就可以直接输入机床进行数控加工。

（1）操作步骤

1）在"数控车"子菜单区中选取"生成代码"功能项，或者单击 ▣，则弹出一个需要输入文件名的对话框，要求填写后置程序文件名，如图 4-43a 所示。此外系统还在信息提示区给出当前生成的数控程序所适用的数控系统和机床系统信息，它表明目前所调用的机床配置和后置处理设置情况。

2）输入文件名后选择"确定"按钮，系统提示拾取加工轨迹。当拾取到加工轨迹后，该加工轨迹变为被拾取颜色。单击鼠标右键结束拾取，系统即生成数控程序，如图 4-43b 所示。被拾取轨迹的代码将生成在一个文件当中，然后保存文件。生成的先后顺序与拾取的先后顺序相同。修改后的程序如图 4-43c 所示。

（2）代码修改

由于所使用的数控系统的编程规则与软件的参数设置有差异，生成的 G 代码程序并不能直接使用，需要修改，修改工作在记事本文件中进行，修改满意后注意保存。修改后的 G 代码程序如图 4-43b 所示。

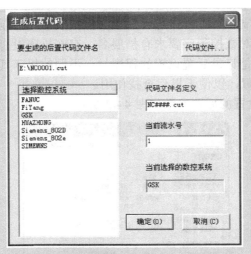

a) 生成后置代码对话框

b) 未修改的程序　　　　　　　　c) 修改后的程序

图 4-43　生成 G 代码

8. 轮廓精车

实现对工件外轮廓表面、内轮廓表面、端面的精车加工。做轮廓精车时要确定被加工轮廓，被加工轮廓就是粗加工结束后的工件表面轮廓，被加工轮廓不能闭合。

可参考轮廓粗车中的说明，设置轮廓精车参数。

最后一行加工次数：精车时，为提高车削的表面质量，最后一行常常在相同进给量的情况进行多次车削，该处定义多次切削的次数。

单击"轮廓车刀"可进入轮廓车刀参数设置页。该对话框用于对加工中所用的刀具参数进行设置。具体参数说明请参考"刀具管理"中的说明。

1）应用删除功能 ✎ 和裁剪功能 ✄，将毛坯轮廓删除，如图 4-44 所示。

2）在"应用"菜单区中的"数控车"子菜单区中选取"轮廓精车"菜单项，或者单击 ▣，系统弹出精车参数表对话框。加工参数设置如图 4-45a 所示；进退刀方式设定如图 4-45b 所示；切削用量设定如图 4-45c 所示；选择轮廓车刀如图 4-45d 所示。

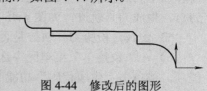

图 4-44　修改后的图形

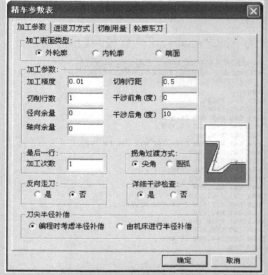

a) 加工参数设置

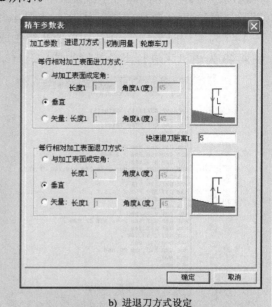

b) 进退刀方式设定

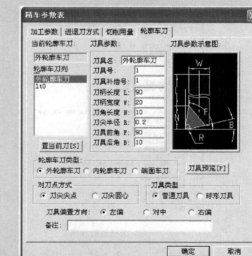

c) 切削用量设定

d) 选择轮廓车刀

图 4-45　精车参数表对话框

3）精车参数设置好后，单击"确定"，拾取零件轮廓，方法同粗车轮廓加工相同。

4）拾取完轮廓后，单击鼠标右键，系统提示：输入进退刀点，指定一点为刀具加工前和加工后所在的位置。方法一：输入"5,21.5"，回车。方法二：单击鼠标左键确定进退刀点，生成刀具轨迹，如图4-46所示。

5）仿真，检验刀具轨迹是否正确。

6）在"数控车"菜单区中选取"生成代码"功能项，或单击"生成代码"功能图，拾取生成的刀具轨迹，右键确定，即可生成加工程序，如图4-47a所示。对生成的G代码进行修改，如图4-47b所示，图4-47为编程时考虑刀尖圆弧半径补偿生成的程序。

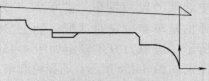

图4-46　精加工刀具轨迹

图4-48为由机床进行半径补偿生成的程序。程序的不同之处读者可作比较，找出区别之处。

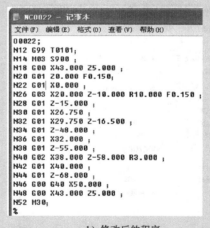

a) 未修改的程序　　　　　　　　b) 修改后的程序

图4-47　生成G代码（考虑刀尖圆弧半径补偿）

a) 未修改的程序　　　　　　　　b) 修改后的程序

图4-48　生成G代码（由机床进行半径补偿）

9. 切槽

切槽功能用于在工件外轮廓表面、内轮廓表面和端面车槽。切槽时要确定被加工轮廓，被加工轮廓就是加工结束后的工件表面轮廓。

1）单击裁剪功能 🔧，将图 4-44 图形裁剪，如图 4-49 所示，图 4-49 为螺纹退刀槽凹槽部分要加工出的轮廓。

2）在"应用"菜单区中的"数控车"子菜单区中选取"切槽"菜单项，或者单击"切槽"功能 🔧，系统弹出切槽参数对话框。在参数设置时，首先要确定被加工的是外轮廓表面，还是内轮廓表面或端面，按加工要求确定其他各加工参数。切削加工参数设置如图 4-50a 所示，切削用量设定如图 4-50b 所示；选择切槽刀具如图 4-50c 所示。

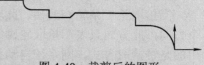

图 4-49　裁剪后的图形

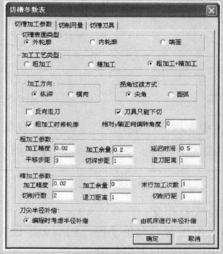

a）切槽加工参数设置

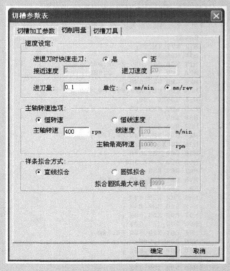

b）切削用量设定　　　　　　　　　　c）选择切槽刀具

图 4-50　切槽参数表对话框

3）设置参数后单击对话框"确定"按钮。拾取轮廓，系统提示选择轮廓线。可使用系统提供的轮廓拾取工具。拾取轮廓线可以利用曲线拾取工具菜单，用空格键弹出工具菜单，工具菜单提供三种拾取方式：单个拾取，链拾取和限制链拾取。

当拾取第一条轮廓线后，此轮廓线变为虚线。系统给出提示：选择方向。要求选择一个方向，此方向只表示拾取轮廓线的方向，与刀具的加工方向无关。选择方向后，如果采用的是链拾取方式，则系统自动拾取首尾连接的轮廓线；如果采用单个拾取，则系统提示继续拾取轮廓线。此处采用限制链拾取，系统继续提示选取限制线，选取终止线段既凹槽的左边部分，凹槽部分变成虚线，如图 4-51 所示。

4）选取完轮廓后确定进退刀点，英文状态下，输入"-42,17"，回车。或鼠标左键单击确定进退刀点。完成上述步骤后即可生成切槽加工轨迹，如图 4-52 所示。

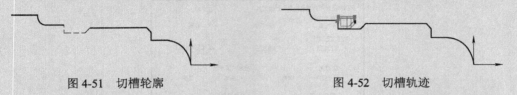

图 4-51 切槽轮廓　　　　　　　　　　　　　图 4-52 切槽轨迹

5）在"数控车"菜单区中选取"生成代码"功能项，或单击 ▣ 按钮，拾取生成的刀具轨迹，右键确定，即可生成加工程序，如图 4-53a 所示。图 4-53b 是修改后的程序。

注 意 事 项

1）被加工轮廓不能闭合或自相交。

2）生成轨迹与切槽刀（车槽刀）刀角半径、切削刃半径等参数密切相关。

3）可按实际需要只绘出退刀槽的上半部分。

```
NC0003 - 记事本
文件(F) 编辑(E) 格式(O) 查看(V) 帮助(H)
O1
(NC0003,05/11/14,16:27:53)
N10 G50 S10000;
N12 G00 G97 S400 T0202;
N14 M03;
N16 M08;
N18 G00 X34.000 Z-42.000 ;
N20 G00 X35.600 Z-42.583 ;
N22 G00 X33.600 ;
N24 G99 G01 X29.916 F0.100 ;
N26 G04X0.500;
N28 G00 X35.600 ;
N30 G00 Z-45.583 ;
N32 G00 X33.600 ;
N34 G01 X29.600 F0.100 ;
N36 G04X0.500;
N38 G00 X35.600 ;
N40 G00 Z-47.800 ;
N42 G00 X33.600 ;
N44 G01 X29.600 F0.100 ;
N46 G04X0.500;
N48 G00 X35.600 ;
N50 G00 X34.000 ;
N52 G00 X33.600 ;
N54 G00 X31.600 ;
N56 G01 X29.600 F0.100 ;
N58 G04X0.500;
N60 G00 X33.600 ;
```

a) 未修改的程序

```
NC0003 - 记事本
文件(F) 编辑(E) 格式(O) 查看(V) 帮助(H)
O0003;
N12 G99 T0202;
N14 M03 S400;
N18 G00 X34.000 Z-42.000 ;
N20 G00 X35.600 Z-42.583 ;
N22 G00 X33.600 ;
N24 G99 G01 X29.916 F0.100 ;
N26 G04X0.500;
N28 G00 X35.600 ;
N30 G00 Z-45.583 ;
N32 G00 X33.600 ;
N34 G01 X29.600 F0.100 ;
N36 G04X0.500;
N38 G00 X35.600 ;
N40 G00 Z-47.800 ;
N42 G00 X33.600 ;
N44 G01 X29.600 F0.100 ;
N46 G04X0.500;
N48 G00 X35.600 ;
N50 G00 X34.000 ;
N52 G00 X33.600 ;
N54 G00 X31.600 ;
N56 G01 X29.600 F0.100 ;
N58 G04X0.500;
N60 G00 X33.600 ;
N62 G00 Z-42.583 ;
N64 G00 X29.916 ;
N66 G01 X29.600 Z-42.741 F0.100 ;
```

b) 修改后的程序

图 4-53 切槽功能代码生成

10．车螺纹

1．非固定循环方式加工螺纹

加工螺纹时，考虑到机床的升、降段时间，在螺纹的起始点应让出 2 倍的螺距，螺纹的终点应让出 0.75 倍的螺距。但也应考虑退刀槽的宽度，以刀具不与工件轮廓发生碰撞为准。根据图 4-9 所示，螺纹有效长度是 25mm。

1）单击"拉伸"功能 拾取螺纹所在直线，如图 4-54a 所示，向右拉伸两倍螺距，

加上倒角 1.5mm，拉伸到 5.5mm， | 1：单个拾取 ▼ | 2：轴向拉伸 ▼ | 3：长度方式 ▼ | 4：增量 ▼ | 拉伸到：5.5 生成如图 4-54b 图形，

向左拉伸 0.75 倍螺距，加上倒角 1.5mm，拉伸到 3mm， | 1：单个拾取 ▼ | 2：轴向拉伸 ▼ | 3：长度方式 ▼ | 4：增量 ▼ | 拉伸到：3

生成如图 4-54c 图形。

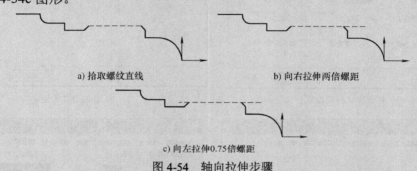

a) 拾取螺纹直线　　　　　　　　　　b) 向右拉伸两倍螺距

c) 向左拉伸0.75倍螺距

图 4-54　轴向拉伸步骤

2）在"数控车"子菜单区中选取"车螺纹"功能项或单击"螺纹"功能 。系统提示：拾取螺纹起始点，依次拾取螺纹起点、终点。拾取螺纹起点、终点与先后顺序有关，先拾取右端后拾取左端是右旋螺纹，先拾取左端后拾取右端是左旋螺纹。

3）拾取完毕，弹出螺纹参数表对话框。可在该参数对话框中确定各加工参数，如图 4-55b 所示。

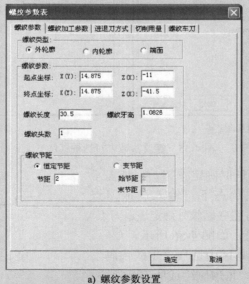

a) 螺纹参数设置

图 4-55　螺纹参数表对话框

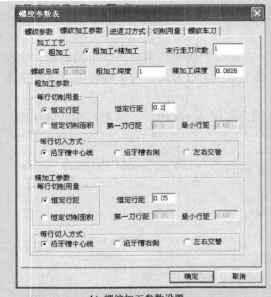

b) 螺纹加工参数设置

c) 进退刀方式设定

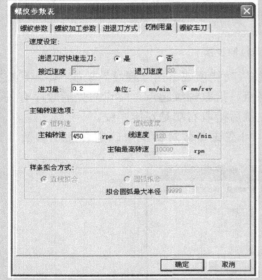

d) 切削用量设定

e) 选择螺纹车刀

图 4-55 螺纹参数表对话框（续）

4）参数填写完毕，选取确定按钮，系统提示输入进退刀点，在英文状态下，输入进退刀点 "–11,16"，或者单击鼠标左键在螺纹外确定进退刀点，即生成螺纹车削刀具轨迹，如图 4-56 所示。

5）在"数控车"菜单区中选取"生成代码"功能项，或单击 按钮，拾取刚生成的刀具轨迹，即可生成螺纹的加工程序。图 4-57a 为未修改的程序，4-57b 为修改后的程序。

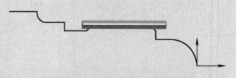

图 4-56 生成的刀具轨迹

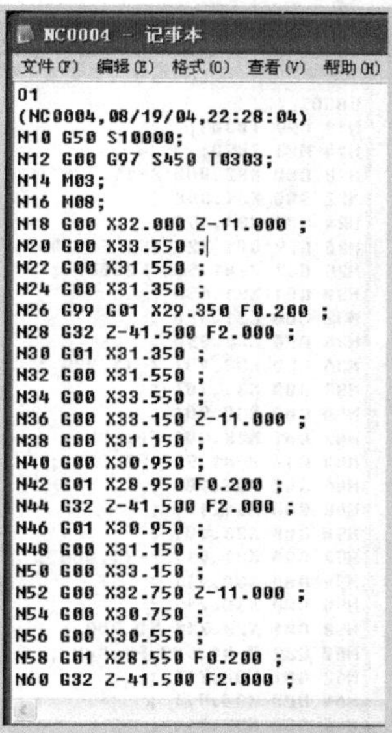


```
01
(NC0004,08/19/04,22:28:04)
N10 G50 S10000;
N12 G00 G97 S450 T0303;
N14 M03;
N16 M08;
N18 G00 X32.000 Z-11.000 ;
N20 G00 X33.550 ;
N22 G00 X31.550 ;
N24 G00 X31.350 ;
N26 G99 G01 X29.350 F0.200 ;
N28 G32 Z-41.500 F2.000 ;
N30 G01 X31.350 ;
N32 G00 X31.550 ;
N34 G00 X33.550 ;
N36 G00 X33.150 Z-11.000 ;
N38 G00 X31.150 ;
N40 G00 X30.950 ;
N42 G01 X28.950 F0.200 ;
N44 G32 Z-41.500 F2.000 ;
N46 G01 X30.950 ;
N48 G00 X31.150 ;
N50 G00 X33.150 ;
N52 G00 X32.750 Z-11.000 ;
N54 G00 X30.750 ;
N56 G00 X30.550 ;
N58 G01 X28.550 F0.200 ;
N60 G32 Z-41.500 F2.000 ;
```

a) 未修改的程序

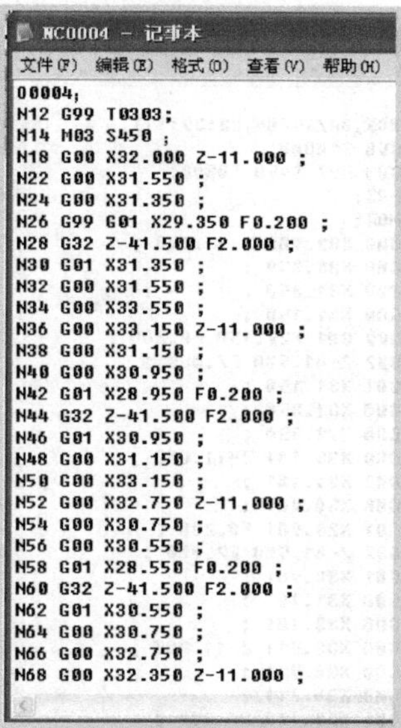


```
O0004;
N12 G99 T0303;
N14 M03 S450 ;
N18 G00 X32.000 Z-11.000 ;
N22 G00 X31.550 ;
N24 G00 X31.350 ;
N26 G99 G01 X29.350 F0.200 ;
N28 G32 Z-41.500 F2.000 ;
N30 G01 X31.350 ;
N32 G00 X31.550 ;
N34 G00 X33.550 ;
N36 G00 X33.150 Z-11.000 ;
N38 G00 X31.150 ;
N40 G00 X30.950 ;
N42 G01 X28.950 F0.200 ;
N44 G32 Z-41.500 F2.000 ;
N46 G01 X30.950 ;
N48 G00 X31.150 ;
N50 G00 X33.150 ;
N52 G00 X32.750 Z-11.000 ;
N54 G00 X30.750 ;
N56 G00 X30.550 ;
N58 G01 X28.550 F0.200 ;
N60 G32 Z-41.500 F2.000 ;
N62 G01 X30.550 ;
N64 G00 X30.750 ;
N66 G00 X32.750 ;
N68 G00 X32.350 Z-11.000 ;
```

b) 修改后的程序

图 4-57 生成 G 代码

实际螺纹加工时，很少采用恒定行距的加工方法，通常采用恒定切削面积的加工方法，即指定第一刀行距（背吃刀量），最小行距（最后背吃刀量）。只需改变螺纹加工参数即可。图 4-58 所示螺纹加工参数，读者可将 O0004 号程序与 O0005 号程序比较，找出区别之处。

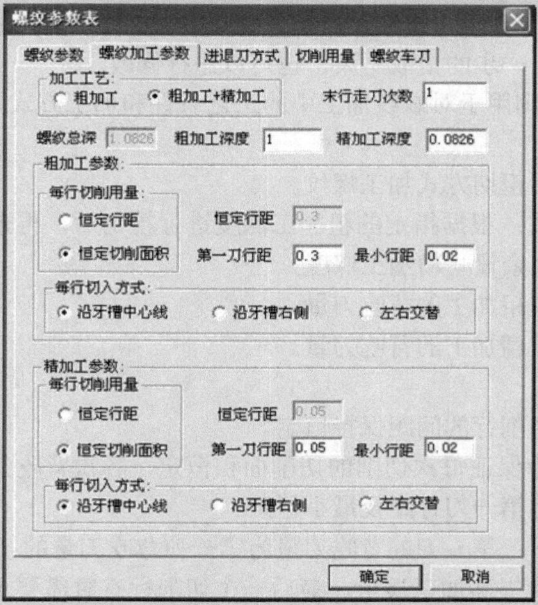

图 4-58 螺纹加工参数

采用恒定切削面积的加工方法，如图 4-59a 为未修改的程序，图 4-59b 为修改后的程序。

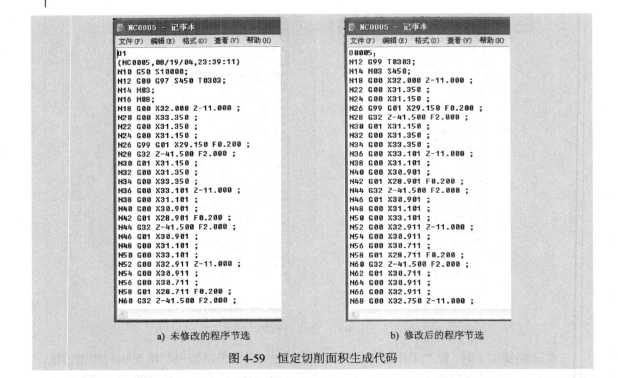

a) 未修改的程序节选　　　　　　　　　　b) 修改后的程序节选

图 4-59　恒定切削面积生成代码

相关知识：螺纹加工相关参数

"螺纹参数"主要包含了与螺纹性质相关的参数，如螺纹深度、螺距、线数等。螺纹起点和终点坐标来自前一步的拾取结果，也可以进行修改。

"螺纹加工参数"则用于对螺纹加工中的工艺条件和加工方式进行设置。

1）加工工艺：

粗加工：直接采用粗切方式加工螺纹。

粗加工精加工方式：根据指定的粗加工深度进行粗切后，再采用精切方式（如采用更小的行距）切除剩余余量（精加工深度）。

粗加工深度：螺纹粗加工的背吃刀量。

精加工深度：螺纹精加工的背吃刀量。

2）每行切削用量：

固定行距：每一切削行的间距保持恒定。

恒定切削面积：为保证每次切削的切削面积恒定，各次背吃刀量将逐步减小，直至等于最小行距。需指定第一刀行距及最小行距。

背吃刀量规定如下：第 n 刀的背吃刀量为第一刀背吃刀量的 $\sqrt{n}$ 倍。

末行走刀次数：为提高加工质量，最后一个切削行有时需要重复走刀多次，此时需要指定重复走刀次数。

每行切入方式：刀具在螺纹始端切入时的切入方式。刀具在螺纹末端的退出方式与切入方式相同。

2. 固定循环方式加工螺纹

1）在"数控车"子菜单区中选取"螺纹固定循环"功能项，或者单击 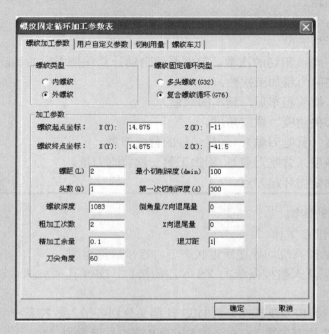 按钮依次拾取螺纹起点、终点。

2）拾取完毕，弹出加工参数表。前面拾取的点的坐标也将显示在参数表中。可在该参数表对话框中确定各加工参数，如图 4-60 所示。

图 4-60　螺纹固定循环加工参数表对话框

3）参数填写完毕，选择"确认"按钮。生成刀具轨迹。该刀具轨迹仅为一个示意性的轨迹，但可用于输出固定循环指令。

4）在"数控车"菜单区中选取"生成代码"功能项，拾取刚生成的刀具轨迹，即可生成螺纹加工固定循环指令，如图 4-61a 所示，图 4-61b 为修改后的 G 代码。

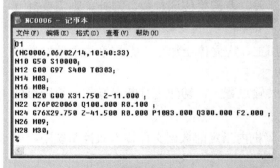

a）未修改的程序

b）修改后的程序

图 4-61　生成 G 代码

相关知识：螺纹固定循环加工参数

螺纹类型：外螺纹、内螺纹。

螺纹固定循环类型：多线螺纹、复合循环螺纹。

螺纹参数表中的螺纹起点、终点坐标：来自于前面的拾取结果。可以进一步修改。

螺距：螺纹螺距。

头数（线数）：螺纹线数。

螺纹深度：牙型高度。

粗加工次数：螺纹粗切的次数。控制系统自动计算保持固定的切削截面时各次进刀的深度（更正，实际为精加工次数）。

精加工余量：螺纹粗车后，精车的余量。

粗切次数：刀尖角度、螺纹角度。

最小切削深度（背吃刀量）：最后一行的背吃刀量。

第一次切削深度（背吃刀量）：粗加工第一次背吃刀量。

退刀距离：固定循环起刀点。

11．通信文件的传输

（1）通信前的准备工作

1）计算机和数控系统均处在断电状态下，连接通信电缆。

2）DB9 针插头插入数控系统的 XS36 通信接口，DB9 孔插头插入计算机 9 针串行口 COM0 或 COM1。

3）数控系统与数控系统连接，两 DB9 针插头分别各插入数控系统的 XS36 通信接口。

4）将数控系统状态参数 NO.002 的 Bit5（RS232）设置为"1"。

5）设置通信的波特率，使计算机与数控系统、数控系统与数控系统通信的波特率一致。

6）GSK980TD 车床数控系统串行口通信的波特率由数据参数 NO.044 设置，设置范围 50～115200（单位：bps）若数控系统与计算机进行数据传输时，设置值应不小 4800。GSK980TD 车床通信的波特率设置值为 115200(bps)。

7）需要传输加工程序，则需要打开程序开关，若需要传送参数、刀补，则需要打开参数开关。打开开关后出现报警，可同时按 [取消 CAN] 键和 [// 复位] 键，取消报警。

8）为了确保通讯稳定可靠，若正在进行加工，应先停止加工。数控系统主动发送数据文件时，要先将操作方式转换为编辑方式。

9）要停止传输时，可单击 [// 复位] 键。数据传输过程中，切勿进行断电操作，否则可能导致数据传输错误。

（2）数据的输入　执行输入功能，可将计算机内指定的数据文件输入数控系统中，可输入的数据包括加工程序、参数、刀补、螺补等。

在计算机上编辑好加工程序（支持扩展名为*.cnc、*.nc、*.txt 文件）→单击"通信"→发送，如图 4-62a 所示→弹出的对话框，如图 4-62b 所示→单击代码文件→选择要发送的程序代码 O0001（轮廓粗加工），如图 4-62c→选择机床系统，选择广州数控 980TD→单击"确定"→弹出的对话框，如图 4-63a 所示→设置参数，如图 4-63b 所示→单击"确定"→单击"连接机床"→开始发送，加工程序编制结束。

a) 发送对话框

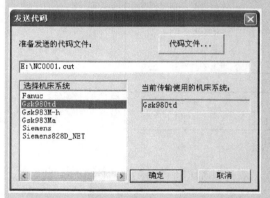

b) 发送代码对话框

c) 选择程序代码

图 4-62　代码输入设置

a) 通信对话框

b) 参数设置

图 4-63　GSK980TD 通信

（3）机床操作　选择"编辑"方式→输入程序号"O0001"→选择"自动"方式→单击"DNC"→单击"循环起动"。对于程序比较短的文件，选择"编辑"方式→输入程序号，如 O0001→单击输入→选择"自动"方式→单击"循环起动"→开始加工。依次传输 O0002（轮廓精加工）、O0003（切槽）O0004（车螺纹）。

任务二　轴套的自动编程与加工

实例：轴套加工零件如图 4-64 所示。

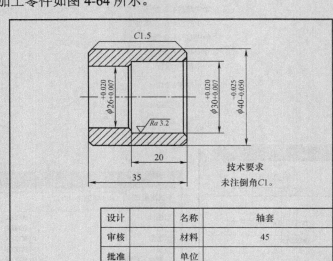

图 4-64　轴套

加工工序：粗加工外圆→精加工外圆→倒角（本件外圆已加工好）→平端面→钻中心孔→钻孔→车内孔→倒角。

加工顺序：平端面→钻中心孔→钻孔→车内孔直径 $\phi30$mm→台阶→倒角→车内孔直径 $\phi26$mm。

1．几何轮廓造型

根据图 4-64 轴套进行几何轮廓造型，外轮廓已加工好，只需画出要加工出的内轮廓的上半部分即可，其余线条不用画出，如图 4-65 所示。

要生成端面轮廓粗加工轨迹，需要绘制要加工部分的上半部分的端面毛坯轮廓，组成封闭的区域（要切除的部分），其余线条无须画出，如图 4-66 所示。

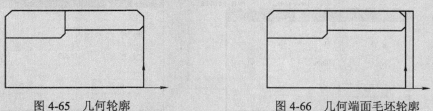

图 4-65　几何轮廓　　　　　　　　图 4-66　几何端面毛坯轮廓

根据图 4-64 轴套轮廓添加新刀具端面车刀、中心钻、钻头、内孔车刀。

2. 添加刀具

在"应用"菜单区中"数控车"子菜单区选取"刀具管理"菜单项，或者单击 系统弹出刀具库管理对话框如图 4-67a 所示，可按加工零件的需要添加新的刀具，也可对已有刀具的参数进行修改，更换使用的当前刀具。

在刀具列表中选择要删除的刀具名，单击"删除刀具"按钮可从刀具库中删除所选择的刀具。

注 意 事 项

不能删除当前刀。

在刀具列表中选择要使用得当前刀具名，单击"置当前刀"可将选择的刀具设为当前刀具，也可在刀具列表中用鼠标双击所选的刀具。

定义新的刀具时，选择端面车刀→单击"增加刀具"按钮，系统弹出添加刀具对话框→增加端面车刀→填写刀具参数→单击"确定"，如图 4-67b 所示。

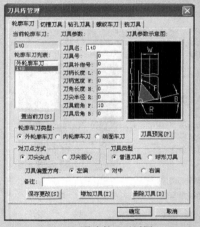

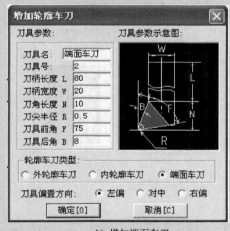

a) 刀具库管理对话框　　　　　　　　b) 增加端面车刀

图 4-67　添加刀具

单击"钻孔刀具"标签可进入钻孔车刀参数设置页。该页用于对加工中所用的刀具参数进行设置。

相 关 知 识

当前钻孔刀具：显示当前使用的刀具的刀具名。当前刀具就是在加工中要使用的刀具，在加工轨迹的生成中要使用当前刀具的刀具参数。

钻孔刀具列表：显示刀具库中所有同类型刀具的名称，可通过鼠标或键盘的上下键选择不同的刀具名，刀具参数表中将显示所选刀具的参数。用鼠标双击所选的刀具还能将其置为当前刀具。

单击"钻孔刀具"→单击"增加刀具"，系统弹出增加钻孔刀具对话框→填写参数→单击"确定"，增加钻孔刀具，中心钻，如图 4-68a 所示。

单击"增加刀具"系统弹出增加钻孔刀具对话框→填写参数→单击"确定",增加钻孔刀具,钻头,如图4-68b所示。

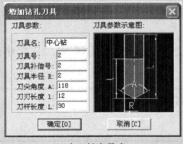

a) 中心钻参数表

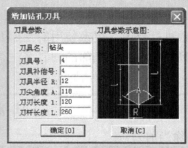
b) 钻头参数表

图4-68 增加钻孔刀具

单击"轮廓车刀"→选择内轮廓(图4-69a)→单击"增加刀具"系统弹出增加轮廓车刀对话框→填写参数→单击"确定"。增加镗孔车刀(应为内孔车刀,为与软件一致,此处不修改了),如图4-69b所示。

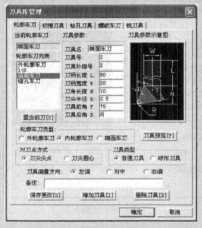
a) 轮廓车刀对话框

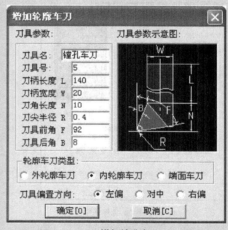
b) 增加镗孔车刀

图4-69 增加轮廓车刀

3. 端面粗车

在"数控车"子菜单区选取"轮廓粗车"功能项,或单击 系统弹出粗车参数表→单击"加工参数"→选择"端面"→填写加工数表→可在该参数表对话框中确定各参数,如图4-70所示。

填写好参数表后→单击"确定"→系统提示:拾取被加工表面轮廓→选择单个拾取→拾取曲线→请拾取所需方向(图4-71a)→单击右键确定→拾取毛坯轮廓→拾取曲线→请拾取所需方向右键确定(图4-71b)→系统提示:输入进退刀点→输入"5,21"→回车→生成刀具轨迹,如图4-71c所示。将鼠标放在毛坯之外,单击鼠标左键确定进退刀点,可忽略输入进退刀点。

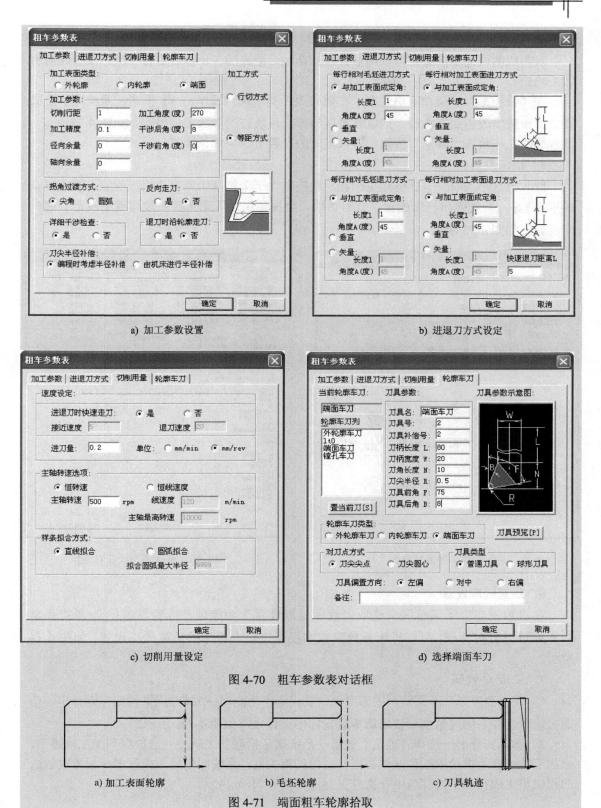

a) 加工参数设置

b) 进退刀方式设定

c) 切削用量设定

d) 选择端面车刀

图 4-70　粗车参数表对话框

a) 加工表面轮廓

b) 毛坯轮廓

c) 刀具轨迹

图 4-71　端面粗车轮廓拾取

4. 参数修改

对生成的轨迹不满意时可以用参数修改功能对轨迹的各种参数进行修改，以生成新的加工轨迹。

在"数控车"子菜单区中选取"参数修改"菜单项，或单击 按钮，系统提示拾取要进行参数修改的加工轨迹。拾取轨迹后将弹出该轨迹的参数表供修改。如图 4-72 所示，参数修改完毕单击"确定"按钮，即依据新的参数重新生成该轨迹。

5. 机床设置

FANUC 0*i*—Mate—TD 变频主轴在"数控车"子菜单区中选取"机床设置"功能项，或单击 ，系统弹出机床配置参数对话框。可按使用机床系统参数设置或更改已有的机床设置，如图 4-73 所示。

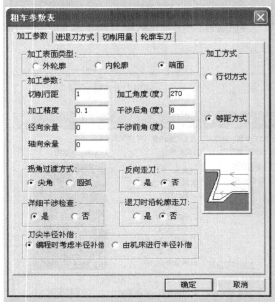

图 4-72　参数修改表　　　　　　　图 4-73　机床类型设置对话框

6. 后置处理设置

在"数控车"子菜单区中选取"后置处理设置"功能项，或者单击 ，系统弹出后置处理设置对话框，可按机床系统参数需要更改已有机床的后置处理设置，如图 4-74 所示。

7. 生成 G 代码

1）在"数控车"子菜单区中选取"生成代码"功能项→或单击 按钮，则弹出一个需要输入文件名的对话框→要求填写后置程序文件名，如图 4-75a 所示。

2）输入文件名→选择"确定"按钮→系统提示拾取加工轨迹→当拾取到加工轨迹后，该加工轨迹变为被拾取颜色→单击鼠标右键结束拾取，系统即生成数控程序→被拾取轨迹的代码将生成在一个文件当中→文件保存，如图 4-75b c 所示。

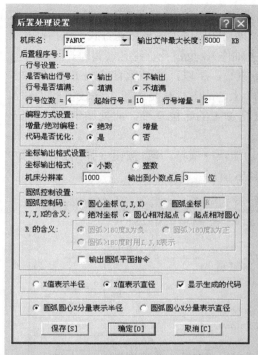

图 4-74　后置处理设置对话框

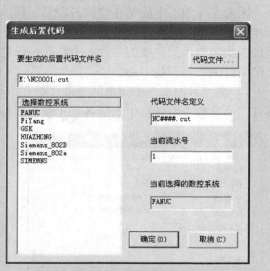

a) 生成代码对话框

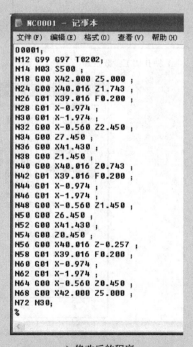

b) 未修改的程序　　　　　　　　c) 修改后的程序

图 4-75　生成 G 代码

8．钻中心孔

钻中心孔功能用于在工件的旋转中心钻中心孔。该功能提供了多种钻孔方式，包括钻孔、钻孔+反镗孔[⊖]、啄式钻孔、攻螺纹、镗孔、镗孔（主轴停）、反镗孔、镗孔（暂停+手动）。

因为车床加工中的钻孔位置只能是工件的旋转中心，所以，最终所有的加工轨迹都在工件的旋转轴上，也就是系统的 X 轴（机床的 Z 轴）上。钻中心孔是为了工序较多的工件，经过多次装夹才能完成的工件，中心孔是保持装夹精加工的定位基准。此处钻中心孔是防止钻头打偏，易于找中心。

1）在"数控车"子菜单区选取"钻孔中心"功能项→或单击 ▨ 按钮→弹出钻孔参数→可在该参数表对话框中确定各加工参数，如图 4-76 所示。

a）钻孔加工参数设置   b）用户自定义参数设置

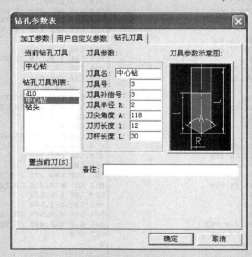

c）选择钻孔刀具

图 4-76　钻孔参数表对话框

⊖ 镗孔应为车内孔，为了与软件一致，此处不修改了。

2）确定各加工参数后→单击"确定"，系统提示：拾取钻孔点→鼠标左键单击坐标原点→自动生成钻孔刀具加工轨迹。因为轨迹只能在系统的 X 轴（机床的 Z 轴）上，所以把拾取的钻孔点向系统的 X 轴投射，得到的投影点作为钻孔的起始点，然后生成钻孔加工轨迹。拾取完钻孔点之后即在轴线上生成钻孔加工轨迹，如图 4-77a 所示。

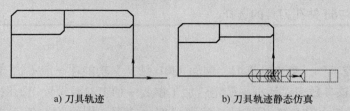

a) 刀具轨迹　　　　　　　　b) 刀具轨迹静态仿真

图 4-77　生成钻孔刀具加工轨迹

3）仿真 ![icon] 检验刀具轨迹是否正确。如图 4-77b 生成钻孔的代码程序。

4）生成 G 代码，在"数控车"子菜单区中选取"生成代码"功能项→或单击 ![icon] 按钮→鼠标左键拾取刀具轨迹→右键确定。未修改的程序如图 4-78a 所示，修改后的程序如图 4-78b 所示。

```
NC0002 - 记事本
文件(F) 编辑(E) 格式(O) 查看(V) 帮助(H)
O1
(NC0002,08/16/04,00:47:07)
N10 G50 S10000;
N12 G00 G97 S800 T0303;
N14 M03;
N16 M08;
N18 G00 X0.000 Z9.820 ;
N20 G99 G81 X0.000 Z-14.000 R-5.000 F0.200 K3;
N22 G80;
N24 M09;
N26 M30;
%
```

```
NC0002 - 记事本
文件(F) 编辑(E) 格式(O) 查看(V) 帮助(H)
O0002;
N12 G99 G97 T0303;
N14 M03 S800 ;
N16 M08;
N18 G00 X0.000 Z9.820 ;
N20 G99 G81 X0.000 Z-14.000 R-5.000 F0.200 K3;
N22 G80;
N24 M09;
N26 M30;
%
```

a) 未修改的程序　　　　　　　　b) 修改后的程序

图 4-78　生成 G 代码

相关知识：钻孔参数

1）加工参数（钻孔参数）。加工参数主要对加工中的各种工艺条件和加工方式进行限定。各加工参数含义说明如下：

钻孔模式：钻孔的方式，钻孔模式不同，后置处理中用到机床的固定循环指令不同。

钻孔深度：钻孔的总深度。

暂停时间：攻螺纹时刀具在工件底部的停留时间。

安全高度（相对）：距工件表面的安全定位距离。

安全间隙：刀具接近工件时的距离。

进刀增量：钻深孔时每次进给量或车内孔时每次侧吃刀量。

2）速度设定。

主轴转速：机床主轴旋转的速度。计量单位是机床缺省的单位。

钻孔速度：钻孔时的进给速度。

接近速度：刀具接近工件时的进给速度。

退刀速度：刀具离开工件的速度。

用户自定义参数功能仅针对西门子 840C/840 控制器。详细的参数说明和代码格式说明请参考西门子 840C/840 控制器的固定循环编程说明书。如图 4-76c 自定义参数的选择。单击"钻孔刀具"→选择"中心钻"或双击"中心钻"置为当前刀具→置当前刀→单击"确定"，如图 4-76d 钻孔刀具的选择。

9. 钻通孔

1）在"数控车"子菜单区选取"端面 G01 钻孔"功能项→或单击 ▐▬ 按钮→弹出加工参数表→可在该参数表对话框中确定各加工参数→加工参数设置，如图 4-79a 所示。工件孔深 35mm，加上钻头的超越量，切削刃部分长度，用经验数值常数 0.3×钻头直径 24mm=7.2mm，应钻深 42.2mm，以防钻不够深度，可设置为 42.5～43 mm，这就是通常说的超越量。选择直径ϕ24mm 的钻头钻通孔，钻孔刀具参数设置如图 4-79b 所示。

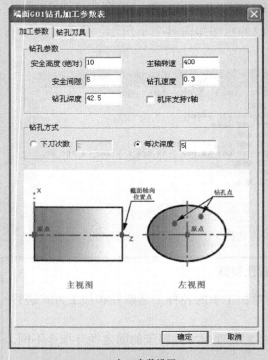

a) 加工参数设置

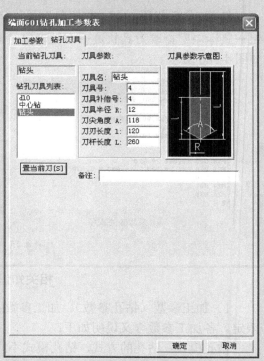

b) 钻孔刀具设置

图 4-79　端面 G01 钻孔加工参数表对话框

2）确定各加工参数后→单击"确定"→系统提示：请拾取截面左视图坐标原点→鼠标左键单击坐标原点→请拾取截面左视图内钻孔点位置→鼠标左键单击坐标原点→拾取下一个钻孔点→单击右键确定→拾取截面在主视图轴线上的位置点→单击坐标原点→单击右键确定→生成钻孔加工轨迹，如图 4-80a 所示。因为轨迹只能在系统的 X 轴（机床的 Z 轴）上，所以把输入的点向系统的 X 轴投射，得到的投影点作为钻孔的起始点，然后生成钻孔加工轨迹。拾取完钻孔点之后即在轴线上生成钻孔加工轨迹。

3）仿真 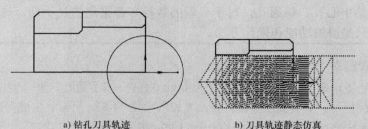 检验刀具轨迹是否正确，如图 4-80b 所示。

4）生成 G 代码程序如图 4-81a 所示，数控车床不支持 C 轴，适用于切削中心。修改后的程序如图 4-81b 所示。

a) 钻孔刀具轨迹　　　　　　　　b) 刀具轨迹静态仿真

图 4-80　生成钻孔加工轨迹

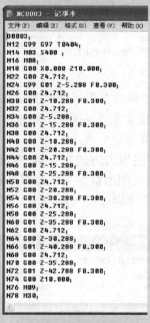

```
01
(NC0003,08/16/04,00:15:25)
N10 G50 S10000;
N12 G00 G97 S400 T0404;
N14 M03;
N16 M08;
N18 G00 X0.000 Y-0.153 Z10.000 C90.000
N20 G00 C90.000 ;
N22 G00 Z4.712 C90.000 ;
N24 G99 G01 Z-5.288 C90.000  F0.300;
N26 G00 Z4.712 C90.000  ;
N28 G00 Z-0.288 C90.000 ;
N30 G01 Z-10.288 C90.000  F0.300 ;
N32 G00 Z4.712 C90.000 ;
N34 G00 Z-5.288 C90.000 ;
N36 G01 Z-15.288 C90.000  F0.300 ;
N38 G00 Z4.712 C90.000 ;
N40 G00 Z-10.288 C90.000 ;
N42 G01 Z-20.288 C90.000  F0.300 ;
N44 G00 Z4.712 C90.000  ;
N46 G00 Z-15.288 C90.000 ;
N48 G01 Z-25.288 C90.000  F0.300 ;
N50 G00 Z4.712 C90.000 ;
N52 G00 Z-20.288 C90.000 ;
N54 G01 Z-30.288 C90.000  F0.300 ;
N56 G00 Z4.712 C90.000  ;
N58 G00 Z-25.288 C90.000 ;
N60 G01 Z-35.288 C90.000  F0.300 ;
```

```
D0003;
N12 G99 G97 T0404;
N14 M03 S400 ;
N16 M08;
N18 G00 X0.000 Z10.000 ;
N22 G00 Z4.712 ;
N24 G99 G01 Z-5.288 F0.300;
N26 G00 Z4.712;
N30 G01 Z-10.288 F0.300;
N32 G00 Z4.712;
N34 G00 Z-5.288 ;
N36 G01 Z-15.288 F0.300;
N38 G00 Z4.712;
N40 G00 Z-10.288;
N42 G01 Z-20.288 F0.300;
N44 G00 Z4.712;
N46 G00 Z-15.288;
N48 G01 Z-25.288 F0.300;
N50 G00 Z4.712;
N52 G00 Z-20.288;
N54 G01 Z-30.288 F0.300;
N56 G00 Z4.712;
N58 G00 Z-25.288;
N60 G01 Z-35.288 F0.300;
N62 G00 Z4.712;
N64 G00 Z-30.288;
N66 G01 Z-40.288 F0.300;
N68 G00 Z-35.288;
N70 G00 Z-35.288;
N72 G01 Z-42.788 F0.300;
N74 G00 Z10.000;
N76 M09;
N78 M30;
```

a) 未修改的程序　　　　　　　　b) 修改后的程序

图 4-81　生成 G 代码

相关知识：钻通孔参数

1）钻孔参数：加工参数主要对加工中的各种工艺条件和加工方式进行限定。各加工参数含义说明如下。

安全高度（绝对）：距工件表面的安全定位距离。

安全间隙：刀具接近工件时的距离。

钻孔深度：钻孔的总深度。

主轴转速：机床主轴旋转的速度。计量单位是机床缺省的单位。

钻孔速度：钻孔时的进给速度。

2）钻孔的方式：下刀次数，相对钻孔深度的次数。

每次深度：钻孔时每次进给量。

单击"钻孔刀具"→选择"钻头"或双击钻头置为当前刀具→置当前刀→单击"确定"。

以上两步钻中心孔、钻通孔，对于一般的数控车都采用的是手动，这两个程序没有用处。在这里只是讲解功能和操作方法。

10. 内轮廓粗车

重新定义毛坯轮廓，因为已经用直径ϕ24mm的钻头钻了通孔，重新定义毛坯轮廓，单击"等距线"按钮，拾取曲线，输入距离"12"，如图4-82a所示。生成等距线如图4-82b所示。对图形进行裁剪，最终毛坯轮廓如图4-82c所示。

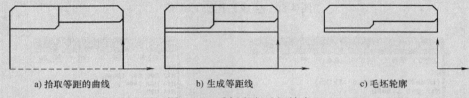

a) 拾取等距的曲线　　　　b) 生成等距线　　　　c) 毛坯轮廓

图4-82　重新定义毛坯轮廓

1）在"数控车"子菜单区选取"轮廓粗车"功能项，或单击 系统弹出粗车参数表→单击"加工参数"→选择内轮廓→填写加工参数表→在该加工参数表中设置各加工参数，如图4-83a所示。

单击"进退刀方式"→填写对话框→进退刀方式设定，如图4-83b所示。

单击"切削用量"→填写对话框→切削用量设定，如图4-83c所示。

单击"轮廓车刀"→填写对话框→选择刀具、确定刀具参数→单击"确定"，如图4-83d所示。

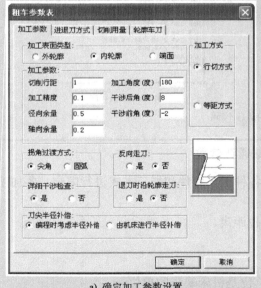

a) 确定加工参数设置　　　　　　　　　　b) 进退刀方式设定

图4-83　粗车参数表对话框

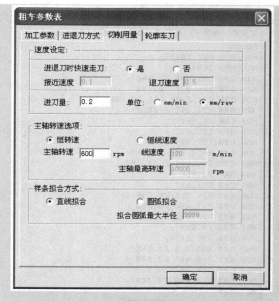 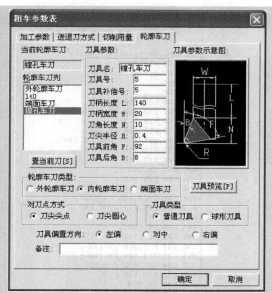

c）切削用量设定　　　　　　　　　　d）选择镗孔车刀

图 4-83　粗车参数表对话框（续）

2）拾取加工轮廓，系统提示：拾取被加工工件表面轮廓，系统默认拾取方式为"链拾取"。用什么方法，与画图方法有直接关系，如果被加工轮廓与毛坯轮廓首位相连，采用"链拾取"，会将加工轮廓与毛坯轮廓混在一起，一同拾取上是不正确的。如果选择"限制链拾取"又会拾取上不该拾取的曲线。采用"单个拾取"，可以将加工轮廓与毛坯轮廓区分开来。 `1：单个拾取 ▾ 2：链拾取精度 0.0001` →拾取被加工工件表面轮廓→单击右键确定（图 4-84a）
拾取被加工工件表面轮廓：
→拾取毛坯轮廓（图 4-84b）→单击右键确定→系统提示输入进退刀点，输入"5,11.5"
→回车， `1：单个拾取 ▾ 2：链拾取精度 0.0001` ，或单击左键确定可忽略该点的输入。生成刀具轨迹如
输入进退刀点：5,11.5
图 4-84c 所示。

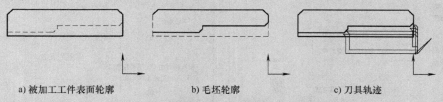

a) 被加工工件表面轮廓　　　b) 毛坯轮廓　　　c) 刀具轨迹

图 4-84　拾取加工表面轮廓及加工轨迹

3）生成 G 代码：在"数控车"子菜单区中选取"生成代码"功能项或单击 ▣ 按钮→鼠标左键单击拾取刀具轨迹→单击右键确定。G 代码程序如图 4-85 所示。

11．精车

1）在"数控车"子菜单区选取"轮廓精车"功能项，或单击 ▭ 按钮，系统弹出精车参数表→单击"加工参数"→选择"内轮廓"→填写加工数表→可在该参数表对话框中设置各加工参数，如图 4-86a 所示。

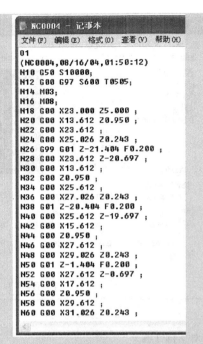

a) 未修改的程序

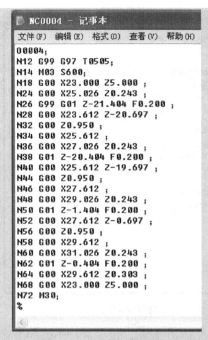

b) 修改后的程序

图 4-85　生成 G 代码

单击"进退刀方式"→填写对话框→设定进退刀方式，如图 4-86b 所示。

单击"切削用量"→填写对话框→设定切削用量，如图 4-86c 所示。

单击"轮廓车刀"→填写对话框→选择刀具、确定刀具参数→单击"确定"，如图 4-86d 所示。

a) 加工参数设置

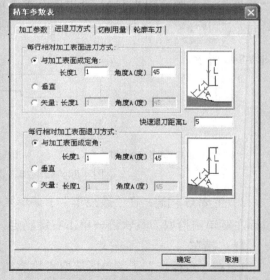

b) 进退刀方式设定

图 4-86　精车参数表

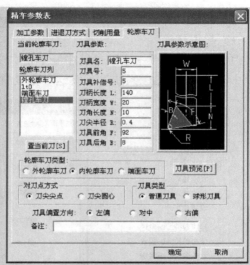

c) 切削用量设定　　　　　　　　d) 选择镗孔车刀

图 4-86　精车参数表（续）

2）拾取加工轮廓：采用"单个拾取"→拾取被加工工件表面轮廓（图 4-87a）→单击右键确定→输入进退刀点，"5,12" `1:│单个拾取  ▼ 2:链拾取精度 0.0001`
`输入进退刀点:5,12`
→回车。或者单击鼠标左键确定可忽略该点的输入。生成刀具轨迹如图 4-87b 所示。

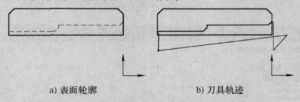

a) 表面轮廓　　　　　　　　b) 刀具轨迹

图 4-87　拾取加工轮廓

3）生成 G 代码：在"数控车"子菜单区中选取"生成代码"功能项→或单击 ▦ 按钮→单击鼠标左键拾取刀具轨迹→单击右键确定。G 代码程序如图 4-88a 所示。修改后的 G 代码程序如图 4-88b 所示。

```
NC0005 - 记事本
文件(F) 编辑(E) 格式(O) 查看(V) 帮助(H)
O1
(NC0005,08/16/04,14:52:53)
N10 G50 S10000;
N12 G00 G97 S800 T0505;
N14 M03;
N16 M08;
N18 G00 X24.000 Z5.000 ;
N20 G00 X14.602 Z0.625 ;
N22 G00 X32.250 ;
N24 G00 Z-0.375 ;
N26 G99 G01 X30.016 Z-1.492 F0.150 ;
N28 G01 Z-20.257 ;
N30 G01 X28.485 ;
N32 G01 X26.016 Z-21.492 ;
N36 G00 Z-35.657 ;
N36 G00 X24.602 Z-34.950 ;
N38 G00 X14.602 ;
N40 G00 X24.000 Z5.000 ;
N42 M09;
N44 M30;
%
```

```
NC0005 - 记事本
文件(F) 编辑(E) 格式(O) 查看(V) 帮助(H)
O0005;
N12 G99 G97  T0505;
N14 M03 S800;
N18 G00 X24.000 Z5.000 ;
N20 G00 Z0.625 ;
N22 G00 X32.250 ;
N26 G99 G01 X30.016 Z-1.492 F0.150 ;
N28 G01 Z-20.257 ;
N30 G01 X28.485 ;
N32 G01 X26.016 Z-21.492 ;
N34 G01 Z-35.657 ;
N36 G00 X24.602 Z-34.950 ;
N40 G00 X24.000 Z5.000 ;
N44 M30;
%
```

a) 未修改的程序　　　　　　　　b) 修改后的程序

图 4-88　生成 G 代码

12．通信文件的传输（FANUC 0*i*—Mate—TD）

（1）数据传输

1）单击"通信"→子菜单区中→单击"设置"→系统弹出参数设置对话框，如图 4-89a
所示→单击"FANUC 系统"→发送参数设置（图 4-89b）→单击"确定"。

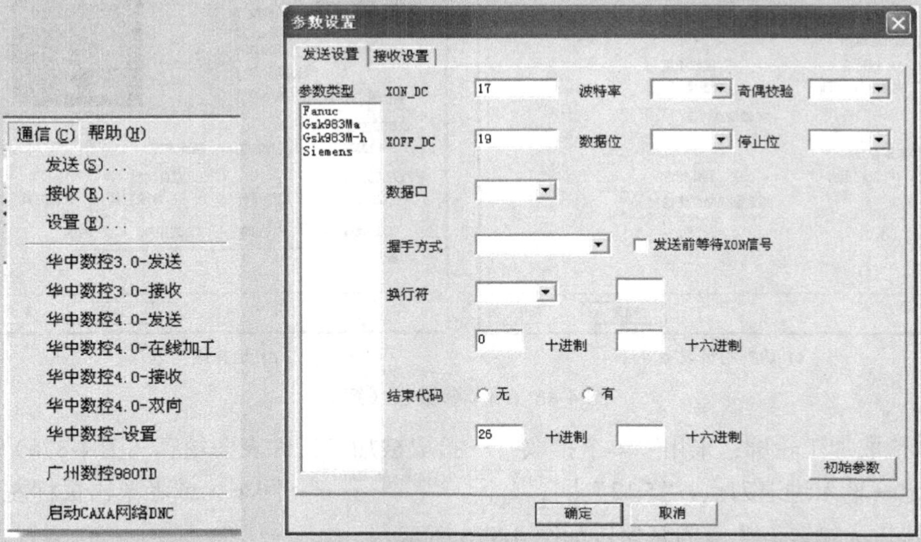

a) 参数设置对话框

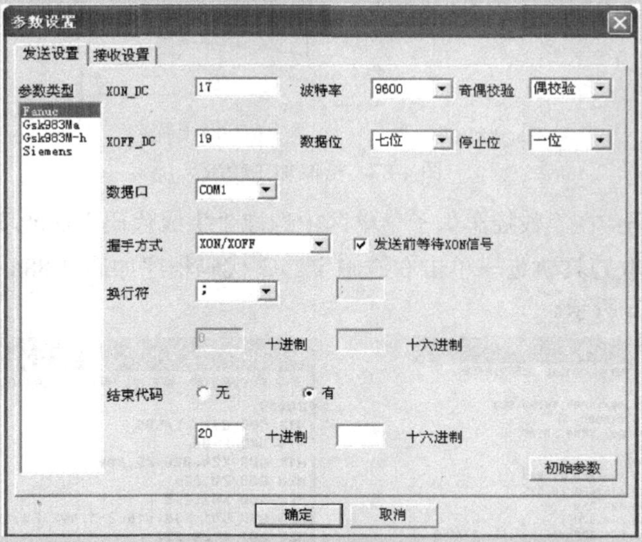

b) 发送参数设置

图 4-89　参数设置

2）单击"通信"→子菜单区中→单击"发送"→系统弹出发送代码对话框→单击"FANUC
系统"（图 4-90a）→显示当前使用的机床系统信息→单击"代码文件"→系统弹出打开对
话框→在查找范围内找到可保存代码程序的路径→如本地磁盘（E）选择要传输给机床的

代码程序 O0001（端面粗车，图 4-90b）→单击"打开"（图 4-90c）显示要发送的代码程序→单击"确定"→显示发送进度，如图 4-90d 所示。

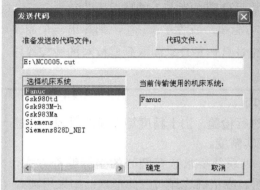

a) 发送代码对话框　　　　　　　　　　　　　　b) 查找代码程序对话框

c) 发送的代码程序对话框

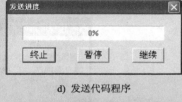

d) 发送代码程序

e) 发送代码程序进度显示

图 4-90　发送代码

图 4-90d 发送代码程序是设置了发送前等待 XON 信号，即机床自动、循环启动信号；图 4-90e 发送代码程序是没有设置发送前等待 XON 信号，如果机床存储空间较大，可采用不等待 XON 信号，去掉"对勾"。依次发送 O0002 钻中心孔、O0003 钻通孔、O0004 内轮廓粗车、O0005 内轮廓精车。

（2）机床操作　选择编辑方式→输入程序号，如 O0001→选择"自动方式"→单击键"DNC"→单击"循环启动"。对于程序比较短的文件，选择"编辑方式"→输入程序号，如 O0001→单击输入→选择"自动方式"→单击循环启动→开始加工。

13．查看代码

查看、编辑生成的代码内容。在"数控车"子菜单区中选取"查看代码"菜单项，或者单击 👓，则弹出一个需要选取数控程序的对话框。选择一个程序后，系统即用 Windows 提供的"记事本"显示代码内容，当代码文件较大时，则要用"写字板"打开，可在其中对代码进行修改。

14．代码反读（校核 G 代码）

代码反读就是把生成的 G 代码文件反读进来，生成刀具轨迹，以检查生成的 G 代码的正确性。如果要反读的刀位文件中包含圆弧插补，需指定相应的圆弧插补格式。否则可能得到错误的结果。若后置文件中的坐标输出格式为整数，且机床分辨率不为 1 时，反读的结果是不对的。即系统不能读取坐标格式为整数且分辨率为非 1 的情况。

在"数控车"子菜单区中选取"代码反读"功能项，或者单击 ⬚，则弹出一个需要选取数控程序的对话框。系统要求选取需要校对的 G 代码程序。读取到要校对的数控程序后，系统根据程序 G 代码立即生成刀具轨迹。

注 意 事 项

1）刀位校核只用来进行对 G 代码的正确性进行检验，由于精度等方面的原因，应避免将反读出的刀位重新输出，因为系统无法保证其精度。

2）校对刀具轨迹时，如果存在圆弧插补，则系统要求选择圆心的坐标编程方式，如图 4-91 所示，其含义可参考后置设置中的说明。应正确选择对应的形式：如果用圆心坐标编程，圆弧控制码选择前者；如果用半径 R 编程，选择后者。否则会导致错误。

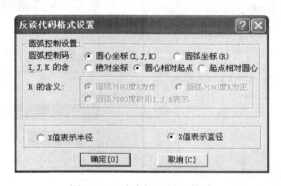

图 4-91　反读代码设置格式

目前数控系统的升级换代产品非常快，增加了 USB 接口，支持 U 盘文件操作和程序运行。利用 CF 卡、传输文件。利用以太网进行网络 DNC 传输文件。

附　　录

附录 A　普通螺纹的基本尺寸（摘自 GB/T 196—2003）　　　　（单位：mm）

公称直径（大径） D、d	螺距 P	中径 D_2、d_2	小径 D_1、d_1
14	2	12.701	11.835
	1.5	13.026	12.376
	1.25	13.188	12.647
	1	13.350	12.917
15	1.5	14.026	13.376
	1	14.350	13.917
16	2	14.701	13.835
	1.5	15.026	14.376
	1	15.350	14.917
17	1.5	16.026	15.376
	1	16.350	15.917
18	2.5	16.376	15.294
	2	16.701	15.835
	1.5	17.026	16.376
	1	17.350	16.917
20	2.5	18.376	17.294
	2	18.701	17.835
	1.5	19.026	18.376
	1	19.350	18.917
22	2.5	20.376	19.294
	2	20.701	19.835
	1.5	21.026	20.376
	1	21.350	20.917
24	3	22.051	20.752
	2	22.701	21.835
	1.5	23.026	22.376
	1	23.350	22.917
25	2	23.701	22.835
	1.5	24.026	23.376
	1	24.350	23.917

（续）

公称直径（大径） D、d	螺距 P	中径 D_2、d_2	小径 D_1、d_1
26	1.5	25.026	24.376
27	3	25.051	23.752
	2	25.701	24.835
	1.5	26.026	25.376
	1	26.350	25.917
28	2	26.701	25.835
	1.5	27.026	26.376
	1	27.350	26.917
30	3.5	27.727	26.211
	3	28.051	26.752
	2	28.701	27.835
	1.5	29.026	28.376
	1	29.350	28.917
32	2	30.701	29.835
	1.5	31.026	30.376
33	3.5	30.727	29.211
	3	31.051	29.752
	2	31.701	30.835
	1.5	32.026	31.376
35	1.5	34.026	33.376
36	4	33.402	31.670
	3	34.051	32.752
	2	34.701	33.835
	1.5	35.026	34.376
38	1.5	37.026	36.376
39	4	36.402	34.670
	3	37.051	35.752
	2	37.701	36.835
	1.5	38.026	37.376
40	3	38.051	36.752
	2	38.701	37.835
	1.5	39.026	38.376
42	4.5	39.077	37.129
	4	39.402	37.670
	3	40.051	38.752
	2	40.701	39.835
	1.5	41.026	40.376

附录 B　55°密封管螺纹的基本尺寸（摘自 GB/T 7306—2000）

1	2	3	4	5	6	7	8	9
尺寸代号	每25.4mm内的牙数 n	螺距 P/mm	牙高 h/mm	基准平面内的基本直径			基准距离/mm	有效螺纹长度/mm
				大径(基准直径) $d=D$/mm	中径 $d_2=D_2$/mm	小径 $d_1=D_1$/mm		
1/16	28	0.907	0.581	7.723	7.142	6.561	4.0	6.5
1/8	28	0.907	0.581	9.728	9.147	8.566	4.0	6.5
1/4	19	1.337	0.856	13.157	12.301	11.445	6.0	9.7
3/8	19	1.337	0.856	16.662	15.806	14.950	6.4	10.1
1/2	14	1.814	1.162	20.955	19.793	18.631	8.2	13.2
3/4	14	1.814	1.162	26.441	25.279	24.117	9.5	14.5
1	11	2.309	1.479	33.249	31.770	30.291	10.4	16.8
$1^{1/4}$	11	2.309	1.479	41.910	40.431	38.952	12.7	19.1
$1^{1/2}$	11	2.309	1.479	47.803	46.324	44.845	12.7	19.1
2	11	2.309	1.479	59.614	58.135	56.656	15.9	23.4
$2^{1/2}$	11	2.309	1.479	75.184	73.705	72.226	17.5	26.7
3	11	2.309	1.479	87.884	86.405	84.926	20.6	29.8
4	11	2.309	1.479	113.030	111.551	110.072	25.4	35.8

参 考 文 献

[1] 梁君豪，许兆丰. 车工工艺学[M]. 北京：机械工业出版社，2014.

[2] 韩鸿鸾. 数控加工工艺学[M]. 北京：中国劳动社会保障出版社，2012.

[3] 宋放之. 数控工艺培训教程[M]. 北京：清华大学出版社，2003.

[4] 荀占超，武梅芳. 公差配合与测量技术[M]. 北京：人民邮电出版社，2012.

[5] 周虹，喻丕珠，罗友兰. 数控加工工艺设计与程序编制[M]. 北京：人民邮电出版社，2009.

[6] 沈建峰. 数控机床编程与操作[M]. 北京：中国劳动社会保障出版社，2005.